Leserstimmen:

„/.../ hat mir sehr gefallen. Legt man einen vernünftigen Seitenumfang zugrunde /.../ so steht alles Nützliche in dem Buch."

Prof. Dr. Dr. h. c. mult. Peter Mertens,
Universität Erlangen-Nürnberg

„Ein Buch für meine Veranstaltung. „Business Intelligence" unbedingt empfehlenswert!"

Prof. Dr. Harald Ritz, FH Giessen-Friedberg

„Aktualität: 1 – Qualität: 1 – Vollständigkeit der Inhalte: 1"

Prof. Dr. Dietmar Bönke, FH Reutlingen

„Alle Grundlagen und aktuellen Themenkomplexe rund um Business Intelligence werden behandelt und verständlich vermittelt."

Prof. Dr.-Ing. Bodo Rieger, Universität Osnabrück

Was gefällt Ihnen an diesem Buch besonders gut?
„Didaktik, Vollständigkeit."

Prof. Dr. Peter Stahlknecht, ehem. Herausgeber
der Zeitschrift WIRTSCHAFTSINFORMATIK

W0236351

Aus dem Bereich IT erfolgreich lernen

Pascal
von Doug Cooper und Michael Clancy

Grundkurs Programmieren mit Delphi
von Wolf-Gert Matthäus

Grundkurs Visual Basic
von Sabine Kämper

Visual Basic für technische Anwendungen
von Jürgen Radel

Grundkurs Software-Entwicklung mit C++
von Dietrich May

Grundkurs Smalltalk – Objektorientierung von Anfang an
von Johannes Brauer

Aufbaukurs JAVA
von Dietmar Abts

Grundkurs Java-Technologien
von Erwin Merker

Grundkurs Algorithmen und Datenstrukturen in JAVA
von Andreas Solymosi und Ulrich Grude

Grundlegende Algorithmen
von Volker Heun

Objektorientierte Programmierung in JAVA
von Otto Rauh

Grundkurs Informatik
von Hartmut Ernst

Das PC Wissen für IT-Berufe:
Hardware, Betriebssysteme, Netzwerktechnik
von Rainer Egewardt

Rechnerarchitektur
von Paul Herrmann

Grundkurs Relationale Datenbanken
von René Steiner

Grundkurs Datenbankentwurf
von Helmut Jarosch

SQL mit Oracle
von Wolf-Michael Kähler

Datenbank-Engineering
von Alfred Moos

Netze – Protokolle – Spezifikationen
von Alfred Olbrich

Grundkurs Verteilte Systeme
von Günther Bengel

Grundkurs MySQL und PHP
von Martin Pollakowski

Web-Programmierung
von Oral Avcı, Ralph Trittmann und Werner Mellis

Grundkurs UNIX/Linux
von Wilhelm Schaffrath

Das Linux-Tutorial – Ihr Weg zum LPI-Zertifikat
von Helmut Pils

Grundkurs Wirtschaftsinformatik
von Dietmar Abts und Wilhelm Mülder

Grundkurs Theoretische Informatik
von Gottfried Vossen und Kurt-Ulrich Witt

Aufbaukurs Wirtschaftsinformatik
von Dietmar Abts und Wilhelm Mülder

Anwendungsorientierte Wirtschaftsinformatik
von Paul Alpar, Heinz Lothar Grob, Peter Weimann und Robert Winter

Grundkurs Geschäftsprozess-Management
von Andreas Gadatsch

Grundkurs SAP R/3®
von André Maassen und Markus Schoenen

Controlling mit SAP R/3®
von Gunther Friedl, Christian Hilz und Burkhard Pedell

Kostenträgerrechnung mit SAP R/3®
von Franz Klenger und Ellen Falk-Kalms

Kostenstellenrechnung mit SAP R/3®
von Franz Klenger und Ellen Falk-Kalms

Grundkurs IT-Controlling
von Andreas Gadatsch und Elmar Mayer

Prozessmodellierung mit ARIS®
von Heinrich Seidlmeier

ITIL kompakt und verständlich
von Alfred Olbrich

Grundkurs Betriebswirtschaftslehre
von Notger Carl, Rudolf Fiedler, William Jórasz und Manfred Kiesel

Masterkurs Computergrafik und Bildverarbeitung
von Alfred Nischwitz und Peter Haberäcker

Grundkurs Mediengestaltung
von David Starmann

Grundkurs Mobile Kommunikationssysteme
von Martin Sauter

Grundkurs JAVA
von Dietmar Abts

Business Intelligence – Grundlagen und praktische Anwendungen
von Hans-Georg Kemper, Walid Mehanna und Carsten Unger

www.vieweg-it.de

Hans-Georg Kemper
Walid Mehanna
Carsten Unger

Business Intelligence – Grundlagen und praktische Anwendungen

Eine Einführung in die IT-basierte Managementunterstützung

vieweg

Bibliografische Information Der Deutschen Bibliothek
Die Deutsche Bibliothek verzeichnet diese Publikation in der Deutschen Nationalbibliografie;
detaillierte bibliografische Daten sind im Internet über <http://dnb.ddb.de> abrufbar.

Das in diesem Werk enthaltene Programm-Material ist mit keiner Verpflichtung oder Garantie irgend-
einer Art verbunden. Die Autoren übernehmen infolgedessen keine Verantwortung und werden keine
daraus folgende oder sonstige Haftung übernehmen, die auf irgendeine Art aus der Benutzung dieses
Programm-Materials oder Teilen davon entsteht.

1. Auflage November 2004

Alle Rechte vorbehalten
© Friedr. Vieweg & Sohn Verlag/GWV Fachverlage GmbH, Wiesbaden 2004

Lektorat: Dr. Reinald Klockenbusch / Andrea Broßler

Der Vieweg Verlag ist ein Unternehmen von Springer Science+Business Media.
www.vieweg.de

Das Werk einschließlich aller seiner Teile ist urheberrechtlich geschützt. Jede
Verwertung außerhalb der engen Grenzen des Urheberrechtsgesetzes ist
ohne Zustimmung des Verlags unzulässig und strafbar. Das gilt insbesondere
für Vervielfältigungen, Übersetzungen, Mikroverfilmungen und die Ein-
speicherung und Verarbeitung in elektronischen Systemen.

Umschlaggestaltung: Ulrike Weigel, www.CorporateDesignGroup.de
Druck und buchbinderische Verarbeitung: MercedesDruck, Berlin
Gedruckt auf säurefreiem und chlorfrei gebleichtem Papier.
Printed in Germany

ISBN 3-528-05802-1

Vorwort

Business Intelligence (BI) etabliert sich zunehmend in Wissenschaft und Praxis als neue Begrifflichkeit für innovative IT-Lösungen der Unternehmenssteuerung. Das vorliegende Buch beschäftigt sich detailliert mit diesem Themenkomplex und liefert auf der Basis eines Ordnungsrahmens einen fundierten Einblick in den Themenbereich.

Die folgende Darstellung verdeutlicht die Struktur des Buches:

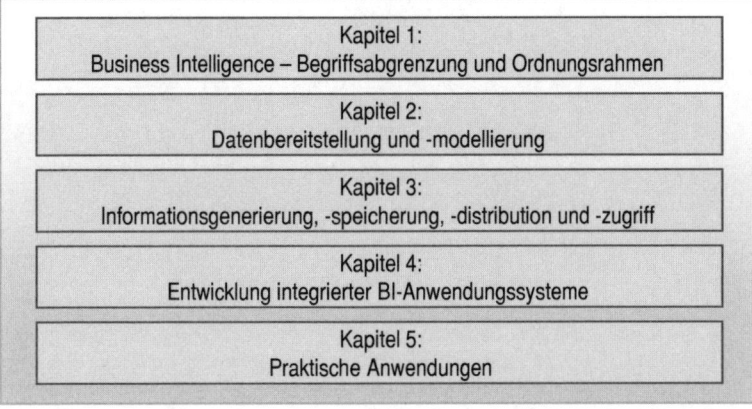

Das Buch ist anwendungsorientiert aufgebaut, basiert auf aktuellen Forschungserkenntnissen und Erfahrungen aus Praxisprojekten. Es richtet sich bewusst sowohl an **Praktiker** als auch an **Lehrende** sowie **Studenten der Wirtschaftsinformatik**.

Die **Abbildungen** des Buches sind zum Download unter der URL http://www.wi.uni-stuttgart.de/bi-buch verfügbar.

Es sei an dieser Stelle allen gedankt, die durch ihre engagierte Mitarbeit die Erstellung des Werkes aktiv unterstützt haben. Insbesondere gilt unser Dank Frau Viola Koppetzki, Herrn Michael Grosse und Herrn Nicolas Kiwitt für die redaktionelle Unterstützung sowie den Vertretern der Anwenderunternehmen, die als Interviewpartner wertvolle Anregungen für die Darstellung der Fallstudien geliefert haben.

Hans-Georg Kemper   Stuttgart, im November 2004
Walid Mehanna
Carsten Unger

Inhaltsverzeichnis

1 Business Intelligence – Begriffsabgrenzung und Ordnungsrahmen

Im Mittelpunkt des ersten Kapitels steht neben der Abgrenzung des Begriffes Business Intelligence (BI) die Entwicklung eines BI-Rahmenkonzeptes, das den grundlegenden Ordnungsrahmen für das vorliegende Werk bildet.

1.1 Business Intelligence – Eine neue Begrifflichkeit

Die IT-basierte Managementunterstützung besitzt eine lange Historie. Bereits mit dem Beginn der kommerziellen Nutzung der elektronischen Datenverarbeitung in den 60er Jahren des letzten Jahrhunderts begannen erste Versuche, die Führungskräfte mit Hilfe von Informationssystemen zu unterstützen. Vor dem Hintergrund enthusiastischer Technikgläubigkeit und eines eher mechanistisch ausgerichteten Organisationsverständnisses entstanden umfassende Ansätze, die jedoch allesamt scheiterten. Erst im Laufe der Jahre gelang es, benutzergruppenspezifische und aufgabenorientierte Einzelsysteme zu entwickeln, die erfolgreich im Management eingesetzt werden konnten. In den 80er Jahren etablierte sich für dieses Konglomerat von Informations- und Kommunikationssystemen der Sammelbegriff „Management Support Systems (MSS)" – im Deutschen als „Managementunterstützungssysteme (MUS)" bezeichnet. Scott Morton, einer der Protagonisten dieses Ansatzes, definierte den Begriff Management Support Systems als „the use of computers and related information technologies to support managers" (Scott Morton 1983, S. 5). Schon vor mehr als 20 Jahren wurde somit deutlich, dass die Unterstützung des Managements sich nicht auf den isolierten Einsatz von Computern beschränken kann, sondern das gesamte Umfeld der Informations- und Kommunikationstechnologie umfasst. Scott Morton konstatierte zu dieser Zeit bereits treffend: „For example, teleconferencing, electronic data bases, and graphic workstations are all information technologies that are potentially useful for MSS." (Scott Morton 1983, S. 5).

Obwohl sich gerade im letzten Jahrzehnt aufgrund umfangreicher technologischer Entwicklungen grundlegende Veränderungen im Bereich der IT-basierten Managementunterstützung ergeben haben, ist der Sammelbegriff „Management Support Systems" auch heute noch gebräuchlich und findet insbesondere in der Wissenschaft weiterhin Verwendung.

In der betrieblichen Praxis hat sich jedoch seit Mitte der 90er Jahre eine neue Begrifflichkeit entwickelt und dort auch bereits umfassend etabliert. „Business Intelligence" (BI) heißt der vielschichtige Begriff und lässt sich primär auf Überlegungen der Gartner Group aus dem Jahre 1996 zurückführen (Hervorhebungen und Formate durch die Autoren, Inhalte übernommen aus Anandarajan et al. 2004, S. 18 f.):

- „By 2000, Information Democracy will emerge in forward-thinking enterprises, with Business Intelligence information and applications available broadly to employees, consultants, customers, suppliers, and the public.

- The key to thriving in a competitive marketplace is staying ahead of the competition.

- Making sound business decisions based on accurate and current information takes more than intuition.

- Data analysis, reporting, and query tools can help business users wade through a sea of data to synthesize valuable information from it – today these tools collectively fall into a category called ´**Business Intelligence**´".

Bei genauerer Untersuchung dieser Begriffsherleitung kann festgehalten werden, dass aus wissenschaftlicher Sicht kaum stichhaltige Argumente für die Notwendigkeit einer derartigen Begrifflichkeit existieren. BI wird in der frühen, marketingorientierten Abgrenzung vielmehr als Sammelbezeichnung für Frontend-Werkzeuge verstanden und ist als begriffliche Klammer für diese Systemkategorie überflüssig.

Trotzdem haben diese ersten Überlegungen zunächst in der Praxis und zeitversetzt auch in der Wissenschaft zu intensiven Diskussionen um eine Neuorientierung der IT-basierten Managementunterstützung geführt.

1.2 Definitionsvielfalt

Die Unsicherheit im Umgang mit dem Begriff Business Intelligence wird von Mertens prägnant dargestellt. Bei seiner Untersuchung gängiger BI-Abgrenzungen identifiziert er sieben unterschiedliche Varianten (Mertens 2002, S. 4):

„1. BI als Fortsetzung der Daten- und Informationsverarbeitung:
IV für die Unternehmensleitung

2. BI als Filter in der Informationsflut: Informationslogistik

3. BI = MIS, aber besonders schnelle/flexible Auswertungen

4. BI als Frühwarnsystem („Alerting")

5. BI = Data Warehouse

6. BI als Informations- und Wissensspeicherung

7. BI als Prozess: Symptomerhebung → Diagnose → Therapie →
Prognose → Therapiekontrolle".

Eine genauere Betrachtung der verfügbaren Begriffsbestimmungen macht deutlich, dass das Gros der Definitionen Business Intelligence über die verwendeten Systeme abgrenzt. Eine typische Definition liefern beispielsweise Chamoni und Gluchowski. Sie sehen in BI einen Sammelbegriff „zur Kennzeichnung von Systemen [...], die auf der Basis interner Leistungs- und Abrechnungsdaten sowie externer Marktdaten in der Lage sind, das Management in seiner planenden, steuernden und koordinierenden Tätigkeit zu unterstützen" (Chamoni/Gluchowski 2004, S. 119).

Eine treffende Strukturierung der möglichen Sichtweisen liefert Gluchowski mit Hilfe eines zweidimensionalen Ordnungsrahmens (vgl. Abb. 1.1). Auf der vertikalen Achse werden die jeweiligen Phasen des analytischen Datenverarbeitungsprozesses aufgetragen (von der Bereitstellung bis zur Auswertung), während die horizontale Achse den Schwerpunkt zwischen Technik- und Anwendungsorientierung definiert. Aufgrund der Positionierung von Anwendungsklassen lassen sich hierbei drei gängige Typen von Definitionsansätzen abgrenzen:

- **Enges BI-Verständnis**

Unter Business Intelligence i. e. S. werden lediglich wenige Kernapplikationen verstanden, die eine Entscheidungsfindung unmittelbar unterstützen. Hierbei sind vor allem das Online Analytical Processing (OLAP) und die Management Information Systems (MIS) bzw. Executive Information Systems (EIS) zu nennen.[1]

---

[1] Eine detaillierte Erläuterung der Konzepte und Technologien erfolgt in den Kapiteln 2 und 3.

• Analyseorientiertes BI-Verständnis

Business Intelligence im analyseorientierten Sinne umfasst sämtliche Anwendungen, bei denen der Entscheider (oder auch ein Entscheidungsvorbereiter) direkt mit dem System arbeitet, d. h. einen unmittelbaren Zugriff auf eine Benutzungsoberfläche mit interaktiven Funktionen besitzt. Hierzu gehören neben OLAP und MIS/EIS auch Systeme des Text Mining und des Data Mining, das Ad-hoc-Reporting sowie Balanced Scorecards, der Bereich des analytischen Customer Relationship Management und Systeme zur Unterstützung der Planung und Konsolidierung.

• Weites BI-Verständnis

Unter Business Intelligence i. w. S. werden alle direkt und indirekt für die Entscheidungsunterstützung eingesetzten Anwendungen verstanden. Dieses beinhaltet neben der Auswertungs- und Präsentationsfunktionalität auch die Datenaufbereitung und -speicherung.

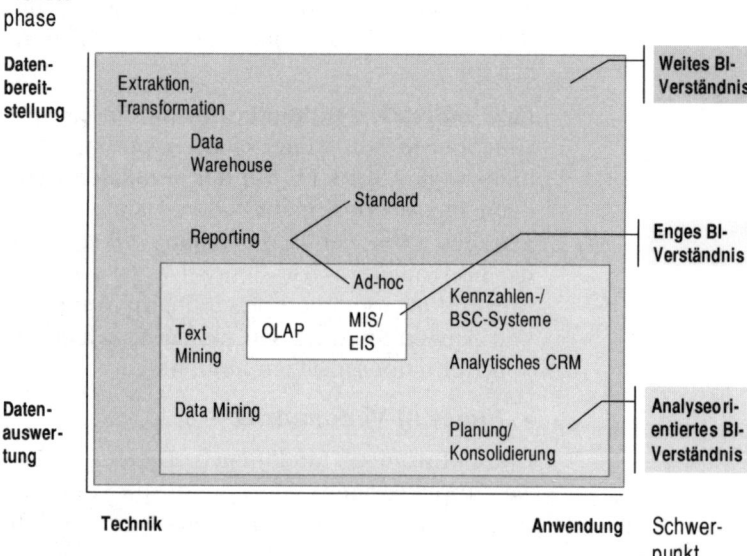

Abb. 1.1: Unterschiedliche Facetten von Business Intelligence (modifiziert übernommen aus Gluchowski 2001, S. 7)

Die Einordnung der verschiedenen Definitionsansätze zum Themenbereich Business Intelligence ist nicht frei von Kritik geblieben. So wirken viele Ansätze nicht trennscharf, weisen zum Teil einen hohen Grad an Beliebigkeit auf oder lassen Abgrenzungen zu bestehenden Ansätzen vermissen.

Langfristig kann Business Intelligence nur überzeugen, wenn es als eigenständiges Konzept der Managementunterstützung innovative Lösungen offeriert und sich qualitativ von althergebrachten Ansätzen unterscheidet. Im Folgenden wird dieser Bereich thematisiert, wobei zunächst auf die Veränderungen in der Unternehmensumwelt eingegangen wird, denen sich sämtliche Organisationen seit mehreren Jahren zu stellen haben.

1.3 Veränderungen im Unternehmensumfeld

Globalisierung

Intensive Diskussionen über Veränderungen der Wettbewerbsbedingungen aufgrund einer weltweiten Öffnung von Güter-, Arbeits- und Informationsmärkten begannen bereits in den 80er Jahren (Porter 1986, S. 19 f.). Seit einiger Zeit steigen jedoch die Dynamik und die Tragweite dieser Entwicklungen erheblich. Längst vorbei sind die Zeiten, in denen Globalisierungsstrategien ausschließlich als Option ambitionierter Unternehmen galten, um neue Märkte zu erschließen und zusätzliches Wachstum zu generieren. In der Realität sind heute nahezu sämtliche Unternehmen mit den Konsequenzen der veränderten Rahmenbedingungen konfrontiert. So beschäftigen sich Institutionen wie die Welthandelsorganisation WTO (World Trade Organization) und der Internationale Währungsfond (IWF) mit der Regelung und Intensivierung von globalen Handels- und Wirtschaftsbeziehungen. Darüber hinaus senken regionale Freihandelsabkommen und Staatenverbunde wie die Europäische Union die Markteintrittsbarrieren für viele Unternehmen.

Die weltweite Marktöffnung ist somit Realität und birgt Chancen und Risiken für große und mittelständische Unternehmen (Meyer 2000), die sich in neuen Handels- und Diversifizierungsmöglichkeiten und einem erhöhten Konkurrenzdruck manifestieren.

Stakeholder

Neben den Vertretern von Beschaffungs- und Absatzmärkten haben auch zunehmend weitere Akteure ein berechtigtes Interesse und direkten oder indirekten Einfluss auf Unternehmen. Bei börsennotierten Unternehmen sind hierbei vor allem Investoren zu nennen, aber auch Umweltschutzorganisationen und behördliche Institutionen fallen in die Kategorie der *Stakeholder*. Daraus resultieren teilweise konkrete Anforderungen an das Management. Beispielsweise schreibt das Gesetz zur Kontrolle und Transparenz im Unternehmensbereich (KonTraG) den Einsatz eines Risikomanagementsystems vor. Ein weiteres gewichtiges Thema sind die neuen Eigenkapitalvereinbarungen (Basel II), welche u. a. die zukünftige Kreditvergabe an Unternehmen über ein Ratingsystem regeln (z. B. Hartmann-Wendels 2003).

E-Business

Ohne Frage ist die Internettechnologie eine der treibenden Kräfte für die gravierenden Veränderungen in nahezu sämtlichen gesellschaftspolitischen, volkswirtschaftlichen und betriebswirtschaftlichen Bereichen. Wenngleich auch die „Digitale Revolution" ausgeblieben und die Entwicklung eher als „Digitale Evolution" zu bezeichnen ist, stellt das Internet heute eine Herausforderung für die gesamte Ökonomie dar. Die Verfügbarkeit einer gemeinsamen Kommunikationsplattform ermöglicht E-Business im Sinne der „teilweise[n] [...] [bzw.] vollständige[n] Unterstützung, Abwicklung und Aufrechterhaltung von Leistungsaustauschprozessen mittels elektronischer Netze" (Wirtz B. W. 2001, S. 29). Der Begriff der Leistungsaustauschprozesse beschreibt dabei den Transfer von materiellen und immateriellen Gütern sowie von Dienstleistungen.

Veränderungen in der Wirtschaft

Aufgrund der neuen Möglichkeiten hat sich das wirtschaftliche Umfeld drastisch verändert. Die Beziehungen auf der Lieferanten- und Kundenseite wurden intensiviert und in vielen Bereichen teilweise oder vollständig digitalisiert. Vor allem auf der Ebene der operativen Informations- und Kommunikationssysteme sind hierdurch große Entwicklungssprünge initiiert worden (z. B. Kemper/Lee 2002, S. 13 ff.). Das E-Business hat sich in der Zwischenzeit etabliert und ist, wenn auch mit unterschiedlicher Intensität, branchenübergreifend realisiert (European Commission (Hrsg.) 2004).

Die Abb. 1.2 zeigt die typischen operativen Anwendungssysteme im Bereich des E-Business in ihren Ausprägungen als Intra-Business-, Business-to-Business- und Business-to-Consumer-Anwendungen. Wie deutlich wird, unterstützen diese Systeme des E-Business primär die Wertschöpfungskette einer Unternehmung. Während ERP-Systeme (Enterprise Resource Planning) hierbei vor allem die integrierte Abwicklung operativer Prozesse innerhalb des Unternehmens fokussieren, umfassen die anderen Systeme die Aktivitäten zur Unterstützung des gesamten Leistungsaustauschprozesses vom Lieferanten bis zum Kunden. So dienen SCM-Systeme (Supply Chain Management) zur Optimierung der gesamten Lieferkette vom Rohmaterialproduzenten bis zu dem Verkauf der fertiggestellten Produkte (Schütte 2001, S. 447). Internetbasierte E-Procurement-Systeme unterstützen die elektronische Beschaffung. CRM-Systeme (Customer Relationship Management) ermöglichen die Koordination aller genutzten Vertriebskanäle (Multi Channel) und liefern Hilfen für die Pflege und Auswertung von Kundenbeziehungen.

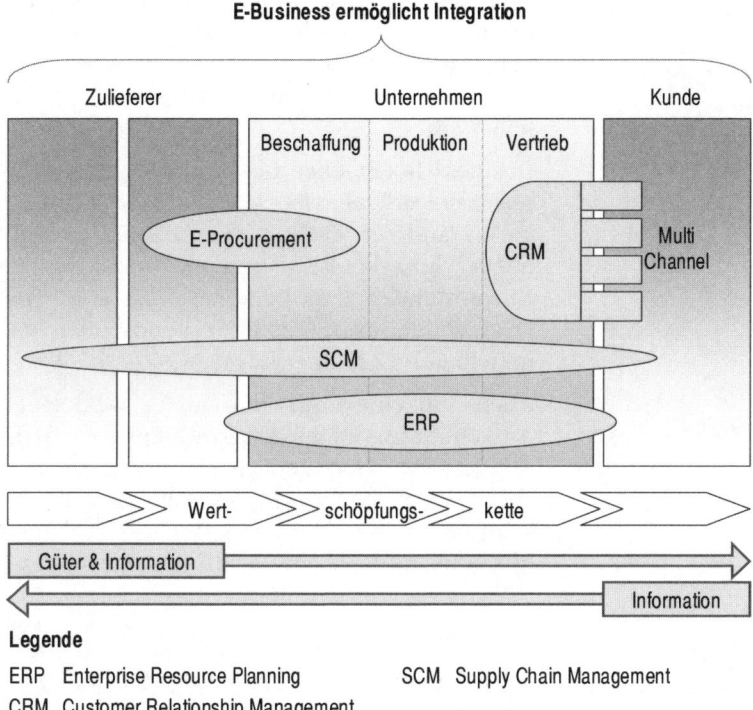

Abb. 1.2:   E-Business und Wertschöpfung
(Kemper/Lee 2002, S. 14)

1.4   Business Intelligence als integrierter Gesamtansatz

Die stetige Ausweitung der Datenbasis, die massive Veränderung des Marktumfelds und immer höhere interne und externe Anforderungen an Transparenz und Fundierung der Entscheidungen sind zwingend in die Kalküle einer erfolgreichen Unternehmenssteuerung einzubeziehen. Althergebrachte Einzelsysteme zur

Managementunterstützung können diesen Anforderungen nicht mehr genügen. Wie die beschriebenen Kontextfaktoren darstellen, sind isolierte oder punktuelle Lösungsansätze nicht ausreichend, da sie nur einzelne Aspekte behandeln und häufig auf isolierten Datenbasen aufbauen.

Integrierte Lösungsansätze sind somit erforderlich und es erscheint durchaus gerechtfertigt, bei grundlegenden Umorientierungen im Bereich der IT-basierten Managementunterstützung neue Begrifflichkeiten zu verwenden. In diesem Sinne wird im Weiteren *Business Intelligence* interpretiert, wobei der bedeutungsreiche englische Begriff *Intelligence* in diesem Zusammenhang als *Information* verstanden wird, die es zu generieren, speichern, recherchieren, analysieren, interpretieren und zu verteilen gilt.

Business Intelligence beschreibt in diesem Werk einen *integrierten, unternehmensspezifischen Gesamtansatz*. In Abgrenzung zu vielen anderen Definitionen dienen erwerbbare BI-Werkzeuge daher ausschließlich als Entwicklungshilfen spezieller BI-Anwendungen. Das bedeutet, dass z. B. Tools zum Aufbau von Data Warehouses, OLAP-Frontends oder Portalsoftware lediglich mittelbaren Charakter besitzen.

Auch einzelne, mit den o. a. Werkzeugen entwickelte BI-Anwendungssysteme konkretisieren nach diesem Definitionsansatz jeweils ausschließlich einen Teilaspekt eines unternehmensspezifischen BI-Ansatzes. So reflektieren z. B. Data-Mart-basierte Controllinganwendungen oder CRM-Lösungen für den Vertrieb nur einzelne Bereiche des BI-Ansatzes eines Unternehmens.

Definition Business Intelligence

> **!**
>
> Unter Business Intelligence (BI) wird ein **integrierter, unternehmensspezifischer, IT-basierter Gesamtansatz** zur betrieblichen Entscheidungsunterstützung verstanden.
>
> - BI-Werkzeuge dienen ausschließlich der Entwicklung von BI-Anwendungen.
>
> - BI-Anwendungssysteme bilden Teilaspekte des BI-Gesamtansatzes ab.

Die Abb. 1.3 verdeutlicht den Einsatzbereich umfassender BI-Anwendungssysteme in Unternehmen.

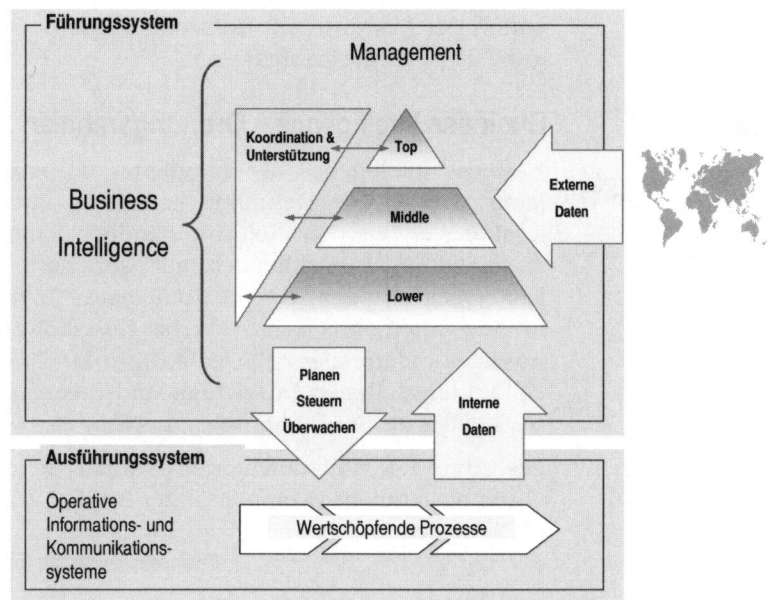

Abb. 1.3:   Einsatzfeld von BI-Anwendungssystemen

Wie hierbei ersichtlich ist, liegt der Einsatzbereich von BI-Anwendungssystemen im gesamten Führungssystem einer Organisation. Adressaten für BI-Lösungen sind demnach Mitarbeiter aller Managementebenen.

Top-Management   Das Top-Management umfasst den Kreis der obersten Führungskräfte. Hierunter fallen Vorstände, Geschäftsführer sowie leitende Angestellte, die nicht-delegierbare Entscheidungen von strategischer Bedeutung treffen.

Middle-Management   Das Middle-Management besteht aus Mitarbeitern, die Entscheidungen vorbereiten und gefällte Entscheidungen der obersten Managementebene in konkrete Programme und Pläne umsetzen, wobei sie ebenfalls für die Erfüllung dieser Vorgaben verantwortlich sind.

Lower-Management   Das Lower-Management bildet die Schnittstelle zu den operativen Einheiten des Ausführungssystems. Ihr Verantwortungsbereich ist meist die Planung, Steuerung und Kontrolle von überschaubaren ausführenden Organisationseinheiten.

Koordination & Unterstützung   Aufgrund der Komplexität des Führungssystems sind neben dem eigentlichen Management auch unterstützende Organisationseinheiten in vielen Entscheidungsprozessen als Entscheidungsvorbereiter involviert. Das Controlling beispielsweise sieht die Koordination der Planung und Kontrolle sowie der Informationsversorgung als seine Kernaufgabe.

1.5 Business Intelligence – Ordnungsrahmen

Business Intelligence als integrierter, IT-basierter Gesamtansatz kann gemäß der Definition lediglich unternehmensspezifisch konkretisiert werden. Selbstverständlich kann diese individuelle Ausgestaltung ausschließlich auf der Basis eines generischen Konzeptes erfolgen, das in Form eines Frameworks den Raum für die unternehmensindividuelle Gestaltung des jeweiligen BI-Ansatzes determiniert. Dieses Konstrukt wird im Folgenden als BI-Ordnungsrahmen bezeichnet und dient in weiten Teilen dieses Buches als Strukturierungsgrundlage des Inhaltes.

Die Abb. 1.4 verdeutlicht den Aufbau des dreischichtigen BI-Ordnungsrahmens (Kemper/Unger 2002, S. 665 f.).

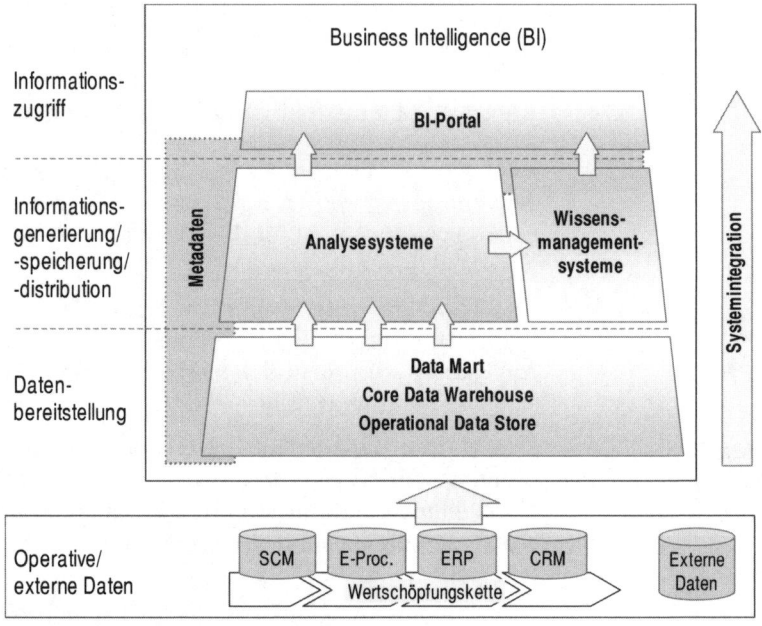

Abb. 1.4:   BI-Ordnungsrahmen

Datenbereitstellung

Grundlage jeder erfolgreichen Anwendung im Business-Intelligence-Umfeld sind konsistente, stimmige Daten, deren Bereitstellung in aller Regel mit Hilfe von sog. Data-Warehouse-Konzepten – bestehend aus Core Data Warehouses und Data Marts – erfolgt. Sie definieren sich als themenbezogene, integrierte Datenhaltungen, bei denen das aus Managementsicht gewünschte, meist voraggregierte Datenmaterial dauerhaft – also historienbildend – abgelegt wird.

Die seit Anfang der 90er Jahre existierenden Data Warehouses wiesen meist ein überschaubares Datenvolumen auf. In Zeiten des E-Business verändern sich jedoch die Ausrichtung und das Datenvolumen von Data-Warehouse-Lösungen gravierend. So erreichen beispielsweise *kundenzentrierte Data Warehouses* längst Größen im Terabyte-Bereich. Sie sollen die Daten aller Kunden über deren gesamten Lebenszyklus möglichst detailliert vorhalten und kanalübergreifend integrieren.

In neueren Architekturdarstellungen ist häufig zusätzlich ein spezieller Datenpool – ein sog. Operational Data Store (ODS) – integriert, der als Vorstufe eines analytischen Data Warehouses aktuelle transaktionsorientierte Daten aus verschiedenen Quellsystemen beinhaltet und für spezielle Anwendungs- und Auswertungszwecke bereitstellt (Inmon et al. 2000, S. 218 f.).

Informationsgenerierung

Systeme zur Informationsgenerierung gehören zur mittleren Schicht des Ordnungsrahmens. In diesem Kontext lassen sich unterschiedliche Systeme abgrenzen, die sich im Grad ihrer Anwendungsausrichtung, der Nutzungsfrequenz, der erforderlichen IT-Kompetenz der Benutzer und der Form der Nutzungsinitiierung unterscheiden.

Informationsspeicherung und -distribution

Der Schnittpunkt zwischen Business Intelligence und Wissensmanagement ist in der Speicherung, Bereitstellung und Distribution von BI-Analysen und deren Ergebnissen zu sehen. So soll durch diese Verbindung sichergestellt werden, dass das im BI-Kontext erzeugte kodifizierbare – also digital speicherungsfähige – Wissen archiviert und bei Bedarf anderen Entscheidungsträgern des Unternehmens zur Verfügung gestellt werden kann.

Portale

Komfortable Benutzerschnittstellen sind erforderlich, um die vielfältigen steuerungsrelevanten Informationen abrufen zu können. Dieser Zugriff erfolgt in der Regel mit Hilfe sog. *Portale*, die dem Benutzer über das Firmen-Intranet einen zentralen Einstiegspunkt für verschiedene Analysesysteme bieten. Durch Verwendung des *Single-Sign-On-Prinzips* können mehrere Anmeldeprozeduren an verschiedenen Systemen durch ein benutzerfreundliches, einmaliges Anmelden ersetzt werden. Des Weiteren werden mit Hilfe von *Personalisierungstechniken* benutzerspezifische und rollenorientierte Benutzungsoberflächen zur Verfügung gestellt.

2 Datenbereitstellung und -modellierung

Die Aufbereitung und Speicherung konsistenter, betriebswirtschaftlich auf die Belange der Manager ausgerichteter Daten ist die Grundvoraussetzung für den Einsatz leistungsfähiger BI-Anwendungssysteme. Das folgende Kapitel beschäftigt sich mit diesem Themenkomplex, wobei zunächst die historisch gewachsenen Formen der Datenhaltung erläutert werden. Eine detaillierte Beschreibung neuerer Data-Warehouse-Konzepte und Ansätze sog. Operational Data Stores folgen. Das Kapitel schließt mit grundlegenden Designfragen der Modellierung dispositiver Daten.

2.1 Historisch gewachsene Formen der dispositiven Datenhaltung

Dispositive Arbeitsleistung nach Gutenberg

Der Begriff der dispositiven Arbeitsleistung geht ursprünglich auf Erich Gutenberg zurück: „Unter objektbezogenen Arbeitsleistungen werden alle diejenigen Tätigkeiten verstanden, die unmittelbar mit der Leistungserstellung, der Leistungsverwertung und mit finanziellen Aufgaben in Zusammenhang stehen, ohne dispositivanordnender Natur zu sein. [...] Dispositive Arbeitsleistungen liegen dagegen vor, wenn es sich um Arbeiten handelt, die mit der Leitung und Lenkung der betrieblichen Vorgänge in Zusammenhang stehen." (Gutenberg 1983, S. 3). In Anlehnung an diese klassische Definition dispositiver Arbeitsleistung können Informationssysteme nach der Art der unterstützten Arbeitsinhalte in operative und dispositive Systeme unterschieden werden, wobei die zugehörigen Daten dieser Systeme in operative[2] und dispositive[3] Daten unterteilt werden können.

Operative Daten

Operative Daten werden von Administrations-, Dispositions- und Abrechnungssystemen generiert und/oder verarbeitet. Große Teile der operativen Daten werden hierbei von sog. *Online-*

---

[2] „operativ [lat.-nlat.]: [...] (als konkrete Maßnahme) unmittelbar wirkend" (Drosdowski (Hrsg.) 1990, S. 552).

[3] „dispositiv [lat.-nlat.]: anordnend, verfügend" (Drosdowski (Hrsg.) 1990 S. 192).

Transaction-Processing-Systemen (OLTP-Systemen) erzeugt, bei denen mehrere Benutzer im Teilhaberbetrieb sich derselben Systeme und Datenbestände bedienen, wie beispielsweise bei Auskunfts-, Buchungs- und Bestellsystemen.

Dispositive Daten In Abgrenzung zu den operativen Daten werden die für managementunterstützende Systeme erforderlichen Daten als dispositive Daten bezeichnet. Wie die Abb. 2.1 verdeutlicht, unterscheiden sich diese Daten erheblich von dem operativen Datenmaterial, so dass ein direkter Durchgriff von managementunterstützenden Systemen auf operative Daten häufig nicht zielführend ist.

	Charakteristika operativer Daten	**Charakteristika dispositiver Daten**
Ziel	Abwicklung der Geschäftsprozesse	Informationen für das Management; Entscheidungsunterstützung
Ausrichtung	Detaillierte, granulare Geschäftsvorfalldaten	Verdichtete, transformierte Daten; umfassendes Metadatenangebot
Zeitbezug	Aktuell; zeitpunktbezogen; auf die Transaktion ausgerichtet	Unterschiedliche, aufgabenabhängige Aktualität; Historienbetrachtung
Modellierung	Altbestände oft nicht modelliert (funktionsorientiert)	Sachgebiets- o. themenbezogen, standardisiert u. endbenutzertauglich
Zustand	Häufig redundant; inkonsistent	Konsistent modelliert; kontrollierte Redundanz
Update	Laufend und konkurrierend	Ergänzend; Fortschreibung abgeleiteter, aggregierter Daten
Queries	Strukturiert; meist statisch im Programmcode	Ad-hoc für komplexe, ständig wechselnde Fragestellungen und vorgefertigte Standardauswertungen

Abb. 2.1: Charakteristika operativer und dispositiver Daten (modifiziert übernommen aus Christmann 1996, S. C822.07)

Bis weit in die 90er Jahre hinein konnten daher managementunterstützende Systeme meist ausschließlich auf eigene, herstellerspezifische (proprietäre) und daher isolierte Datenbestände zugreifen. Wie Abb. 2.2 zeigt, wurden zur Befüllung dieser Datenbereiche Kopien und Extrakte aus den verschiedenen operativen internen und externen Datenquellen gezogen.[4]

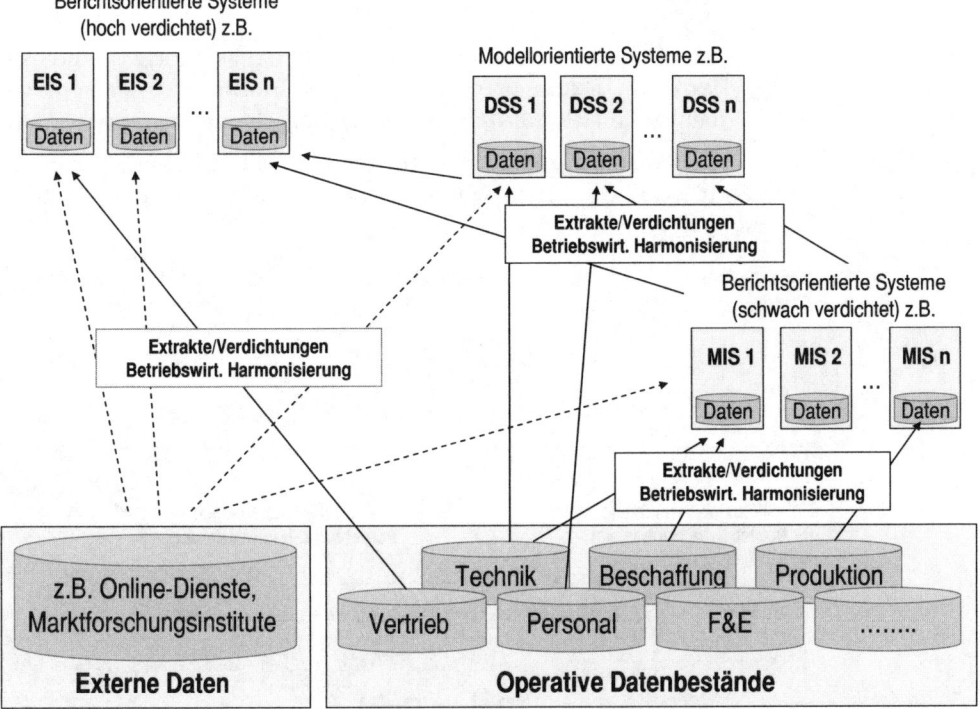

Abb. 2.2: Historisch gewachsene Datenversorgung managementunterstützender Systeme

Diese Vorgehensweise weist jedoch erhebliche Nachteile auf:

- Beeinträchtigung der Performance der operativen Systeme durch mehrfaches Kopieren und Extrahieren.

- Inkonsistenz des dispositiven Datenmaterials, da die zu unterschiedlichen Zeitpunkten durchgeführten Kopier- und Extraktionsprozesse aufgrund des fortlaufenden Betriebs der operativen Transaktionssysteme nicht die gleichen Datenwerte liefern.

---

[4] Eine detaillierte Beschreibung der in der Abbildung dargestellten Executive Information Systems (EIS), Decision Support Systems (DSS) und Management Information Systems (MIS) erfolgt im dritten Kapitel.

- Erhöhung des Aufwands und der Fehleranfälligkeit, da die betriebswirtschaftliche Harmonisierung des Datenmaterials für jedes einzelne Subsystem individuell durchgeführt werden muss.

- Unerwünschte Nebenwirkungen durch das Löschen und Ändern von Daten in vorgelagerten dispositiven Systemen, die nicht selten als zusätzliche Datenquelle herangezogen werden.

Daten-Pool-
Ansatz

Einen Fortschritt stellt der Daten-Pool-Ansatz dar, der als direkter Vorgänger des Data-Warehouse-Konzepts angesehen werden kann (vgl. Abb. 2.3).

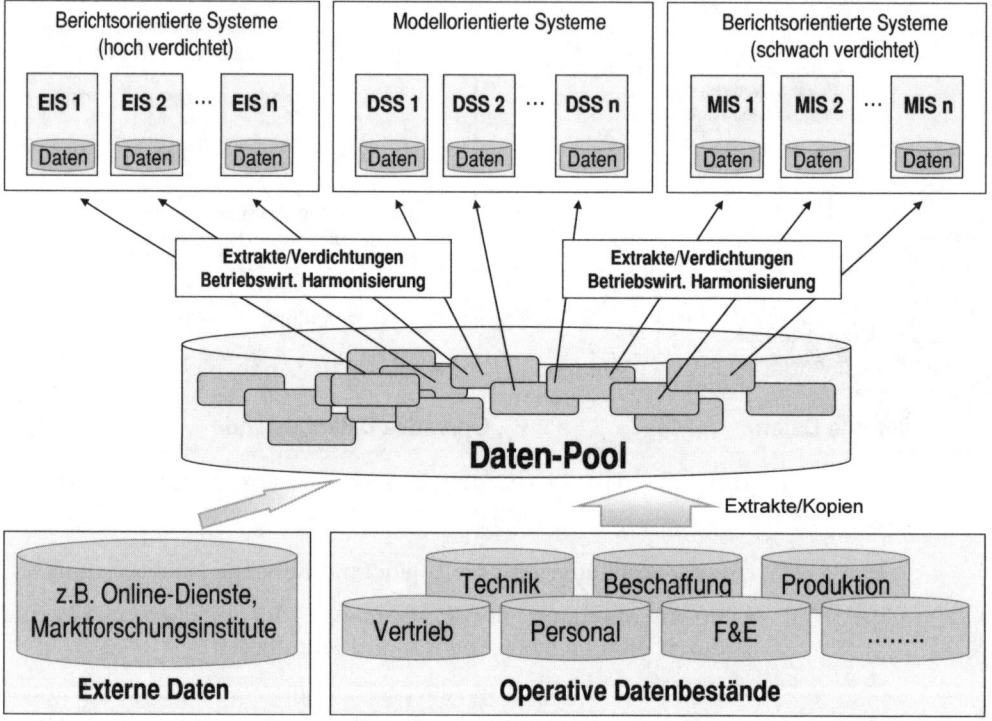

Abb. 2.3:   Daten-Pool-Ansatz

Hierbei werden die operativen Daten durch reine Kopier- und Extraktionsvorgänge in physisch von den Quellsystemen getrennte Datenbanken gespiegelt, so dass die unterschiedlichen managementunterstützenden Systeme eines Unternehmens auf einen dedizierten Datenpool zugreifen können. Auf diese Weise wird zumindest die zeitliche Konsistenz der dispositiven Daten, die sich identischer operativer Quellen bedienen, gesichert und die Beeinträchtigung der Performance der operativen Systeme aufgrund des einmaligen Kopier- und Extraktionsvorgangs reduziert.

Die erforderlichen Harmonisierungen und Verdichtungen haben jedoch noch immer für jedes managementunterstützende IT-System separat im Rahmen weiterer Kopier- und Extraktionsvorgänge zu erfolgen. Daher kann auch der Daten-Pool-Ansatz keine einheitliche Sicht auf die Daten eines Unternehmens garantieren und birgt weiterhin die Gefahr semantischer Inkonsistenzen.

2.2 Data-Warehouse-Konzept

Das Data-Warehouse-Konzept stellt eine wesentliche Neuerung gegenüber traditionellen Ansätzen dar. Während bei früheren Lösungen die Modellierung des erforderlichen Datenmaterials als Teil des Entwicklungsprozesses einzelner IT-Systeme gesehen wurde, steht nun die Bereitstellung einer dispositiven Datenbasis für den gesamten Komplex der Managementunterstützung eines Unternehmens im Vordergrund.

2.2.1 Begriff Data Warehouse

Definition Data Warehouse

Data Warehouses (DWHs) sind von den operativen Datenbeständen getrennte, logisch zentralisierte dispositive Datenhaltungssysteme. Idealtypischerweise dienen sie unternehmensweit als einheitliche und konsistente Datenbasis für alle Arten von Managementunterstützungssystemen (Mucksch/Behme 2000, S. 6; Gabriel et. al. 2000, S. 76).

Der Begriff Data Warehouse wurde wesentlich von William H. Inmon geprägt. Danach ist ein Data-Warehouse-System durch die Merkmale der Subjektorientierung, der Integration, des Zeitraumbezugs und der Nicht-Volatilität charakterisiert (Inmon 2002, S. 31).

Subjekt-orientierung

• **Subjektorientierung**

Die Datenhaltung von operativen Systemen eines Unternehmens orientiert sich gewöhnlich an der unmittelbaren Durchführung der Wertschöpfungsprozesse. Im Gegensatz hierzu sind die dispositiven Daten des Data Warehouse an den Informationsbedarfen des Managements ausgerichtet. Die Entscheidungsträger sollen in die Lage versetzt werden, direkt Informationen zu den sie interessierenden Kerngebieten (von Inmon als Subjekte bezeichnet) zu recherchieren. Typische Interessensgebiete sind somit

- die Unternehmensstruktur, z. B. Geschäftsbereiche, Organisationsbereiche, rechtliche Einheiten,

- die Produktstruktur, z. B. Produktgruppen, Produkte,

- die Regionalstruktur, z. B. Länder, Gebiete, Bezirke, Filialen,

- die Kundenstruktur, z. B. Kundensegmente, Kunden,

- die Zeitstruktur, z. B. Jahre, Quartale, Monate,

zu denen meist Informationen (Fakten) wie

- betriebswirtschaftliche Kennzahlen, z. B. Umsätze, Deckungsbeiträge, Gewinn und

- deren Ausprägungen, z. B. Plan-, Ist-Werte, Abweichungen

zugeordnet werden (Mucksch/Behme 2000, S. 10).

Integration

- **Integration**

Eine wesentliche Aufgabe bei der Erstellung eines Data Warehouse stellt die Integration der entscheidungsrelevanten Daten aus den unterschiedlichen operativen und externen Quellen zu einer inhaltlich widerspruchsfreien Datensammlung dar. Diese Aufgabe erweist sich in der Realität meist als äußerst komplex, da die historisch gewachsenen operativen Systeme mit den ihnen zugrunde liegenden Datenhaltungssystemen häufig Datenredundanzen, Inkonsistenzen und semantische Widersprüche aufweisen.

Zeitraumbezug

- **Zeitraumbezug**

Während Daten in operativen Systemen typischerweise transaktionsorientiert und somit zeitpunktbezogen erzeugt und abgelegt werden, repräsentieren Daten im Data Warehouse häufig einen Zeitraum, z. B. einen Tag, eine Woche oder einen Monat.

Mit zunehmender Durchdringung des E-Business und den daraus resultierenden Analysemöglichkeiten relativiert sich jedoch das von Inmon bereits Anfang der 90er Jahre aufgestellte Charakteristikum *Zeitraumbezug* immer mehr. So ist ein deutlicher Trend erkennbar, die sog. *Granularität* – also die unterste Stufe betriebswirtschaftlich relevanter Detaildaten des DWHs – zu verfeinern und die sie repräsentierenden Zeiträume enger zu fassen. In neueren Konzepten – etwa bei kundenzentrierten Data Warehouses – ist es heute sogar nicht unüblich, die Daten auf der Ebene der Transaktionen abzulegen.

Nicht-Volatilität

• Nicht-Volatilität

Daten in operativen Systemen zeichnen sich durch kontinuierliche Veränderungen aus und repräsentieren daher den jeweils aktuellen Zustand innerhalb eines Geschäftsprozesses. Die Historie dieser Daten wird in aller Regel nicht gespeichert. Lediglich aus Recovery-Gründen (z. B. für das Wiederaufsetzen der Datenbank nach technischen Defekten) erfolgt meist eine Datensicherung und -speicherung über einen begrenzten Zeitraum.

Das Data Warehouse weist hingegen die Besonderheit auf, dass die integrierten Daten dauerhaft abgelegt werden und somit für künftige betriebswirtschaftliche Analysen weiterhin zur Verfügung stehen. Um das Datenwachstum zu begrenzen, müssen selbstverständlich auch in diesem Falle sinnvolle Historisierungskonzepte entwickelt und implementiert werden. So sind z. B. Überlegungen anzustellen, ob Daten eines bestimmten Alters nicht in verdichteter Form und somit komprimiert abzulegen sind bzw. ab welchem Alter Datenbestände zu archivieren sind.

2.2.2   Gängige DWH-Architekturen in der Praxis

Die *Architektur* (der Bauplan) eines Informationssystems dient der Beschreibung der einzelnen Systembausteine hinsichtlich ihrer Art, ihrer funktionalen Eigenschaften und ihres Zusammenwirkens. Im Folgenden werden zunächst gängige, in der Praxis existierende DWH-Architekturen vorgestellt und kritisch diskutiert.

Zentrales Data Warehouse

• Zentrales Data Warehouse

In einem zentralen Data Warehouse (vgl. Abb. 2.4) werden alle dispositiven Daten logisch zentral gespeichert und unter der Kontrolle eines einzigen Datenbankmanagementsystems verwaltet. Dazu ist es jedoch nicht zwingend erforderlich, die Daten physisch an einem Ort abzulegen. Vielmehr können auch verteilte Datenhaltungssysteme zum Einsatz kommen, die eine zentrale Verwaltung logisch zusammengehöriger, physisch verteilter Daten erlauben (Eicker 2001, S. 66).

Die Implementierung einer rein zentralen Lösung ist jedoch mit erheblichen konzeptionellen und technischen Schwierigkeiten behaftet. So ist die Erstellung eines monolithischen Gesamtentwurfs für ein unternehmensweites, zentrales Data Warehouse äußerst komplex und lediglich in einem ressourcenintensiven Projekt durchzuführen. Aus technischer Sicht entstehen hierbei vor allem Probleme der Skalierbarkeit aufgrund der zunehmenden Benutzerzahlen und Datenvolumina, welche die Sicherstellung einer adäquaten Performance des Gesamtsystems erheblich erschweren. Viele Unternehmen bevorzugen daher eine Verteilung der Verarbeitungs- und Administrationslast (Sapia 2001, S. 58 f.) und präferieren für die direkte Datenanalyse dedizierte Datenhaltungskomponenten.

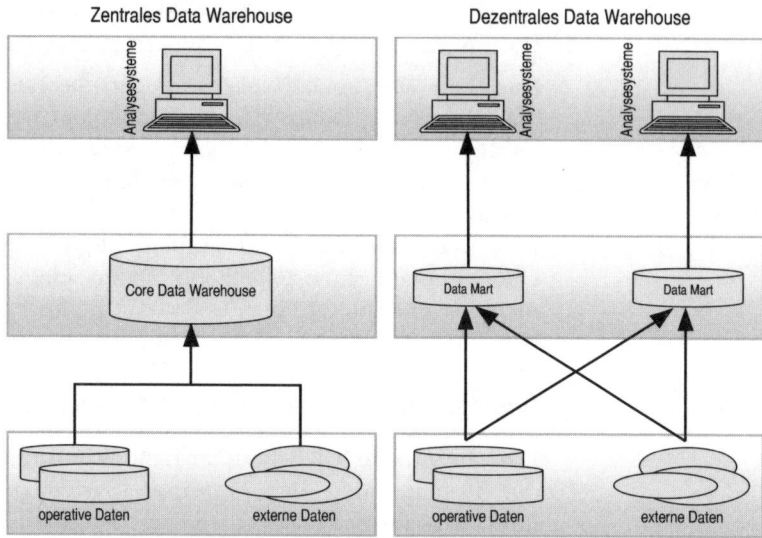

Abb. 2.4: Architekturvarianten: Zentrales und dezentrales Data Warehouse (modifiziert übernommen aus Eicker 2001, S. 67)

Dezentrales Data Warehouse

• **Dezentrales Data Warehouse**

Eine dezentrale Data-Warehouse-Lösung (vgl. Abb. 2.4) besteht aus isolierten Data Marts. Sie besitzen eine Datenhaltung mit einer hohen Zweckorientierung für einzelne Fachabteilungen (z. B. Controlling oder Marketingabteilung) oder für Querschnittsthemen (z. B. Rechnungswesen). Sie basieren häufig auf proprietären Datenbanken, die für den speziellen Anwendungsbereich performanceoptimiert ausgelegt sind. Der Betrieb erfolgt nicht selten im Verantwortungsbereich der einzelnen Fachabteilungen. Für unternehmensweite Analysen müssen die Daten aus verschiedenen Data Marts abgerufen und integriert werden.

Eine Anhäufung isolierter Data Marts besitzt ähnliche Nachteile wie die tradierten, historisch gewachsenen Lösungen zur Versorgung des Managements mit entscheidungsunterstützenden Informationen (vgl. Kapitel 2.1 und dort insbes. Abb. 2.2). Da in beiden Fällen eine integrierte Sichtweise auf das Gesamtunternehmen fehlt, werden zum einen die genannten unternehmensweiten Analysen erschwert. Zum anderen ist eine nachträgliche Erweiterung zum unternehmensweiten Data Warehouse kaum noch möglich.

2.2.3 Architektur ODS-erweiterter Data Warehouses

Architektur ODS-erweiterter DWHs

Die in diesem Buch präferierte Architektur ist in der Abb. 2.5 verdeutlicht und stellt einen sog. *ODS-erweiterten DWH-Ansatz* dar. In diesen Fällen ist das Data Warehouse um eine transaktionsorientierte, nicht historienbildende Datenhaltung – den Operational Data Store (ODS) – erweitert. Da für ODS-Systeme andere, von der originären DWH-Definition abweichende Kriterien gelten, wird ihre Einordnung in der Praxis und Wissenschaft kontrovers diskutiert. Im vorliegenden Buch wird das ODS – wie die senkrechte Linie in der Abbildung verdeutlicht – nicht direkt dem DWH zugerechnet. Da jedoch der Einsatzbereich und die enge Verwandtschaft des ODS mit dem DWH unstrittig ist, werden diese Datenhaltungssysteme ebenfalls hier in diesem Kapitel behandelt, wobei die ODS-Besonderheiten explizit thematisiert werden.

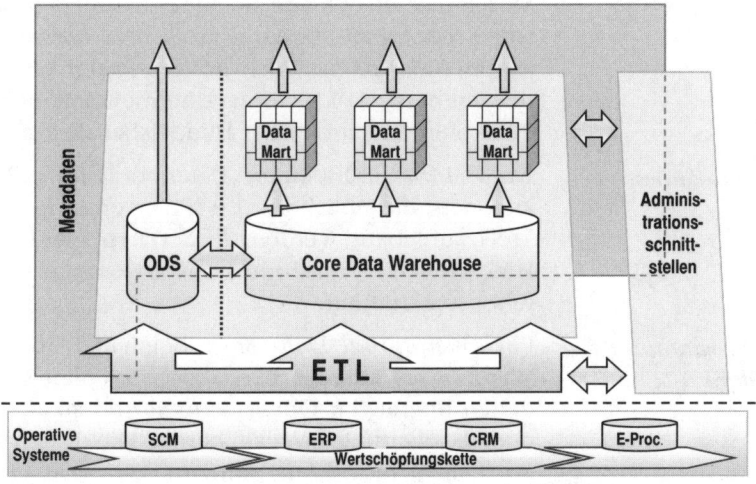

Abb. 2.5: ODS-erweiterte Data-Warehouse-Architektur

Deutlich wird, dass ein Data Warehouse üblicherweise aus einem Konglomerat verschiedener dispositiver Datenhaltungssysteme besteht. Diese unterscheiden sich primär durch die Verdichtungsgrade der Daten und den Grad ihrer Applikationsorientierung, sind jedoch miteinander verbunden und über Mechanismen der Redundanzbeherrschung in ihrer Konsistenz gesichert. Aus diesem Grunde wird diese Architekturvariante auch häufig als *Hub-and-Spoke-Architektur* (Nabe-Speiche-Architektur) bezeichnet, wobei das Core Data Warehouse die Nabe repräsentiert und die abhängigen Data Marts die Speichen darstellen.

ETL-Prozess

Dem Transformationsprozess kommt für die dispositive Datenhaltung eine wesentliche Bedeutung zu. Er hat die Aufgabe, die an speziellen operativen Anwendungsfeldern orientierten Daten in subjekt- bzw. themenorientierte Daten zu überführen, die dem Informationsbedarf des Managements entsprechen. Aus den englischen Bezeichnungen der Teilschritte "Extraction", „Transformation" und "Loading" leitet sich der häufig gebrauchte Begriff *ETL-Prozess* ab.

Core Data Warehouse

Die Kernkomponente der Architektur stellt die zentrale Data-Warehouse-Datenbank dar, die auch als *Core Data Warehouse* bezeichnet wird. Ihre Befüllung erfolgt direkt aus den operativen internen und externen Quellsystemen oder vorgelagerten Operational Data Stores (s. u.). Das Core Data Warehouse basiert meist auf einer relationalen Datenbank und kann durchaus Datenvolumina von mehreren Terabyte erreichen. So verfügt das Data Warehouse des Online-Buchgroßhändlers Amazon.com beispielsweise über eine Bestandsgröße von etwa 34 Terabyte (Winter Corporation 2004). Noch höhere Datenvolumina erreichen kundenzentrierte DWHs von Unternehmen aus dem Bereich der Telekommunikation oder Handelshausketten.

Data Marts

Data Marts sind kleinere Datenpools für eine Klasse von Applikationen, die üblicherweise für einen eingeschränkten Benutzerkreis aufgebaut werden. Ihre Daten werden in aller Regel mit Hilfe weiterer Transformationsprozesse aus dem Core Data Warehouse extrahiert.

Operational Data Store

Ein *Operational Data Store* beinhaltet als Vorstufe eines Data Warehouses aktuelle transaktionsorientierte Daten aus verschiedenen operativen Quellsystemen und stellt sie für Anwendungs- und Auswertungszwecke bereit. Die Daten werden hierbei jedoch nicht historisiert, sondern – in Analogie zu der operativen Datenhaltung – jeweils durch neue Transaktionen überschrieben (Inmon et. al. 2000, S. 218 f.; Mucksch 1999, S. 175 f.).

Metadaten

Die *Metadaten* beschreiben die Datenstruktur der gespeicherten DWH- und ODS-Daten. Sie können daher als „Daten über Daten" bezeichnet werden und erlauben eine gezielte und strukturierte

Auswertung von Informationen über Zusammenhänge innerhalb eines komplexen Systems (Wieken 1999, S. 205).

Administrations-schnittstellen

Unter den *Administrationsschnittstellen* werden systemgestützte Zugänge für technische und betriebswirtschaftliche Fachspezialisten verstanden. Mit ihrer Hilfe können Modifikationen, Einschränkungen und Erweiterungen im Data Warehouse und im ODS umgesetzt werden.

2.3 Detaillierung ODS-erweiterter Data Warehouses

Im Weiteren werden alle oben angeführten Komponenten ODS-erweiterter Data Warehouses ausführlich beschrieben und diskutiert.

2.3.1 Transformationsprozess – ETL

Transformations-prozess – ETL

Allgemein hat sich die Auffassung durchgesetzt, dass managementunterstützende Systeme nur in Ausnahmefällen direkt auf die operativen Daten aufsetzen können. Sog. *Virtuelle Data Warehouses* ohne dedizierte dispositive Datenhaltung haben sich nicht etablieren können, da

- die Heterogenität gewachsener Infrastrukturen (Legacy-Systeme) den Zugriff auf das relevante Datenmaterial erschwert,

- die Ressourcenbelastung durch schlecht antizipierbare Managementabfragen für operative Systeme kaum kalkulierbar ist,

- eine für Managementabfragen wichtige Historienbetrachtung aufgrund mangelnder Historienführung im operativen Kontext nicht möglich ist und

- operative Daten lediglich mit Hilfe umfangreicher Transformationsregeln in relevante Managementinformationen überführt werden können.

Gerade der letzte Punkt gilt allgemein als äußerst komplex, da er die semantische Integration der Quelldaten zu einer inhaltlich widerspruchsfreien Datensammlung leisten muss. Er wird häufig auch als Engpass im Rahmen der Erstellung und Nutzung einer Data-Warehouse-Lösung angesehen.

Entgegen dieser Bedeutung wird der Transformationsprozess jedoch meist auf die direkte Schnittstelle *zwischen* den operativen Daten und der dispositiven Datenhaltung begrenzt. Transformationsprozesse *innerhalb* des Operational Data Stores bzw. des Data Warehouses werden dagegen häufig nicht explizit thematisiert. Um zu einem konsistenten Ansatz zu gelangen, wird daher im Folgenden eine differenzierte Darstellung des Transformationsprozesses aus einer betriebswirtschaftlich-konzeptionellen Perspektive entwickelt (weitere Ausführungen angelehnt an Kemper/Finger 1999, 77 ff.).

Der Transformationsprozess umfasst alle Aktivitäten zur Umwandlung der operativen Daten in betriebswirtschaftlich interpretierbare Daten. Er setzt sich aus den Teilprozessen der Filterung, der Harmonisierung, der Aggregation sowie der Anreicherung zusammen (vgl. Abb. 2.6).

Filterung	Unter der Filterung werden die Extraktion aus den operativen Daten und die Bereinigung syntaktischer oder inhaltlicher Defekte in den zu übernehmenden Daten verstanden.
Harmonisierung	Die Harmonisierung bezeichnet den Prozess der betriebswirtschaftlichen Abstimmung gefilterter Daten.
Aggregation	Die Aggregation ist die Verdichtung gefilterter und harmonisierter Daten.
Anreicherung	Die Bildung und Speicherung betriebswirtschaftlicher Kennzahlen aus gefilterten und harmonisierten Daten wird als Anreicherung bezeichnet.

Abb. 2.6:   Teilprozesse der Transformation

Filterung

Die erste Schicht der Transformation stellt die *Filterung* dar. Mit ihrer Hilfe werden die für das Data Warehouse benötigten Daten, die meist aus heterogenen unternehmensinternen und -externen Quellen stammen, selektiert, zwischengespeichert und von Mängeln befreit.

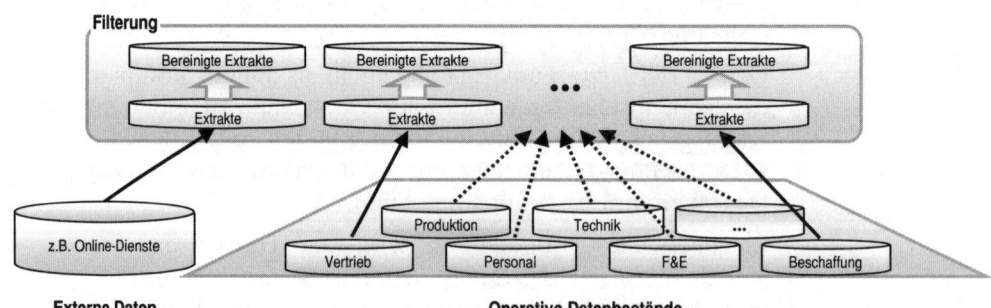

Abb. 2.7:   Erste Transformationsschicht – Filterung

Die Filterung unterteilt sich aus diesem Grunde in die beiden Phasen *Extraktion* und *Bereinigung* (vgl. Abb. 2.7).

Im Rahmen der *Extraktion* werden die unternehmensexternen und insbesondere die operativen unternehmensinternen Daten in speziell hierfür vorgesehene Extraktionsbereiche (*staging areas*) des Data Warehouses eingestellt.

Die *Bereinigung* dient der Befreiung der extrahierten Daten sowohl von *syntaktischen* als auch von *semantischen Mängeln*.

Unter *syntaktischen Mängeln* sind hierbei formelle Mängel der code-technischen Darstellung zu verstehen. *Semantische Mängel* betreffen dagegen Mängel in den betriebswirtschaftlichen Inhalten der Daten.

In diesem Zusammenhang können mehrere Klassen von Mängeln identifiziert werden:

- 1. Klasse: Automatisierbare Defekterkennung mit automatisierbarer Korrektur während des Extraktionsvorganges.

- 2. Klasse: Automatisierbare Defekterkennung mit manueller Korrektur nach dem Extraktionsvorgang.

- 3. Klasse: Manuelle Defekterkennung mit manueller Korrektur nach dem Extraktionsvorgang (Kemper/Finger 1999, S. 84).

Bereinigung	1.Klasse Automatisierbare Erkennung und automatisierbare Korrektur	2.Klasse Automatisierbare Erkennung und manuelle Korrektur	3.Klasse Manuelle Erkennung und manuelle Korrektur
Syntaktische Mängel	Bekannte Formatanpassungen	Erkennbare Formatinkompatibilitäten	–
Semantische Mängel	Fehlende Datenwerte	Ausreißerwerte / unstimmige Wertekonstellationen	Unerkannte semantische Fehler in operativen Quellen

bedingen kurz- oder mittelfristig eine Fehlerbereinigung in den operativen Quellsystemen

Abb. 2.8: Mängelklassifikation im Rahmen der Bereinigung (Kemper/Finger 1999, S. 85)

Jede dieser Klassen erfordert eine besondere Vorgehensweise zur Bereinigung.

- **Mängel der 1. Klasse**

Die syntaktischen und semantischen Mängel der 1. Klasse können durch implementierte Transformationsregeln automatisiert behoben werden, da sie bereits vor der Erstellung der Extraktionsroutinen bekannt sind bzw. ihr Auftreten antizipiert werden kann.

So gehören zu dieser Klasse *syntaktische Mängel,* die durch interne Format-, Steuer- oder Sonderzeichen bewirkt werden und in operativen Systemen z. B. nicht selten zur Dokumentation von Stornobuchungen u. ä. herangezogen werden. Diese Mängel können während des Extraktionsvorgangs identifiziert und über Zuordnungstabellen (*mapping tables*) in den Extraktdaten bearbeitet werden.

Ein Beispiel für eine automatisierte Bereinigung eines *semantischen Mangels* sind fehlende Ist-Werte in den operativen Daten, z. B. aufgrund nicht durchgeführter Übertragungen von Umsatzdaten einzelner Niederlassungen. Solche fehlenden Inhalte können während des Extraktionsvorgangs erkannt und gemäß vorab definierter und im Unternehmen abgestimmter Regeln durch äquivalente Werte ersetzt werden (wie etwa Planwerte des Monats, Ist-Werte des Vormonats oder Ist-Werte des Vorjahresmonats). Um die Datenqualität sicherzustellen und sinnvolle Verdichtungen auf Basis dieses Datenmaterials erstellen zu können, ist die Verfahrensweise zu dokumentieren und zu kommentieren.

- **Mängel der 2. Klasse**

Diejenigen Mängel, die automatisiert bereinigt werden können, stellen jedoch nur den kleineren Teil dar. So lassen sich Mängel der 2. Klasse lediglich mit Hilfe implementierter Routinen identifizieren, müssen jedoch anschließend von technischen und betriebswirtschaftlichen Spezialisten manuell bereinigt werden.

Bei den *syntaktischen Mängeln* können beispielsweise bisher nicht berücksichtigte Syntaxvarianten erstmalig entdeckt werden. Diese müssen durch technische Spezialisten manuell in den Extrakten berichtigt werden. Für zukünftige Extraktionsvorgänge können solche Syntaxvarianten berücksichtigt und automatisiert behandelt werden, so dass sie ab diesem Zeitpunkt zu den Mängeln der 1. Klasse gehören.

Für einen Teil der *semantischen Mängel* der 2. Klasse ist ebenfalls eine automatische Erkennung möglich. Mit Hilfe von Plausibilitätskontrollen (z. B. durch Vergleiche von Bilanz- oder Kontrollsummen), einfachen Wertebereichsüberprüfungen oder Data-

Mining-basierten Musterkennungsverfahren (z. B. zur Erkennung von Ausreißerwerten oder nicht erlaubten Attributausprägungen) können fehlerhafte Datenwerte erkannt werden.

Da diese Mängel meist auf Fehlern in den operativen Datenquellen beruhen, sollten je nach Schwere des Fehlers, seinen Auswirkungen im operativen Systemumfeld und dem Aufwand der Fehlerbehebung kurz- oder mittelfristig Korrekturmaßnahmen in den betroffenen operativen Quellsystemen eingeleitet werden. Falls eine sofortige Korrektur in den Quellsystemen nicht möglich ist, sind von Spezialisten kurzfristig Bereinigungsmaßnahmen in der Filterungsschicht des Data Warehouses umzusetzen, damit die Fehler der operativen Quellsystemumgebung nicht die Datenqualität im dispositiven Bereich verschlechtern und dadurch die Akzeptanz der Endbenutzer negativ beeinflussen können.

- **Mängel der 3. Klasse**

Da die Datensyntax stets vollständig beschrieben werden kann, sind *syntaktische Mängel* immer automatisiert erkennbar. Eine manuelle Erkennung von Mängeln ist deshalb nur für *semantische Mängel* erforderlich (vgl. Abb. 2.8). Beispiele sind unkorrekte Datenwerte in den extrahierten Daten, die nicht durch Plausibilitätsprüfungen, einfache Wertebereichsprüfungen oder Verfahren der Mustererkennung identifiziert, sondern lediglich von betriebswirtschaftlichen Fachexperten erkannt werden können. Bei diesen semantischen Mängeln handelt es sich ebenfalls immer um Fehler in den operativen Datenquellen. Diese sind wie oben beschrieben zu behandeln: Kurz- oder mittelfristige Berichtigung der operativen Quellsysteme und bis zur Korrekturimplementierung Berichtigung der semantischen Fehler in der Filterungsschicht des Data Warehouses.

Harmonisierung

Die *Harmonisierung* stellt die zweite Schicht der Transformation dar. Im Gegensatz zur Filterung liefert sie bereits dispositiv verwendbare Daten, die sich auf der detailliertesten Stufe betriebswirtschaftlich sinnvoller Interpretation – der *Granularität* – befinden. Abb. 2.9 veranschaulicht die Harmonisierungsschicht und die Verknüpfung zur Filterungsschicht.

Die Hauptaufgabe der Harmonisierungsschicht liegt in der Zusammenführung der gefilterten Daten, wobei die physische Integration der Daten aufgrund guter Werkzeugunterstützung in der Regel keine größeren Probleme bereitet. Eine größere Herausforderung bedeutet dagegen die syntaktische und betriebswirtschaftliche Abgleichung der gefilterten Datenbestände als Vorbereitung der physischen Integration.

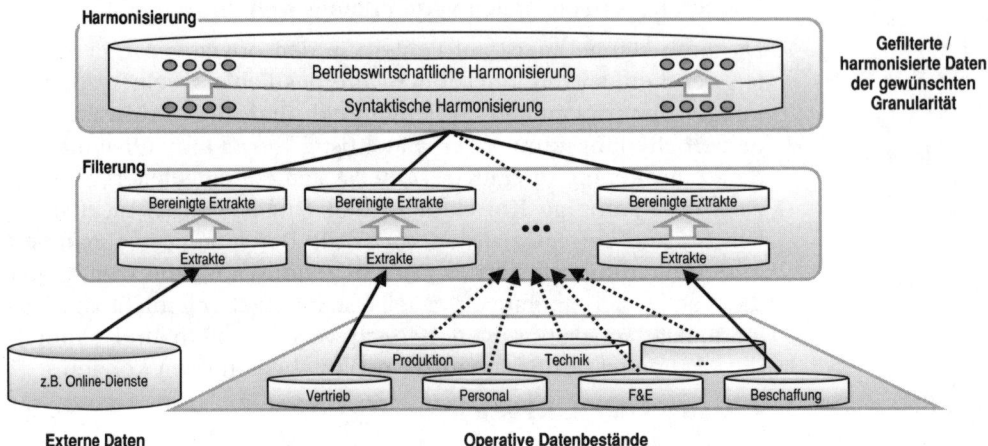

Abb. 2.9:   Zweite Transformationsschicht – Harmonisierung

Syntaktische Har-monisierung

• **Syntaktische Harmonisierung**

Die operativen und externen Datenbestände weisen meist eine hohe Heterogenität auf. Insbesondere die operativen Daten müssen mit Hilfe von umfangreichen Transformationsregeln vereinheitlicht, d. h. syntaktisch harmonisiert werden. Mit Hilfe dieser Transformationsregeln werden *Schlüsseldisharmonien* in den Extrakten bereinigt und die Probleme *unterschiedlich kodierter Daten* sowie die Schwierigkeiten bei der Verwendung von *Synonymen* und *Homonymen* gelöst.

• *Schlüsseldisharmonien* basieren auf Unverträglichkeiten der Primärschlüssel in den extrahierten und bereinigten Daten und entstehen durch die Verwendung unterschiedlicher Zugriffsschlüssel in der operativen Datenhaltung.

In Abb. 2.10 wird der Sachverhalt anhand eines Beispiels veranschaulicht. In diesem Anwendungsfall sollen übergreifende, kundenzentrierte Analysen durchgeführt werden. Eine Untersuchung der Quellsysteme macht jedoch deutlich, dass die relevanten operativen Anwendungssysteme – hier im Beispiel ein Außendienstsystem, eine Call-Center-Anwendung und eine Abrechnungsapplikation – über unterschiedliche Primärschlüssel für die Kunden verfügen. Um die gewünschte Auswertung durchführen zu können, sind somit die Schlüsseldisharmonien zu eliminieren. Daher wird in diesem Beispiel im Rahmen der Harmonisierung eine Zuordnungstabelle (*mapping table*) erar-

beitet, die für jeden Kunden einen neuen künstlichen Primärschlüssel generiert und die Primärschlüssel der operativen Systeme als Fremdschlüssel mitführt, so dass übergreifende Auswertungen ermöglicht werden.

AD_SYS	...	Kunde_Text	LOADTIME
AD-FX8257		Müller	31DEC1999:23:03:08
AD-FH2454		Meier	31DEC1999:23:03:08
AD-FX7059		Schulz	31DEC1999:23:03:08
AD-FT2567		Schmitz	31DEC1999:23:03:08
...	...	...	...

AC_SYS	Kunde_Text	Kunde_Status
3857_ACC	Müller	A
3525_ACC	Meier	A
3635_ACC	Schulz	A
3566_ACC	Schmitz	B
...	...	...

CC_SYS	Kunde_Grp	Kunde_Text	LOADTIME
59235395	Handel	Müller	31DEC1999:23:03:08
08485356	Industrie	Meier	31DEC1999:23:03:08
08555698	Industrie	Schulz	31DEC1999:23:03:08
85385386	Handel	Schmitz	31DEC1999:23:03:08
...	...	...	...

Kunde_ID	Kunde_Text	...	AD_SYS	CC_SYS	AC_SYS	...	LOADTIME
0001	Müller		AD-FX8257	59235395	3857_ACC		31DEC1999:23:03:08
0002	Meier		AD-FH2454	08485356	3525_ACC		31DEC1999:23:03:08
0003	Schulz		AD-FX7059	08555698	3635_ACC		31DEC1999:23:03:08
0004	Schmitz		AD-FT2567	85385386	3566_ACC		31DEC1999:23:03:08
...	...	...	...	...	...	...	...

Legende: AD – Außendienstsystem, CC – Call-Center-Anwendung, AC – Abrechnungs-/Accounting-System

Abb. 2.10: Zuordnungstabellen zur Eliminierung von Schlüsseldisharmonien (Finger 2002)

- Unter *unterschiedlich kodierten Daten* werden Daten verstanden, die über identische Attributnamen und eine identische
Bedeutung verfügen, jedoch unterschiedliche Domänen bzw.
Wertebereiche aufweisen. Das Attribut „Geschlecht" kann in
einem Quellsystem z. B. mit der Domäne „0" und „1" und in
einem anderen Quellsystem mit der Domäne „M" und „W"
kodiert sein. Die Lösung dieses Problems liegt in der eindeutigen Wahl einer Domäne und der Verwendung entsprechender
Zuordnungs- bzw. Mapping-Tabellen (vgl. Abb. 2.11).

- Bei *Synonymen* handelt es sich um Attribute, die zwar unterschiedliche Namen besitzen, jedoch dieselbe Bedeutung und
dieselbe Domäne aufweisen (vgl. Abb. 2.11). Die Differenzen
können durch eine Festlegung der Attributbezeichnung und
eine Überführung der anderen Attributbezeichnungen bereinigt werden. Informationen über Mitarbeiter können in einem
Quellsystem beispielsweise unter der Attributbezeichnung
„Mitarbeiter" und in einem anderen System unter der Bezeichnung „Personal" geführt werden.

- *Homonyme* weisen zwar denselben Attributnamen auf, besitzen jedoch unterschiedliche Bedeutungen. Daher können sie über neu zu vergebende Attributnamen unterschieden werden (vgl. Abb. 2.11). Attribute aus zwei unterschiedlichen Quellsystemen können z. B. mit der Bezeichnung „Partner" versehen sein. In der einen Quelle ist damit der Kunde gemeint, in der anderen Quelle jedoch der Lieferant.

	Charakteristika	Beispiele		
		Datenquelle 1	Datenquelle 2	Aktivität
Unterschiedliche Kodierung	Gleiche Attributnamen; gleiche Bedeutung; unterschiedliche Domänen	Attribut: GESCHLECHT Domäne: (0,1)	Attribut: GESCHLECHT Domäne: (M,W)	Wahl einer Domäne
Synonyme	Unterschiedliche Attributnamen; gleiche Bedeutung; gleiche Domänen	Attribut: PERSONAL Inhalt: Name der Betriebsangehörigen	Attribut: MITARBEITER Inhalt: Name der Betriebsangehörigen	Wahl eines Attributnamens
Homonyme	Gleiche Attributnamen; unterschiedliche Bedeutung oder ungleiche Domänen	Attribut: PARTNER Inhalt: Name der Kunden	Attribut: PARTNER Inhalt: Name der Lieferanten	Wahl unterschiedlicher Attributnamen

Abb. 2.11: Unterschiedliche Kodierung, Synonyme und Homonyme (Kemper/Finger 1999, S. 87)

Betriebswirtschaftliche Harmonisierung

- **Betriebswirtschaftliche Harmonisierung**

Neben der syntaktischen Abgleichung bilden die Aktivitäten der betriebswirtschaftlichen Harmonisierung einen weiteren wichtigen Teilschritt, um das Ziel der Überführung der operativen Daten in managementorientierte Daten zu erreichen. Hierzu gehören die Teilaufgaben der *Abgleichung der betriebswirtschaftlichen Kennziffern* sowie die Festlegung der gewünschten *Granularität* der dispositiven Daten.

- Die *Abgleichung betriebswirtschaftlicher Kennziffern* stellt sicher, dass für das gesamte Unternehmen ein fachlich konsistenter dispositiver Datenzugriff gewährleistet wird. Für diese Zwecke sind Transformationsregeln zu implementieren, die das operative Datenmaterial in Bezug auf die betriebswirtschaftliche Bedeutung, die gebiets- und ressortspezifische Gültigkeit, die Währung oder die Periodenzuordnung in einheitliche Werte überführen. Ohne Frage gehören diese Aufgaben zu den anspruchsvollsten Tätigkeiten beim Aufbau integrierter BI-Ansätze und bedürfen hoher betriebswirtschaftlicher Kompetenz und Durchsetzungskraft im Unternehmen.

- Um die operativen Daten in die gewünschte *Granularität* zu überführen, sind weitere Transformationsregeln erforderlich. Sollen beispielsweise tagesaktuelle Werte auf Basis von Produkt- und Kundengruppen die detailliertesten Daten des Data Warehouses bilden, sind sämtliche Einzelbelege über Aggregationsmechanismen zu tagesaktuellen, produktgruppen- und kundengruppenspezifischen Werten zusammenzufassen.

Nach Abschluss der Transformationen der Filterungs- und der Harmonisierungsschicht liegt im Data Warehouse ein bereinigter und konsistenter Datenbestand auf der Granularitätsebene vor. Dieser kann für analytische Informationssysteme direkt nutzbar gemacht werden (Kemper/Finger 1999, S. 88).

Aggregation

Die dritte Transformationsschicht dient der *Aggregation* (vgl. Abb. 2.12). In dieser Phase werden die gefilterten und harmonisierten Daten um Verdichtungsstrukturen erweitert.

Zu diesem Zweck werden in der Regel eine Reihe von Dimensionshierarchietabellen entwickelt, welche die antizipierbaren Auswertungsvarianten ermöglichen. „Kunde", „Kundengruppe" und „Gesamt" kann als Beispiel einer einfachen Hierarchie dienen. Parallele Hierarchien entstehen, wenn die Granularwerte einer Dimension nach verschiedenen Kriterien hierarchisiert werden, z. B. „Produkte" über „Produkthauptgruppen" oder alternativ über „Profit-Center-Zugehörigkeit" zu „Gesamt" (vgl. auch Kapitel 2.4.2).

Dimensionshierarchien können im Zeitverlauf modifiziert, gelöscht oder neu angelegt werden. Meist ist dieses auf sich ändernde Rahmenbedingungen im Unternehmen zurückzuführen, wie z. B. Veränderungen der personellen Zuständigkeiten, Zusammenfassungen bzw. Entflechtungen von Teilmärkten oder Sortimentsumstrukturierungen. Um in diesen Fällen konsistente Analysen auch über die Historie der Daten zu gewährleisten, sind die Veränderungen in den Tabellen mit Gültigkeitsstempeln (Zeitstempeln) zu versehen. Eine ausführliche Diskussion dieses Themenbereiches erfolgt in Kapitel 2.4.4.

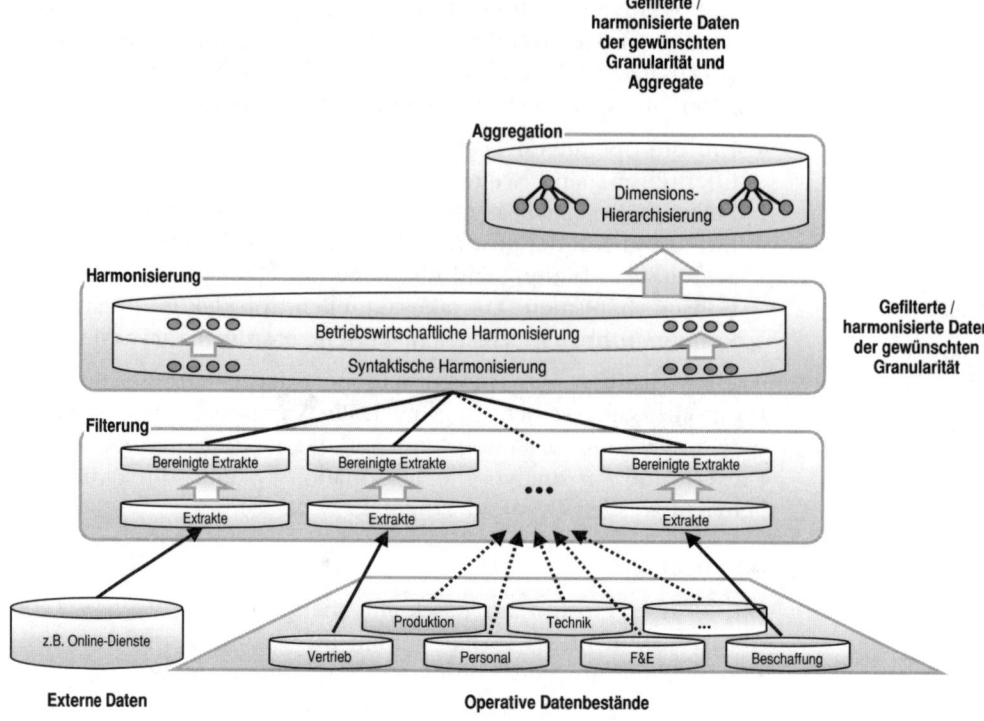

Abb. 2.12: Dritte Transformationsschicht – Aggregation

*Applikations-
bezogene Daten-
haltung*

Die Erstellung und Pflege von Dimensionshierarchisierungstabellen und die aus Performancegründen häufig durchgeführte physische Speicherung von aggregierten Tabellen hat eine erste Orientierung auf eine anwendungsorientierte Datenhaltung zur Folge. Die Ausrichtung der Datenhaltung auf bestimmte Applikationsklassen durchbricht das Paradigma einer applikationsneutralen Datenmodellierung. Es wird ein Teil der Funktionalität, der vormals in den auf den Daten operierenden Anwendungssystemen implementiert war, in die Datenhaltung verlagert.

Anreicherung

Während in der Aggregationsschicht bereits eine erste Ablösung vom Paradigma der strikten Trennung von Daten und Programmlogik sichtbar wird, erfolgt in der Anreicherungsschicht eine fast völlige Abkehr von diesem Denkmuster. Mit Hilfe der *Anreicherung* werden betriebswirtschaftliche Kennzahlen berechnet und in die Datenbasis integriert. Hier können sowohl Werte auf Basis der zweiten Schicht (harmonisierte Daten der gewünschten Granularität) als auch auf Basis der dritten Schicht (bereits aggregierte Zusammenfassungstabellen) berechnet und selbst als Attribute gespeichert werden. Beispielsweise ist eine Berechnung wöchentlicher Deckungsbeiträge auf Produktebene (zweite Schicht) und jährlicher Deckungsbeiträge auf Filialebene (dritte Schicht) denkbar.

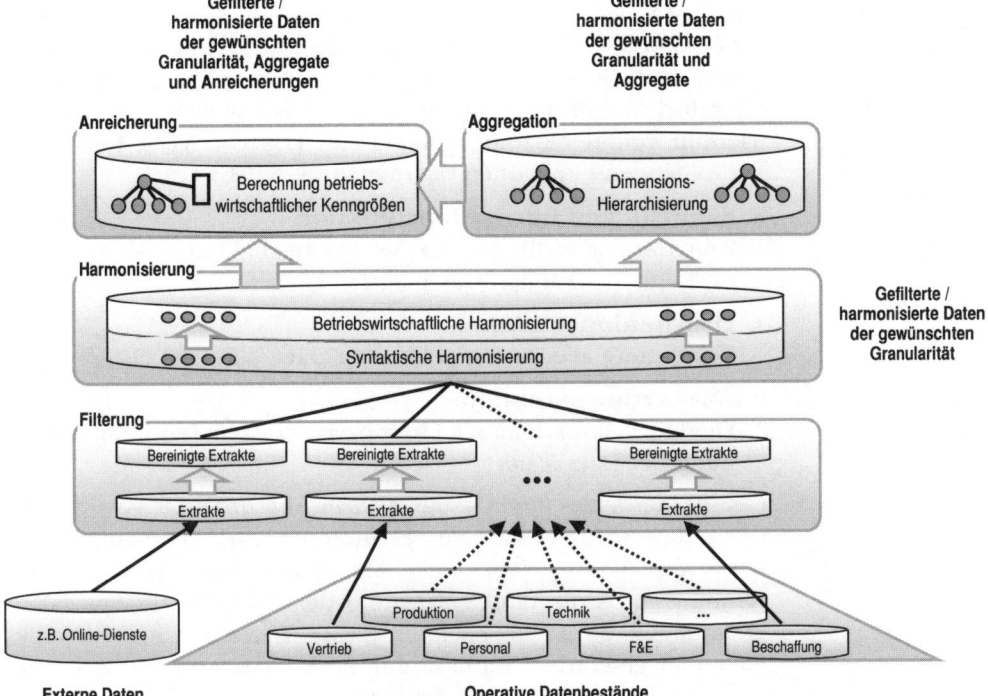

Abb. 2.13: Vierte Transformationsschicht – Anreicherung

Eine solche Vorgehensweise bietet folgende Vorteile:

- Kalkulierbares Antwortzeitverhalten bei späteren Abfragen aufgrund der Vorausberechnung.
- Garantierte Konsistenz der kalkulierten Werte aufgrund der einmaligen Berechnung.
- Etablierung eines abgestimmten betriebswirtschaftlichen Instrumentariums.

Abb. 2.13 zeigt den vollständigen Prozess der Transformation mit den vier Schichten der Filterung, Harmonisierung, Aggregation und Anreicherung. Die erste Schicht der Filterung regelt als technisch orientierte Schicht die Rohdatenbereitstellung. Die oberen drei Schichten als anwendungsorientierte Schichten erzeugen betriebswirtschaftlich verwendbare dispositive Daten, die von Informationssystemen für das Management genutzt werden können.

2.3.2   Core Data Warehouse und Data Marts

Core Data Warehouse

Das *Core Data Warehouse (C-DWH)* ist die zentrale Datenhaltungskomponente im DWH-Konzept. Hier werden sämtliche Daten nach einem ersten Transformationsprozess für unterschiedlichste Auswertungszwecke und zur Weitergabe an eine Vielzahl von Benutzern bereitgestellt. Das C-DWH erfüllt somit die folgenden Funktionen (Herden 2001, S. 51 f.):

- **Sammel- und Integrationsfunktion**
  Aufnahme aller für die Analyse wichtigen Daten im Sinne eines logisch zentralen Datenlagers.

- **Distributionsfunktion**
  Versorgung aller nachgeschalteten Data Marts mit Daten.

- **Auswertungsfunktion**
  Direkte Verwendung als Datenbasis für Analysen unter Umgehung der Data Marts

Gerade der letzte Punkt – die *Auswertungsfunktion* – wird nicht selten kontrovers diskutiert. Erlaubten viele Unternehmen anfangs sog. *Power-Usern* – also Mitarbeitern mit exzellenten IT-Kenntnissen – die direkte Nutzung des C-DWHs für Spezialanwendungen, so ist die Praxis in diesen Bereichen meist zurückhaltender geworden. Zurückzuführen ist dieser Meinungswandel häufig auf die negativen Erfahrungen, die im Laufe der Zeit mit dieser Lösung gemacht worden sind. So ist es nicht selten vorgekommen, dass C-DWH-Benutzer mit ungeschickten oder fehlerbehafteten Abfragen (meist SQL-Abfragen) die Performance des C-DWHs stark belasteten und für Störungen im gesamten DWH-Betrieb sorgten. Hinzu kommt, dass die Datenvolumina der DWHs in den letzten Jahren gravierend gestiegen sind und eine professionelle Bewirtschaftung erfordern. Vor diesem Hintergrund verfestigt sich mehrheitlich die Auffassung, dass die Befüllung, die Pflege und die Nutzung des C-DWHs ausschließlich durch die IT-Abteilung zu erfolgen haben und analytische Auswertungen demnach nur in den Data Marts ermöglicht werden sollen.

*Applikations-
klassenneutralität
des C-DWHs*

Damit das C-DWH als Lieferant dispositiver Daten sämtliche Data Marts bedienen kann, sind eine starke Detaillierung und ein hoher Grad an Mehrfachverwendbarkeit der Daten erforderlich. Eine Ausrichtung der Datenhaltung erfolgt daher primär an Kriterien einer technischen Optimierung der zugrunde liegenden Datenstrukturen, so dass Beladevorgänge, Modifikationen, Löschoperationen und Datenweitergaben an die Data Marts sicher und performant durchgeführt werden können. Aggregate oder Anreicherungen – also funktionale Erweiterungen der dritten und vierten Transformationsschicht – stehen im C-DWH im Unterschied zu den Data Marts nicht im Mittelpunkt und werden demnach auch nur dann berücksichtigt, wenn ihre mehrfache Verwendung in verschiedenen Data Marts gegeben ist.

Bei der Weitergabe der Daten des C-DWHs in die Data Marts werden daher in aller Regel weitere Transformationsprozesse erforderlich, bei denen die Daten auf höhere Aggregationsniveaus verdichtet und um applikationsklassenorientierte Summenwerte sowie Anreicherungen ergänzt werden.

*Aktualisierungs-
zyklen des
C-DWHs*

Eine Aktualisierung des C-DWHs erfolgt bedarfsabhängig, wobei üblicherweise drei Aktualisierungsvarianten unterschieden werden (Herden 2001, S. 54 f.):

- **Echtzeit-Aktualisierung**
  Die Daten der operativen Quellsysteme werden transaktionssynchron in das C-DWH geladen, d. h. im gleichen Moment, in dem Geschäftsvorfälle zu Änderungen der operativen Daten führen. Diese Variante weist eine hohe Komplexität auf und stellt für die Entwickler eine große Herausforderung dar, da Mechanismen zum Anstoß der Datenübertragung und eine permanente Anbindung von Quellsystemen und C-DWH gewährleistet sein müssen.

- **Aktualisierung in periodischen Zeitabständen**
  Die Übertragung der Daten in das C-DWH erfolgt nach vorher festgelegten Zeitabständen, z. B. stündlich, täglich, wöchentlich oder monatlich, in Abhängigkeit von den Aktualitätserfordernissen des jeweiligen Anwendungsbereichs.

- **Aktualisierung in Abhängigkeit der Änderungsquantität**
  Die aufgelaufenen Änderungen in den Quellsystemen werden gesammelt. Sobald eine vorher festgelegte Anzahl von Änderungen erreicht ist, werden die Daten in das C-DWH übertragen.

Die Auswahlentscheidung über die Aktualisierungsvariante kann nach technischen, inhaltlichen und organisatorischen Kriterien gefällt werden (vgl. auch Kapitel 3.1.3).

Charakteristika	Data Mart	Core Data Warehouse
Betriebswirtschaftliches Ziel	Effiziente Unterstützung der Entscheider einer Abteilung, ausgerichtet alleinig auf deren Analyseanforderungen	Effiziente Managementunterstützung durch strategische, taktische und operative Informationsobjekte für alle Entscheider in einem Unternehmen
Ausrichtung	Abteilungsbezogen	Zentral, unternehmensweit
Granularität der Daten	Zumeist höher aggregierte Daten	Kleinster Grad der Detaillierung
Semantisches Datenmodell	Semantisches Modell ist auf vorab modellierte Analyseanforderungen festgelegt	Semantisches Modell ist auch für zukünftige Analyseanforderungen offen
Modellierungskonventionen	Heterogen (proprietäre Data Marts, jede Abteilung hat ihre eigenen Konventionen); Einheitlich (abgeleitete Data Marts, Konventionen des Core Data Warehouses werden übernommen)	Einheitlich
Verwendete OLAP-Technologie (hauptsächlich)	M-OLAP (proprietäre Data Marts) R-OLAP bzw. H-OLAP (abgeleitete Data Marts)	R-OLAP
Direkter Zugriff durch Endanwender	In der Regel möglich	Häufig nicht erlaubt; zentraler Betrieb des C-DWH durch IT-Abteilung; dient als Quelldatensystem für Data Marts
Freiheitsgrade der Analysen	Eher gering (Anwender kann über die Abteilungsgrenzen nicht hinaus sehen)	Flexibel; sämtliche zugänglichen (Sicherheit) Informationen können in Analysen einfließen
Einfluss von externen Datenquellen	Zumeist nicht gegeben, wenn ja, dann nur spezifischer Ausschnitt	Hoch; sämtliche verfügbaren externen Datenquellen werden integriert, um die Qualität der Analysen verbessern zu können
Datenvolumen	Gering bis moderat (von einigen GByte bis zu max. 100 GByte)	Von moderat bis sehr umfangreich (>100 GByte bis in den Terabyte-Bereich)

Abb. 2.14: Data Marts und Core Data Warehouse (modifiziert übernommen aus Kurz 1999, S. 110 f.)

Data Marts

Data Marts besitzen einen hohen Grad an Anwendungsorientierung, haben ein wesentlich geringeres Datenvolumen als C-DWHs und sind meist auf einen spezifizierten Benutzerkreis bzw. auf eine Aufgabe ausgerichtet. Da sie häufig bereits vordefinierte Hierarchien, berechnete Aggregate und betriebswirtschaftliche Kennziffern in Form von Anreicherungen beinhalten, stellen sie nach Meinung vieler Kritiker keine Datenhaltung dar, sondern können bereits als Teil der Applikation aufgefasst werden. In der Tat ist der Übergang zwischen Datenhaltung und Anwendung bei dieser Form nahezu fließend, so dass in der Praxis häufig bei realen Systemen die Datenhaltung, die Funktionalität und die Benutzeroberflächen verschmelzen. Eine Gegenüberstellung der Charakteristika von Data Marts und Core Data Warehouses verdeutlicht die Abb. 2.14 (eine ausführliche Diskussion der OLAP-Technologien erfolgt in Kapitel 3.1.5).

Physische Daten-
haltung in
C-DWHs
und Data Marts

In kommerziellen DWH-Ansätzen werden zur Zeit meist relationale Datenbanksysteme und werkzeugabhängige (proprietäre) Datenhaltungssysteme eingesetzt.

Relationale Systeme begannen seit den frühen 80er Jahren sich flächendeckend in den Unternehmen für operative und dispositive Anwendungsfelder zu etablieren. Sie gelten als sicher und stabil, besitzen leistungsfähige Berechtigungsverwaltungen, sind auf nahezu allen Hardwareplattformen verfügbar und haben sich auch bei großem Datenvolumen und hohen Benutzerzahlen bewährt. Die Datenhaltung in diesen Systemen beruht auf dem relationalen Datenmodell, das auf der Basis zweidimensionaler, flacher Tabellen die Darstellung von Objekten und Beziehungen ermöglicht.

Normalformen-
lehre

Zur Vermeidung von Redundanz und Anomalien wurde von dem Protagonisten des relationalen Datenmodells Edgar F. Codd in den 70er Jahren ein mathematisches Regelwerk entwickelt. Dieses Regelwerk, das als Normalformenlehre bekannt ist, stellt verschiedene Prinzipien der Relationenbildung dar, wobei ein Datenmodell als *voll normalisiert* gilt, wenn es die dritte Codd´sche Normalform erfüllt (eine Detaillierung der Normalformenlehre erfolgt in Kapitel 2.4.1).

Die Eignung relationaler Datenhaltungssysteme für den Anwendungsbereich der Managementunterstützung kam Anfang der 90er Jahre in die Diskussion. Initiiert wurde die Auseinandersetzung durch die eher provokante These von Codd, die von ihm maßgeblich entwickelten relationalen Ansätze seien nicht geeignet, das Management adäquat zu unterstützen. Codd schlug vor, für diesen Anwendungsbereich physisch mehrdimensionale Datenhaltungssysteme einzusetzen, die u. a. eine höhere Performance und Flexibilität für das Anwendungsfeld böten.

Im Gegensatz zu relationalen Systemen sind diese Systeme bislang jedoch nicht standardisiert, häufig auch nicht auf große Benutzerzahlen ausgerichtet und erschweren aufgrund ihrer proprietären Strukturen zukünftige Migrationen. Obwohl sie heute auch Datenvolumina bis zum Terabyte-Bereich verwalten können (Eicker 2001, S. 70), werden sie aus diesen Gründen meist nicht als Infrastruktursysteme im Core Data Warehouse eingesetzt. Trotzdem haben werkzeugspezifische, performance-optimierte Datenhaltungssysteme heute einen festen Platz innerhalb der Managementunterstützung, wobei sie jedoch meist in Data Marts zum Einsatz kommen.

2.3.3 Operational Data Store

Der Operational Data Store weist als harmonisierter Datenpool eine enge Verwandtschaft zum Data Warehouse auf, unterscheidet sich jedoch in wesentlichen Punkten von traditionellen DWHs. So verbindet ein Operational Data Store den Bereich der operativen Transaktionssysteme mit der dispositiven Systemlandschaft, um im Tagesgeschäft operative und taktische Entscheidungen zu unterstützen bzw. neue, transaktionsorientierte Dienstleistungen anbieten zu können. Als Integrator besitzt er Eigenständigkeit und gehört neben dem traditionellen Data-Warehouse-Ansatz bestehend aus C-DWH und Data Marts zu den essenziellen Komponenten moderner Datenhaltungskonzepte.

Definition Operational Data Store

Der *Operational Data Store (ODS)* kann definiert werden als eine Datenhaltung mit subjektorientierten, integrierten, zeitpunktbezogenen, volatilen und detaillierten Daten (Inmon 1999, S. 12 ff.). Die einzelnen Charakteristika des ODS werden im Folgenden erläutert:

- **Subjektorientierung**

Die Konzeption eines ODS erfolgt – genau wie beim Data Warehouse – anhand managementorientierter Perspektiven. Häufig verwendete Dimensionen betreffen z. B. die Produkte, Regionen oder Kunden (vgl. Kapitel 2.2.1).

- **Integration**

Die im ODS enthaltenen Daten stammen aus den operativen Quellsystemen des Unternehmens. Bei der Überführung der Daten in den ODS erfolgt eine Transformation zu einer unternehmensweit einheitlichen und inhaltlich widerspruchsfreien Datensammlung. Der Transformationsprozess zur Befüllung des ODS ist daher dem Transformationsprozess zum Beladen eines Data Warehouses sehr ähnlich, beinhaltet jedoch primär nur die Stufen der Filterung und Harmonisierung.

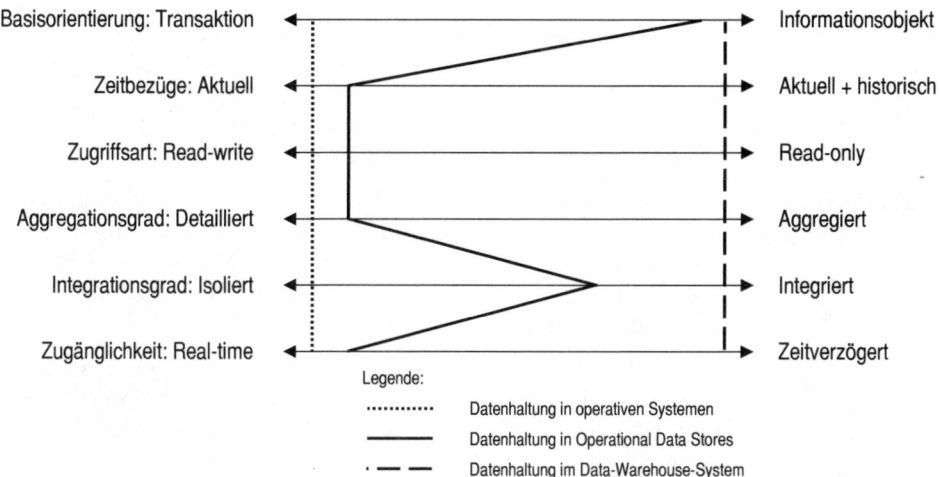

Basisorientierung: Transaktion → Informationsobjekt

Zeitbezüge: Aktuell → Aktuell + historisch

Zugriffsart: Read-write → Read-only

Aggregationsgrad: Detailliert → Aggregiert

Integrationsgrad: Isoliert → Integriert

Zugänglichkeit: Real-time → Zeitverzögert

Legende:

.... Datenhaltung in operativen Systemen

———— Datenhaltung in Operational Data Stores

· — — Datenhaltung im Data-Warehouse-System

Abb. 2.15: Eigenschaftsprofile von operativen, Operational-Data-Store- und Data-Warehouse-Systemen (von Maur et al. 2003, S. 15)

- **Zeitpunktbezug**

Im ODS findet keine Historisierung der übernommenen Daten statt. In der Regel werden die Daten lediglich über eine Zeitspanne von mehreren Tagen vorgehalten. Daher sind auch keine zeitraumbezogenen Auswertungen möglich.

- **Volatilität**

Die Daten im ODS werden regelmäßig aktualisiert. Jede Änderung der Daten in den operativen Quellsystemen führt zu einem Überschreiben der Daten im ODS. Es existieren jedoch Unterschiede in der Aktualisierungshäufigkeit. Die Datenfortschreibung kann transaktionssynchron, d. h. zeitlich parallel zu den Änderungen in den Quellsystemen, stündlich oder auch täglich durchgeführt werden. Um die hohe Aktualität der Daten sinnvoll nutzen zu können, sollte ein ODS eine hohe Performance aufweisen.

- **Hoher Detaillierungsgrad**

Da die Daten im ODS hauptsächlich für Analysen auf der Basis des operativen Kontextes herangezogen werden, werden sie sehr detailliert festgehalten. Häufig erfolgt die Detaillierung auf Transaktionsebene, d. h. einzelne Geschäftsvorfälle werden gespeichert (Inmon 1999, S. 12 ff.).

Die drei letztgenannten Charakteristika zeigen die wesentlichen Unterschiede zwischen einem ODS und einem Data Warehouse auf. Einen abschließenden Vergleich der Eigenschaftsprofile von operativen, Operational-Data-Store- sowie Data-Warehouse-Systemen verdeutlicht die Abb. 2.15.

Anwendungsbereiche eines ODS

Ein ODS ermöglicht eine konsistente Datendarstellung der betrieblichen Wertschöpfungsprozesse, die sowohl für die Entscheidungsunterstützung des Managements als auch für die Durchführung von Aktivitäten im Rahmen der Geschäftsprozessabwicklung von Relevanz sein können.

Eine erfolgreiche Planung, Steuerung und Überwachung der Wertschöpfungsprozesse eines Unternehmens bedingt die enge Kopplung der operativen Anwendungssysteme. Bei historisch gewachsenen Systemlandschaften treten jedoch meist zahlreiche Probleme auf, die beispielsweise durch eine redundante Datenhaltung, eine syntaktische und semantische Heterogenität zwischen verschiedenen Anwendungen, Medienbrüche beim Datenaustausch oder einer abteilungs- statt prozessorientierten Bearbeitung von Vorgängen u. ä. ausgelöst werden. ODS können in diesen Fällen als gemeinsame, harmonisierte Datenhaltungssysteme dem Management einen ganzheitlichen Blick auf die Geschäftsprozesse ermöglichen.

Des Weiteren sind – ausgelöst durch Entwicklungen im E-Business-Kontext – neue Applikationstypen entstanden, wie z. B. vernetzte Selbstbedienungsautomaten (Automated Teller Machines – ATM), Portal-, Customer-Relationship-Management-, Call-Center- oder Multi-Channel-Management-Anwendungen. Um diese neuen Systeme an die existierenden operativen Systeme anzubinden, müssen in der Regel zahlreiche Schnittstellen geschaffen werden. Das ODS-Konzept bietet auch hier einen möglichen Lösungsansatz zum Themenbereich *Enterprise Application Integration (EAI)*, indem die neuen Systeme sich der abgestimmten Daten des ODS bedienen bzw. über das ODS Daten mit den relevanten operativen Anwendungssystemen austauschen (von Maur et al. 2003, S. 13 f.).

ODS-Daten-klasse	Charakteristika	Erstellungs-aufwand	Bewertung
Typ 1	• Ganze Tabellen werden aus der operativen Umgebung in den ODS kopiert.	Niedrig	• Keine Integration. • Daten veralten schnell. • Nur für niedrige Datenvolumina. • Datenqualität nicht geeignet für Übernahme in das DWH.
Typ 2	• Transaktionssynchrone Replikation aus der operativen Umgebung in den ODS.	Niedrig bis mittel (aufgrund Verzicht auf Transformation)	• Keine Integration. • Konglomerat einzelner Transaktionen. • Datenqualität nicht geeignet für Übernahme in das DWH.
Typ 3	• Integration der Daten aus der operativen Umgebung in den ODS über eine Transformationsschicht. • Zeitverzögerung in der Übertragung aufgrund der Transformation mehrere Minuten bis Stunden.	Hoch (aufgrund der Implementierung der Transformation)	• Hohe Komplexität der Integration. • Geringere Ladegeschwindigkeit in den ODS. • Datenqualität geeignet für Übernahme in das DWH.
Typ 4	• Übernahme und Integration der Daten aus der operativen Umgebung in den ODS über eine Transformationsschicht. • Gleichzeitig Übernahme transformierter und integrierter Daten aus dem DWH.	Hoch (aufgrund der Implementierung der Transformation)	• Mächtigste ODS-Variante. • Hoher Planungs- und Realisierungsaufwand.

Abb. 2.16: Abgrenzung verschiedener Typen von Daten in Operational Data Stores (modifiziert übernommen aus Inmon 2000 sowie Inmon 1999, S. 59 ff.)

Indikatoren für den ODS-Einsatz Der Integrationsgrad der operativen Systeme und die Anforderungen an die Schnelligkeit der Informationsversorgung sind wichtige Kriterien für die Beurteilung der Notwendigkeit, ein umfassendes ODS im Unternehmen zu implementieren. Je heterogener sich die existierende Landschaft aus operativen, nicht integrierten Datenquellen einschließlich Legacy-Systemen darstellt, desto größer ist der zu erwartende Nutzen eines Operational Data Stores.

Auch die Nutzungsintensität dialogorientierter E-Business-Anwendungen, wie z. B. den o. a. CRM-Anwendungen, Call-Center-Systemen, Multi-Channel-Anwendungen u. ä., kann als ODS-Indikator angesehen werden. Da diese Anwendungsfälle meist aufgrund von direkten Kundeninteraktionen zeitkritisch sind, müssen die verfügbaren Daten in aller Regel im Anwendungsfall quasi in Echtzeit (*real-time*) zur Verfügung stehen, was bei der Mehrzahl der Unternehmen heute lediglich über die Implementierung eines dedizierten ODS realisiert werden kann (Inmon 1999, S. 57 f.).

Klassen von ODS-Daten

Generell können verschiedene Klassen von ODS-Daten unterschieden werden (vgl. Abb. 2.16). Wesentliche Abgrenzungskriterien sind die Quelle und Richtung des Datenflusses, die Aktualisierungshäufigkeit und der Integrationsgrad der Daten. Obwohl ein ODS primär die Daten der operativen Systeme in harmonisierter Form abbildet, kann – in Anlehnung an Inmon – eine zusätzliche Integration ausgewählter Aggregate aus dem DWH sinnvoll sein (Inmon 1999, S. 63).

Beispiel Shop-System

So könnten beispielsweise im Rahmen der Nutzung eines webbasierten Shop-Systems neben der harmonisierten Darstellung der betreffenden operativen Daten Aggregate bzgl. der relevanten Kundengruppe, Kundenbonität oder der Cross-Selling-Potenziale von großer Bedeutung sein. Um dem Kunden zum Zeitpunkt seines elektronischen Einkaufs entsprechende Angebote zu unterbreiten, wäre eine Übernahme dieser aggregierten und aufbereiteten Werte aus dem DWH in das ODS durchaus sinnvoll, da ein direkter Durchgriff auf das DWH während der Sitzung aufgrund der DWH-Charakteristika kaum mit einer ausreichenden Performance durchgeführt werden könnte (Inmon 2002, S. 301).

2.3.4 Metadaten

Metadaten werden zur Beschreibung der Bedeutung und der Eigenschaften von Objekten eingesetzt, um diese besser interpretieren, einordnen, verwalten und nutzen zu können. So werden beispielsweise Bücher in Bibliotheken mit Signaturen versehen, inhaltlich verschlagwortet und nach Titel, Autor, Einsatzgebieten u. ä. klassifiziert. Diese Informationen werden in Form von Metadaten in spezielle Systeme eingestellt, gepflegt und den Benutzern zugänglich gemacht, um die Buchbestände sinnvoll verwenden zu können.

Die Begrifflichkeit lässt sich aus dem Griechischen ableiten. So meint die Vorsilbe „*meta*" „inmitten, zwischen, hinter, nach" und wird hier in der Bedeutung „auf einer höheren Stufe bzw. Ebene befindlich" verstanden.

*Definition Meta-
daten*

In der Datenverarbeitung werden unter *Metadaten* allgemein alle Arten von Informationen verstanden, die für die Analyse, den Entwurf, die Konstruktion und die Nutzung eines Informationssystems erforderlich sind (Vaduva/Vetterli 2001, S. 273; Staudt et al. 1999, S. 7). Somit beschränken sich Metadaten im hier fokussierten Bereich Business Intelligence nicht allein auf die Entwicklung, sondern werden in allen Phasen des BI-Lebenszyklus generiert, verwaltet und genutzt.[5]

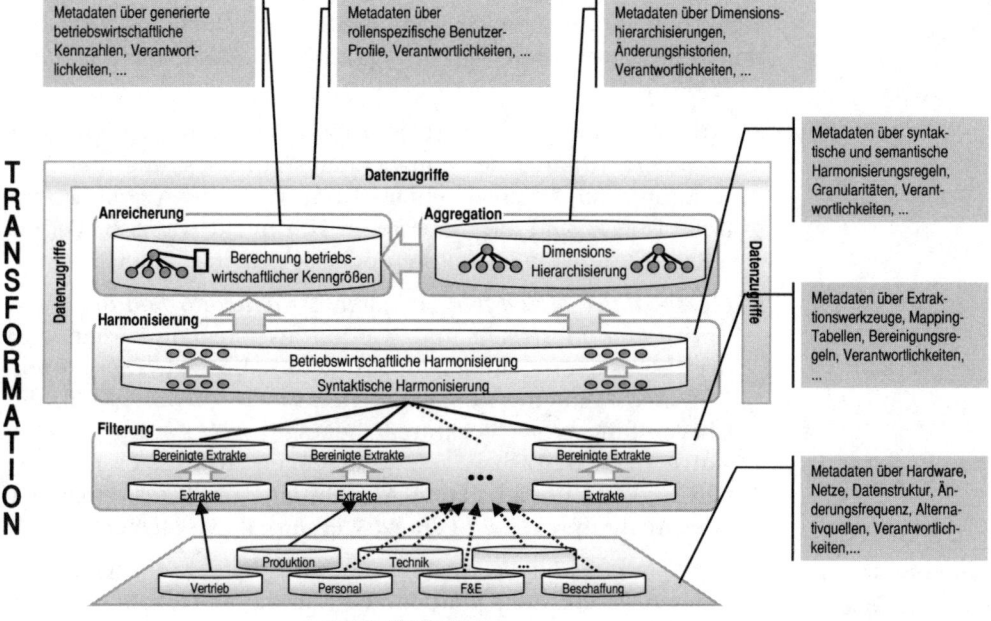

Abb. 2.17: Metadaten der dispositiven Datenbereitstellung

In DWH-/ODS-Konzepten kommt dem Metadatenmanagement ein besonderer Stellenwert zu, da aufgrund der Symbiose aus Logik und Datenhaltung (vgl. z. B. Kapitel 2.3.1 und Kapitel 2.3.2) weitaus mehr Informationen vorgehalten werden müssen als in klassischen Datenhaltungssystemen der operativen Systeme.[6]

---

[5] Zum Begriff des Lebenszyklus vgl. Kapitel 4.1.

[6] Als erste und einfachste Variante von Metadatenverwaltungssystemen wurden Systemkataloge in relationalen Datenbanksystemen

Wie aus der Abb. 2.17 ersichtlich wird, stellt die Metadatenverwaltung hier ein zentrales Dokumentations- und Steuerungswerkzeug von BI-Anwendungssystemen dar. Sie erleichtert die Navigation und stellt detaillierte Informationen über Systemkomponenten sowie Prozesse zur Verfügung. Insbesondere schafft sie für den Anwender Transparenz, aus welchen Quellen Daten zusammengesetzt werden, welche betriebswirtschaftlichen Kennzahlen verwendet werden und wie diese Kennzahlen aus betriebswirtschaftlicher Perspektive zu interpretieren sind (Kemper/Finger 1999, S. 92).

Passive und (semi-)aktive Metadaten

Metadaten können nach den folgenden Nutzungskategorien unterschieden werden (Staudt et al. 2001, S. 326 f.; Kemper 1999, S. 223):

- *Passive Metadaten* ermöglichen eine konsistente *Dokumentation* der Struktur, des Entwicklungsprozesses und der Verwendung der Daten in einem BI-Anwendungssystem. Potenzielle Nutzer sind alle Akteure im BI-Umfeld wie z. B. Endbenutzer, Systemadministratoren oder Systementwickler.

- *(Semi-)aktive Metadaten* enthalten *Strukturinformationen* und *Transformationsregeln* und werden als integrale Bestandteile der dispositiven Datenhaltungssysteme abgelegt. Diese Informationen können zu einer direkten (auch softwaregestützten) Überprüfung von Strukturen herangezogen werden (semiaktive Metadaten) bzw. von Werkzeugen zur Laufzeit interpretiert und zur unmittelbaren Ausführung von Transformations- oder Analyseprozessen genutzt werden (aktive Metadaten).

Technische und betriebswirtschaftliche Metadaten

Des Weiteren können technische und betriebswirtschaftliche Metadaten differenziert werden. Technische Metadaten konzentrieren sich auf IT-orientierte Aspekte der Transformationsschicht 1 (Filterungsschicht), während betriebswirtschaftliche Metadaten die Schichten 2 bis 4 (Harmonisierung, Aggregation, Anreicherung) und die Berechtigungsverwaltung fokussieren (Kemper 1999, S. 224).

---

eingesetzt. Diese als Data Dictionaries bezeichneten Systeme enthalten Informationen über angelegte Relationen und ihre Attributstruktur (Schreier 2001, S. 129).

Metadatennut-
zung

Die Erzeugung und das Management der Metadaten dienen

- der Effizienzsteigerung der *Entwicklung* und des *Betriebs* von BI-Anwendungssystemen sowie

- der Effektivitätssteigerung der *Nutzung* von BI-Anwendungssystemen.

Für die Entwicklung und den Betrieb ergeben sich Vorteile in den folgenden Bereichen:

- *Anpassung an Quellsysteme*
  Die Übernahme operativer und externer Datenquellen erfolgt in der Filterungsschicht (Transformationsschicht 1). Die hier durchzuführenden Extraktions- und Bereinigungsprozesse können mit Hilfe von Metadaten dokumentiert werden und sind auf diese Weise leicht modifizier- und erweiterbar.

- *Harmonisierung der Daten aus heterogenen Quellsystemen*
  In der Harmonisierungsschicht (Transformationsschicht 2) sind die operativen Quellen syntaktisch und semantisch zu integrieren. Informationen über Struktur und Bedeutung der Quellsysteme erleichtern diese Transformationsaktivitäten und unterstützen somit effiziente Neuentwicklungen und Erweiterungen von BI-Anwendungssystemen.

- *Wartung und Wiederverwendung*
  Die Speicherung von Metadaten außerhalb der Anwendungsprogramme vereinfacht sowohl die Wartung als auch die Anpassung und Erweiterung erheblich. Aufgrund der konsistenten, zentralen Ablage der Metadaten lassen sich betriebswirtschaftliche und technische Änderungen in den analytischen Systemen schnell und widerspruchsfrei durchführen, wobei die Mehrfachverwendung von Daten-Teilmodellen oder von Transformationsprozessen wirkungsvoll unterstützt wird.

- *Berechtigungsverwaltung*
  Die Berechtigungsverwaltung ist in integrierten BI-Konzepten nicht länger Bestandteil eines jeden Einzelsystems, sondern stellt eine zentrale Komponente der dispositiven Datenbereitstellung dar (Kemper 1999, S. 221). Benutzerrollen werden mit Hilfe von Metadaten beschrieben und erlauben eine konsistente Zugriffsadministration, wobei eine einfache Pflege und die effiziente Kontrolle der Beziehungen zwischen BI-Nutzern, BI-Anwendungen und den jeweiligen Datenberechtigungen ermöglicht wird.

Aus Benutzersicht sind vor allem Qualitäts- und Terminologieaspekte relevant:

- *Datenqualität*
  Informationen über den gesamten Transformationsprozess (vgl. Abb. 2.17) dienen der Transparenz der Datenherleitung von der Datenquelle bis zur Datenverwendung. Informationen über Verantwortlichkeiten, Qualitäten der Quellsysteme, Harmonisierungsroutinen, Anreicherungen u. ä. dokumentieren den Prozess der Informationsgenerierung und sichern somit die Datenqualität bzgl. der Konsistenz, Aktualität, Genauigkeit und Vollständigkeit.

- *Begriffsverständnis*
  Die Metadaten dokumentieren die betriebswirtschaftlichen Kennzahlen bzgl. ihrer Bezeichnung, Abgrenzung, Herkunft und Verwendung. Die dispositive Datenhaltung stellt somit einen *single point of truth* dar, der über die Metadaten organisationsweit nutzbar gemacht wird und zu einer abgestimmten Terminologie im Unternehmen führt.

Architekturvarianten des Metadatenmanagements

Unternehmensindividuelle BI-Ansätze sind komplex und bestehen aus einer Vielzahl von spezifischen Komponenten. Für all diese Einzelkomponenten existieren am Markt Werkzeuge, mit deren Hilfe sie entwickelt und in den Unternehmenskontext integriert werden können. Grundsätzlich können in der Praxis hierbei zwei Entwicklungslinien festgestellt werden, sog. *End-to-End-* und *Best-Of-Breed*-Ansätze.

Kommerzielle Anbieter von *End-to-End*-Lösungen bieten eine Vielzahl abgestimmter Werkzeuge zum Aufbau unternehmensspezifischer BI-Konzepte an. Ihre Werkzeuge unterstützen somit sämtliche Entwicklungs- und Betreiberprozesse vom ETL-Design bis zur Portalintegration der BI-Anwendungen.

Softwarehersteller von *Best-of-Breed*-Lösungen bieten hingegen spezialisierte Werkzeuge zur Entwicklung leistungsfähiger Einzelkomponenten eines unternehmensspezifischen BI-Konzeptes.

In der Praxis werden diese unterschiedlichen Ansätze kontrovers diskutiert. Auch ohne an dieser Stelle eine kritische Bewertung dieser Diskussion vorzunehmen, wird deutlich, dass eine konsistente Metadadaten-Verwaltung aller Komponenten eines integrierten BI-Ansatzes äußerst komplex ist. Im Folgenden werden drei gängige Architekturvarianten vorgestellt, wobei neben einer zentralisierten Lösung zwei Ansätze des verteilten Metadatenmanagements in heterogenen Systemumgebungen diskutiert werden (Do/Rahm 2000, S. 8).

Zentrales Metada-
tenmanagement

• **Zentrales Metadatenmanagement**

Ein zentralisierter Ansatz des Metadatenmanagements (vgl. Abb. 2.18) basiert auf einem zentralen physischen *Repository*, wobei hier unter einem Repository eine Datenbank verstanden wird, die zur Verwaltung von Metadaten eingesetzt wird. Bei einer zentralistischen Lösung werden sowohl die gemeinsam genutzten als auch die spezifischen Metadaten aller beteiligten Komponenten der dispositiven Datenhaltung und der Berechtigungsstrukturen gespeichert. Verständlicherweise ist eine solche monolithische Lösung vor allem bei *End-to-End*-Ansätzen denkbar, während bei *Best-of-Breed*-Lösungen die Entwicklung eines zentralisierten Ansatzes aufgrund der Schnittstellenproblematik sich erheblich komplexer darstellt.

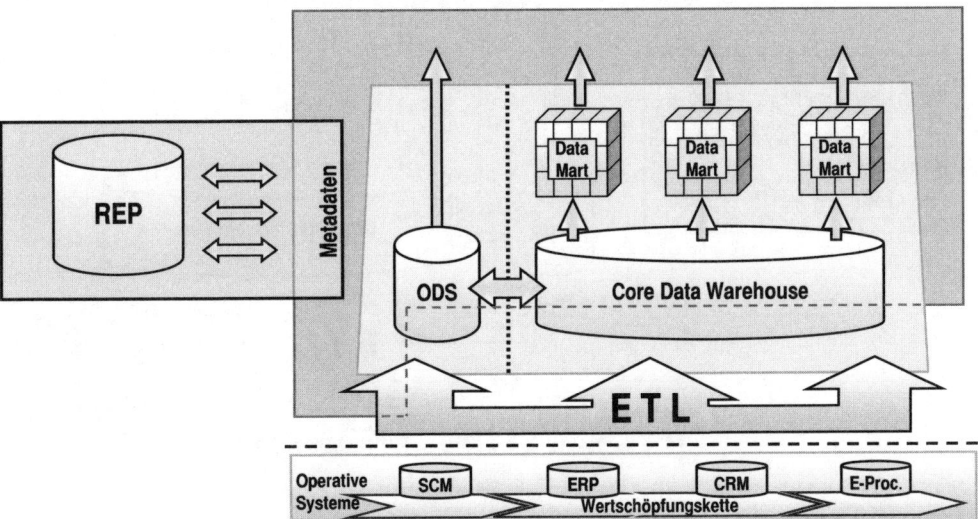

Abb. 2.18: Zentrales Metadaten-Repository

Als Vorteile ergeben sich ein redundanzfreies und konsistentes Metadatenmanagement, ein globaler Zugriff auf alle Metadaten sowie der Verzicht auf Austauschmechanismen für die Metadaten. Nachteilig können sich die Abhängigkeiten von der zentralen Datenhaltungskomponente, eine komplexe zentrale Wartung komponentenspezifischer Metadaten sowie die teilweise nicht zufrieden stellende Performance großer zentraler Lösungen auswirken. In der Praxis haben sich aufgrund der Komplexität bislang keine satisfizierenden zentralen Lösungsansätze etablieren können (Tozer 1999, S. 129).

Dezentrales Metadatenmanagemet

• **Dezentrales Metadatenmanagement**

Den gegenteiligen Ansatz stellt das dezentrale Metadatenmanagement dar. Alle Komponenten eines BI-Anwendungssystems verfügen über ein eigenes, lokales Metadaten-Repository und kommunizieren miteinander, um Metadaten auszutauschen. Diese Situation ist typisch für den derzeitigen Stand der Implementierungen von BI-Anwendungssystemen. Vorteilhaft sind die große Autonomie der Anwendungen sowie der schnelle lokale Zugriff auf die Metadaten. Als Nachteile ergeben sich die zahlreichen Schnittstellen zwischen den verschiedenen Repositories und die redundante Haltung der Metadaten, die nur schwer zu synchronisieren sind.

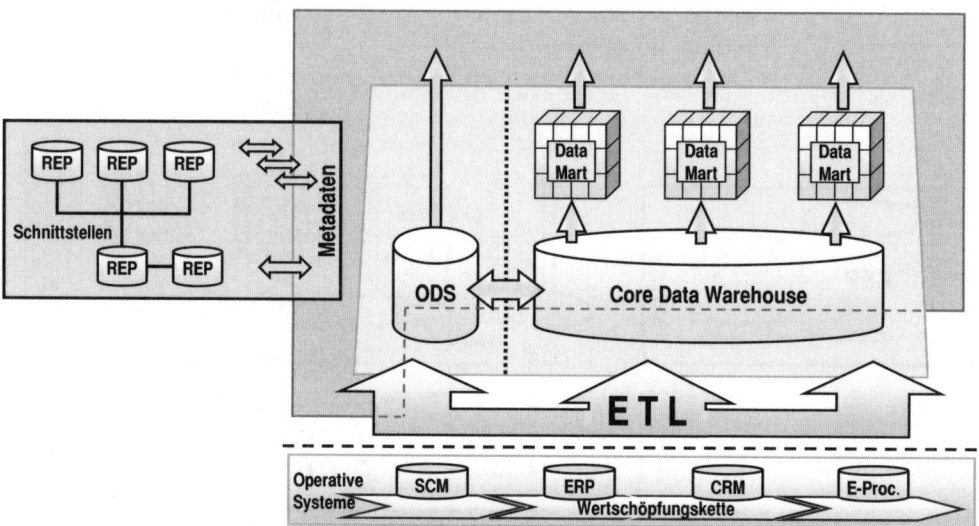

Abb. 2.19: Dezentrale Metadaten-Repositories

Föderiertes Metadatenmanagement

• **Föderiertes Metadatenmanagement**

Eine Kombination der beiden vorgenannten Ansätze stellt das föderierte Metadatenmanagement dar (vgl. Abb. 2.20). Jede Komponente eines BI-Anwendungssystems verwaltet ihre eigenen Metadaten in einem lokalen Repository. Darüber hinaus existiert ein zentrales Metadaten-Repository, in dem gemeinsam genutzte Metadaten verwaltet werden. Der Austausch der Metadaten zwischen den einzelnen BI-Komponenten und dem zentralen Repository verläuft über eine definierte Schnittstelle, die auf einem standardisierten Metadaten-Modell wie z. B. dem unten beschriebenen *Common Warehouse Metamodel (CWM)* basiert. Die Vorteile dieser Architekturvariante liegen in einer einheitlichen Repräsentation der gemeinsam genutzten Metadaten, in der Autonomie der lokalen Repositories, in der stark reduzierten Zahl der Schnittstellen zwischen den Repositories sowie in der kontrollierten Redundanz der Metadatenhaltung (Do/Rahm 2000, S. 8 f.).

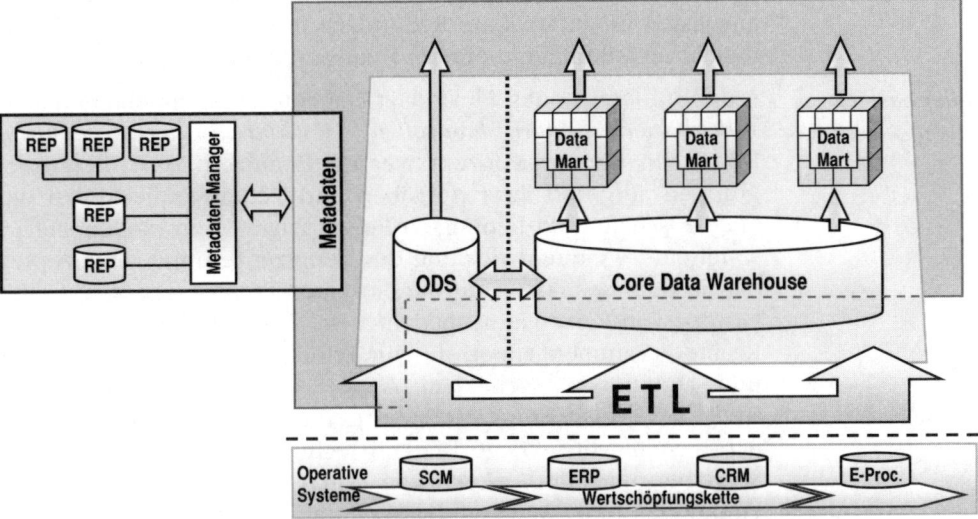

Abb. 2.20: Föderative Metadaten-Repositories

Austauschstandard für Metadaten

Ein Austauschstandard im Umfeld des Metadatenmanagements hat die Aufgabe, als flexibles, herstellerunabhängiges und formal definiertes Rahmenwerk den Austausch von Metadaten zwischen BI-Werkzeugen und Metadaten-Repositories in einer verteilten heterogenen Systemumgebung zu ermöglichen. In diesem Kontext findet der seit Februar 2001 gültige Standard *Common Warehouse Metamodel*[7] *(CWM)* eine zunehmende Verbreitung. Er wurde unter dem Dach der *Object Management Group*[8] *(OMG)* entwickelt (Lehner 2003, S. 48 f.) und ermöglicht eine vollständige Spezifikation der für den Austausch von Metadaten erforderlichen Syntax und Semantik.

---

7 http://www.cwmforum.org/spec.htm

8 http://www.omg.org/technology/cwm

2.3.5   Berechtigungsstrukturen

In den traditionellen, historisch gewachsenen Systemen der Managementunterstützung erfolgt die Regelung der Zugriffsrechte meist in den einzelnen Systemen. BI-Konzepte mit integrierter Datenhaltung erlauben im Gegensatz dazu eine zentrale Berechtigungsverwaltung, die einen essenziellen Bestandteil des Datenhaltungssystems darstellt. Somit können Zugriffsrechte für sämtliche Analysesysteme konsistent abgelegt werden, wodurch die ansonsten unvermeidbare Redundanz in den getrennten Berechtigungsverwaltungen mehrerer Analysesysteme entfällt.

Rollenbasierte Zugriffskontrolle

Aufgrund ihrer hohen Flexibilität etablieren sich zunehmend sog. *rollenbasierte Zugriffskontrollen* (*Role-based access control*, RBAC). In diesem Konzept werden Benutzern bzw. Benutzergruppen aufgrund ihrer Aufgaben und Verantwortlichkeiten die Mitgliedschaften an benötigten Rollen zugewiesen. Rollen stellen somit eine Weiterentwicklung des Benutzer-(gruppen-)konzeptes dar, in dem der Fokus auf die einzelnen Personen bzw. auf eine Gruppe von Personen ausgerichtet ist. In Rollen dagegen werden Rechte zusammengefasst, die zur Erfüllung definierter Aufgaben und Funktionen nach dem *Need-to-know*-Prinzip erforderlich sind. Diese Ausrichtung ermöglicht eine zeitstabilere und wesentlich vereinfachte Pflege. Zugriffsrechte, wie z. B. das Lesen, Schreiben und Modifizieren von Daten oder das Ausführen von Funktionen bzw. Anwendungssystemen auf der Basis abgegrenzter Datensichten werden somit sachlich begründet und erleichtern die Berechtigungspflege bei Veränderungen im Verantwortungsprofil einzelner Mitarbeiter bzw. bei Personalneueinstellungen (Rupprecht 2003, S. 126).

Die Abb. 2.21 zeigt ein rollenbasiertes Zugriffskonzept am Beispiel von Führungsaufgaben verschiedener Hierarchieebenen – hier der ersten, zweiten und dritten Führungsebene. Durch die Zuweisung von Datensichten zu diesen Rollen wird sichergestellt, dass alle Anspruchsgruppen durch eine Beschränkung des dispositiven Datenzugriffs auf bestimmte Tabellenfelder von Basis- oder Zusammenfassungstabellen nur mit ihrem aufgabenspezifischen Datenmaterial arbeiten können. So wird verhindert, dass Mitarbeiter auf die Daten anderer Verantwortungsbereiche zugreifen.

Realisiert wird diese Einschränkung der Datensicht mit Hilfe der Festlegung einer Einsprungadresse in die Daten sowie der gezielten Begrenzung der vertikalen Recherchetiefe und der horizontalen Recherchebreite. Des Weiteren werden *horizontale* und *ver-*

tikale Transferschichten definiert. Diese gemeinsamen Datenräume stellen sicher, dass sowohl zwischen vorgesetzten und
nachgelagerten als auch zwischen horizontal kooperierenden
Organisationseinheiten Datensichten existieren, die teilweise
identisch sind und die managementspezifische Kommunikations-
und Kooperationsprozesse unterstützen können.

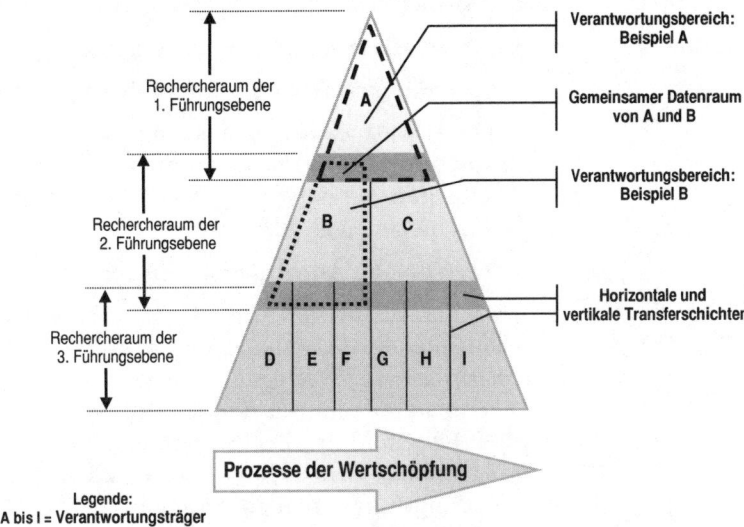

Abb. 2.21: Einschränkung der Recherchemöglichkeit durch eine
hierarchieorientierte rollenbasierte Zugriffskontrolle
(Kemper 1999, S. 222)

2.3.6   Administrationsschnittstellen

Es herrscht allgemein Konsens darüber, dass Berechtigungsverwaltungen einfache und intuitive Benutzungsoberflächen erfordern. Hingegen ist nicht selten in der Praxis die Meinung anzu-
treffen, dass komfortable Administrationsschnittstellen für die
Pflege der dispositiven Datenbestände irrelevant seien, da Transformationsprozesse vollständig beschrieben werden könnten und
relativ zeitstabile Strukturen aufwiesen. Diese Annahme ist nicht
korrekt. Vielmehr sind bei vielen ETL-Prozessen manuelle Da-
tenkorrekturen bzw. -manipulationen durchzuführen und auch
die Transformationsprozesse selbst unterliegen zeitlichen Verän-
derungsprozessen (vgl. Kapitel 2.3.1). Neben einem komfortablen Zugang zur Berechtigungsverwaltung sind daher bereits im
DWH-/ODS-Konzept entsprechende Administrationsschnittstellen
einzuplanen.

Definition Administrationsschnittstellen

Administrationsschnittstellen sind systemgestützte Zugänge, mit deren Hilfe technische und betriebswirtschaftliche Spezialisten sämtliche Bereiche der dispositiven Datenhaltung pflegen können, und somit

- Transformationsregeln,

- dispositive Daten oder Datengruppen und

- rollenbasierte Zugriffsberechtigungen

generieren, modifizieren und löschen können.

Generell wird zwischen einer technisch orientierten Schnittstelle *(technische Administrationsschnittstelle)* und einer betriebswirtschaftlichen Schnittstelle *(fachliche Administrationsschnittstelle)* unterschieden (vgl. Abb. 2.22).

Technische Administrationsschnittstelle

- **Technische Administrationsschnittstelle**

Über die technische Administrationsschnittstelle können Spezialisten interaktiv sämtliche Daten und Transformationsregeln der *Filterungsschicht* pflegen. Hierzu gehören neben der direkten Datenmanipulation die Einrichtung, Modifikation, Einschränkung oder Erweiterung aller Strukturen zur Extraktion und Bereinigung, wobei den technischen Metadaten Dokumentations- und Steuerungsfunktionen zukommen (vgl. Abb. 2.22)

Fachliche Administrationsschnittstelle

- **Fachliche Administrationsschnittstelle**

Die fachliche Administrationsschnittstelle dient der Pflege der Daten und Strukturen der oberen drei Transformationsschichten (Harmonisierung, Aggregation, Anreicherung) sowie der Verwaltung des Berechtigungskonzeptes.

Die betriebswirtschaftlichen Spezialisten verwenden die fachliche Administrationsschnittstelle beispielsweise, um syntaktische und semantische Harmonisierungsprozesse, Hierarchiebäume, notwendige Zusammenfassungstabellen oder betriebswirtschaftliche Kennzahlen interaktiv zu bilden, zu bearbeiten und zu pflegen. Des Weiteren wird diese Komponente genutzt, um die zu den transformierten Ist-Werten korrespondierenden Vergleichswerte – meist Plan- bzw. Budgetwerte – manuell oder (halb-)automatisch in das Data Warehouse zu integrieren.

Im Kontext der Berechtigungsverwaltung dient die fachliche Administrationsschnittstelle der intuitiven Zuordnung von rollenkonformen Datenberechtigungen und korrespondierenden Analysesystemen zu Mitarbeitern oder Mitarbeitergruppen (Rollenträger). Auch hier dienen die betriebswirtschaftlichen Metadaten –

in Analogie zu der technischen Administrationsschnittstelle – primär der Dokumentation und Steuerung sämtlicher Abläufe.

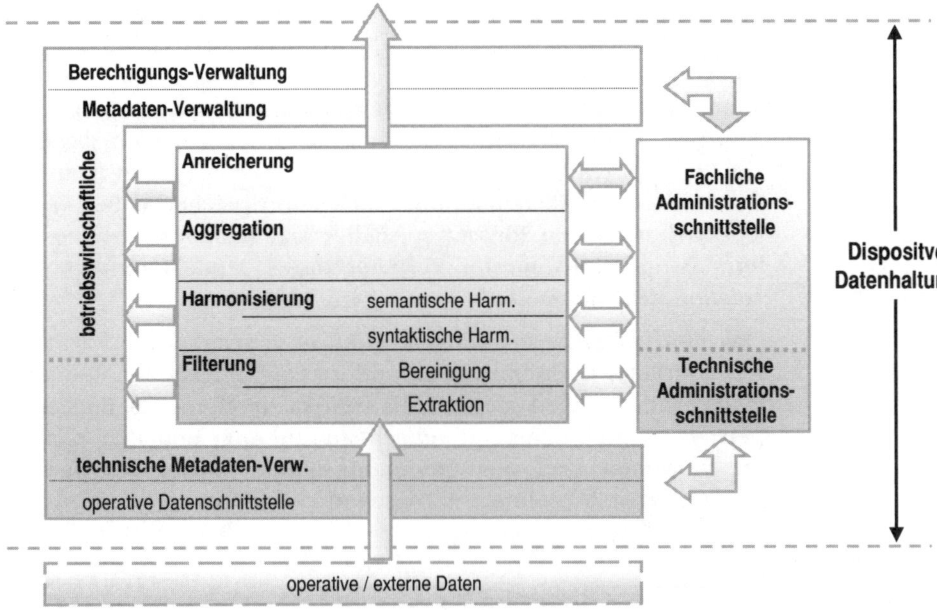

Abb. 2.22: Technische und fachliche Administrationsschnittstellen (Kemper 1999, S. 229)

2.4 Modellierung multidimensionaler Datenräume

Dieses Kapitel beschäftigt sich mit dem Bereich der Datenmodellierung in multidimensionalen Datenräumen, der vor allem für die Modellierung in applikationsklassenorientierten Data Marts von Relevanz ist. Die Ausführungen starten mit den Grundlagen der Datenmodellierung. Aktuelle Ansätze multidimensionaler Schemata und wichtige Fragen der Historisierung folgen. Das Kapitel schließt mit einer umfassenden Darstellung einer Fallstudie.

2.4.1 Grundlagen der Datenmodellierung

Grundsätzlich beschreiben *Datenmodelle* die Bedeutung und Repräsentation von Daten, wobei sie als abstrakte Abbildungen von Realitätsausschnitten aufgefasst werden können. Je nach Ausrichtung können semantische, logische und physische Modelle unterschieden werden. Während physische Modelle techniknah ausgerichtet sind und auf die Belange der Speicherung ab-

53

zielen, sind logische und semantische Modelle enger an der Realwelt ausgerichtet.

Semantische Modelle haben hierbei die größte Nähe zur Realwelt und bilden einen (betriebswirtschaftlichen) Zusammenhang auf einer vollständig technologieneutralen Ebene ab. Einer der bekanntesten Vertreter semantischer Modellierungsansätze ist der *Entity-Relationship-Ansatz*. Semantische Modelle bilden die Brücke zu logischen Modellen, die zwar noch losgelöst von der technischen Implementierung auf den Speichermedien sind, jedoch bereits den Einsatz spezieller Datenhaltungssysteme determinieren. Bekanntester Vertreter dieser Modellierung ist das *relationale Datenmodell* (Hahne 2002, S. 9).

Entity-Relationship-Modell

Das *Entity-Relationship-Modell (ERM)* ist bereits in den 70er Jahren von Peter Chen entwickelt und im Lauf der Jahrzehnte modifiziert und erweitert worden. Es besteht im Kern aus Entitätstypen, die sich als Sammlung gleich strukturierter Entitäten (Objekte) verstehen und aus Beziehungstypen, welche die gleich strukturierten Beziehungen zwischen den Entitäten der beteiligten Entitätstypen darstellen.

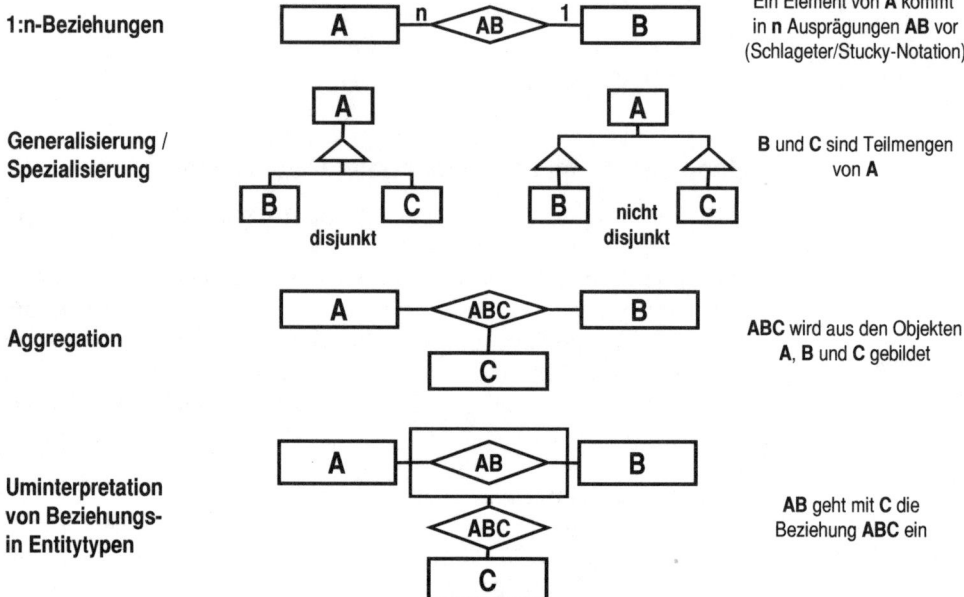

Abb. 2.23: Erweiterte ERM-Notation (modifiziert übernommen aus Scheer 1995, S. 45)

Die Abb. 2.23 verdeutlicht die hier im Buch verwendete, erweiterte Notation, die sich auch im Gebrauch der Kardinalitäten von der ursprünglichen Chen-Darstellung unterscheidet. Aus Gründen der Eindeutigkeit bei Involvierung mehrerer Entitätstypen wird die Chen-Notation „gedreht", so dass die Kardinalität eines Entitätstyps jeweils das Vorkommen einer Entitätsausprägung in den Beziehungen des Beziehungstyps meint (Schlageter/Stucky 1983, S. 51). Ein Anwendungsbeispiel eines ERMs findet sich in Abb. 2.24.

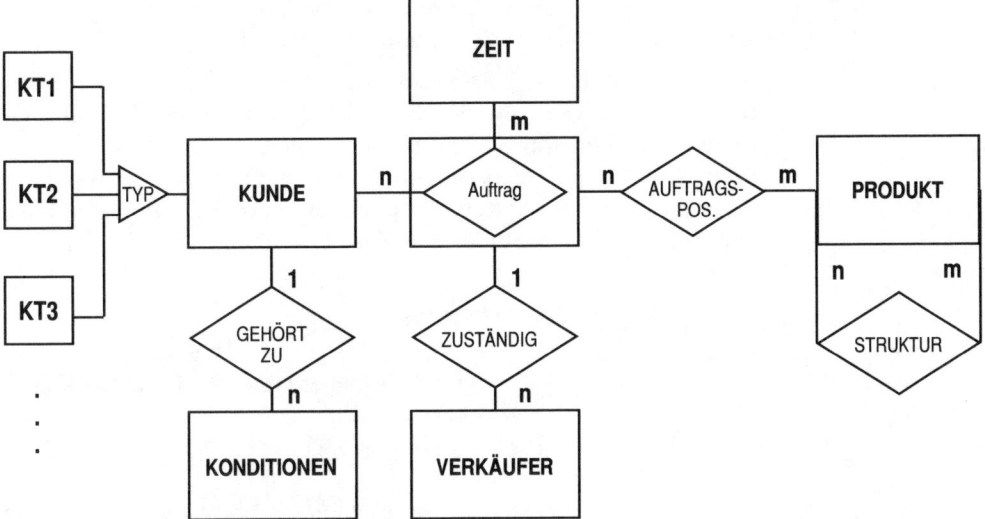

Abb. 2.24: ERM-Beispiel

Das ERM stellt einen Ausschnitt aus dem Geschäftsumfeld eines PC-Handelhauses dar. Deutlich wird, dass Kunden eindeutig bestimmten Kundenkategorien (KT) sowie einer definierten Konditionengruppe zugeordnet werden. Ein Auftrag wird aus der Kundennummer und einem Zeitstempel gebildet. Dieser Beziehungstyp wird in einen Entitätstyp umgewandelt, um mit diesem neu gebildeten Konstrukt weitere Modellierungsaktionen durchführen zu können. So wird deutlich, dass ein Auftrag exakt einem Verkäufer zugeordnet wird. Weiterhin kann ein Auftrag eine nicht beschränkte Anzahl von Artikeln aufweisen, wobei die Artikel (als Gattungsartikel) auch in verschiedenen Aufträgen vorkommen können. Die Entitäten des Entitätstyps Artikel können weiterhin reflexive Beziehungen besitzen, also mit weiteren Entitäten des Entitätstyps im Zusammenhang stehen. Dieses Konstrukt stellt somit eine Stückliste dar, welche die Struktur zusammengesetzter Produkte beschreibt.

Relationale Datenmodelle

Da semantische Modellierungen in Form von Entity-Relationship-Modellen sehr einfach in logische Relationenmodelle überführt werden können, werden diese beiden Modellierungsvarianten häufig gemeinsam verwendet. Relationenmodelle basieren auf Relationen, die sowohl Entitätstypen als auch Beziehungstypen darstellen können. Relationen besitzen einen eindeutigen Namen und zugehörige Attribute, von denen eines oder eine Kombination von mehreren einen Primärschlüssel bilden. Dieser wird jeweils durch Unterstreichen kenntlich gemacht.

Relationen werden in Form zweidimensionaler Tabellen abgebildet, die einen eindeutigen Namen besitzen. Die Spalten der Tabelle beinhalten Attributswerte. Die Zeilen (*Tupel*) sind eindeutig über Primärschlüsselausprägungen identifizierbar und repräsentieren zusammengehörige Werte für eine Entität oder Beziehung. Die Abb. 2.25 verdeutlicht den Zusammenhang.

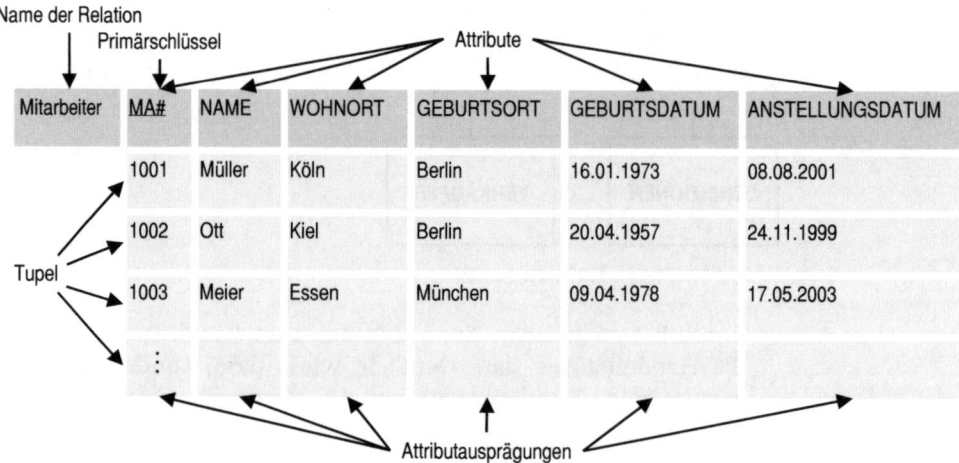

Abb. 2.25: Beispiel einer Relation

Die Überführung eines ERMs in ein relationales Datenmodell wird wie folgt durchgeführt:

- Jeder Entitätstyp wird im Relationenmodell zu einer eigenständigen Relation.

- Jeder komplexe Beziehungstyp (n:m-Beziehung) wird ebenfalls eine eigenständige Relation, wobei die Tabelle einen aus

allen involvierten Entitätstypen zusammengesetzten Primärschlüssel erhält.

- Die Abbildung einfacher Beziehungstypen (1:n-Beziehung)
  erfordert keine eigenständige Relation. Bei der hier verwendeten Kardinalitätsnotation wird der Primärschlüssel des Entitätstypen mit der „n-Beziehung" als Attribut in den Entitätstypen
  mit der „1-Beziehung" eingebunden.

Die Abb. 2.26 zeigt die Umwandlung auf der Basis eines einfachen Beispiels, in dem Kunden individuelle Einzelprodukte kau-
fen, zu deren Erstellung mehrere Mitarbeiter mit einer bestimmten Anzahl von Arbeitsstunden erforderlich sind.

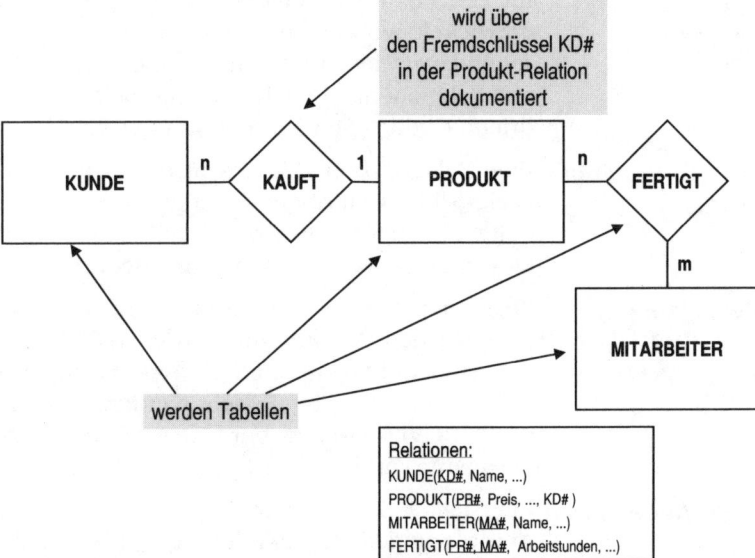

Abb. 2.26: Umwandlung eines ERMs in ein Relationenmodell

Die Ableitung eines Relationenmodells aus einem ERM stellt als
Top-Down-Ansatz lediglich eine Variante der Modellbildung dar.
Häufig ist jedoch auch der Bottom-Up-Ansatz oder eine Symbiose aus beidem erforderlich, um ein geeignetes Modell zu entwickeln. So ist es in der Praxis nicht selten, dass Teile der erforderlichen Datenmodelle auf der Basis bestehender Berichtsstruktu-
ren oder anderer Dokumente zu entwickeln sind. In diesen
Fällen ist die Normalformenlehre von besonderer Relevanz. Sie
geht zurück auf Edgar F. Codd, der als Protagonist der relationalen Modellierung bereits in den 70er Jahren ein mathematisches

Regelwerk entwickelte, um existierende Relationen in redundanzärmere Datenstrukturen zu überführen.

Redundanz

Redundanz meint in diesem Zusammenhang das mehrfache Speichern identischer Attributswerte ein und derselben Objektausprägung. So stellt das mehrfache Speichern des Namens „Meier" innerhalb einer Tabelle beispielsweise keine Redundanz dar, so lange diese Attributsausprägungen jeweils für unterschiedliche Entitäten abgelegt werden.

Es ist leicht einsehbar, dass Redundanz innerhalb einer Datenhaltung zu sog. Anomalien führen kann, also zu konsistenzgefährdenden Komplikationen bei Einschub-, Modifikations- und Löschoperationen.

Normalisierungs-prozess

Im Zeitverlauf sind eine Vielzahl von Vorschriften und Prinzipien entwickelt worden, um Datenbestände in redundanzarme bzw. redundanzfreie Strukturen zu überführen. Allgemein gilt jedoch ein Relationenmodell bereits als *voll normalisiert*, wenn es der dritten Codd´schen Normalform entspricht.

Erste Normalform (1NF)

Eine Relation befindet sich in der ersten Normalform, wenn alle Nicht-Schlüsselattribute funktional von einem Schlüssel der Tabelle abhängen. Attributsausprägungen dürfen dabei nur aus einfachen (also nicht mengenmäßigen) Werten bestehen.

Zweite Normalform (2NF)

Relationen der zweiten Normalform müssen so konstruiert sein, dass sie den Anforderungen der 1NF genügen und alle Nicht-Schlüsselattribute funktional vom gesamten Schlüssel abhängen. Somit muss ausgeschlossen werden, dass bereits Schlüsselteile (z. B. bereits ein Attribut eines zusammengesetzten Schlüssels) bestimmte Attribute der Relation identifizieren können.

Dritte Normalform (3NF)

Eine Relation entspricht der dritten Normalform, wenn sie den Anforderungen der 2NF genügt und zusätzlich keine funktionalen Abhängigkeiten zwischen Nicht-Schlüsselattributen existieren. In der dritten Normalform gilt demnach, dass lediglich der Primärschlüssel der Relation Attribute identifizieren darf. So stellt z. B. das Speichern von „Mitarbeiternummer" und „Mitarbeitername" als Nichtschlüsselattribute eine Verletzung der 3NF dar, weil die „Mitarbeiternummer" den Namen der Mitarbeiter eindeutig identifiziert.

Im Folgenden soll dieser Sachverhalt anhand eines Beispiels verdeutlicht werden (modifiziert übernommen aus Vetter 1998). Die Abb. 2.27 zeigt eine unnormalisierte Tabelle, deren fachlicher Inhalt von Menschen leicht interpretierbar ist, jedoch im relationalen Kontext aufgrund des Fehlens von Primärschlüsseln, der Mehrfachbelegung von Feldern und der Existenz von Redundanzen zu erheblichen Problemen bei Einschub-, Modifikations- oder Löschoperationen führen kann. Die Tabelle repräsentiert den folgenden Zusammenhang:

- *Personen* besitzen jeweils eine *Personalnummer (PE#)*, die jeden Mitarbeiter eindeutig identifiziert.

- Personen besitzen jeweils einen *Namen*, wohnen an genau einem *Wohnort* und sind exakt einer *Abteilung (A-NAME)* zugeordnet, die sich über eine *Abteilungsnummer (A#)* identifizieren lässt.

- Die Personen sind am Erstellungsprozess von beliebig vielen *Produkten (PR-NAME)* beteiligt, die sich eindeutig über die *Produktnummer (PR#)* identifizieren lassen. Für die Erstellung von Produkten benötigen die Personen – je nach individuellem Können und Erfahrung – verschiedene *Zeiten*, so dass die Bearbeitungszeit *(ZEIT)* für ein Produkt von dem Produkt selbst und dem Mitarbeiter determiniert wird.

Person-UN	PE#	NAME	WOHNORT	A#	A-NAME	PR#	PR-NAME	ZEIT
UPDATE	101	Hans	Zürich	1	Physik	11,12	A, B	60, 40
	102	Rolf	Basel	2	Chemie	13	C	100
	103	Urs	Genf	2	Chemie	11,12,13	A, B, C	20, 50, 30
	104	Paul	Zürich	1	Physik		A, C	80, 20
EINSCHUB	105	Max	Bern	1	EDV	12, 13	X, Y	25, 78

nicht existierender Schlüsselwert
(Einschub wird akzeptiert)

Realitätswidrige Aussagen

Abb. 2.27: Unnormalisierte Tabelle (modifiziert übernommen aus Vetter 1998)

Um aus der unnormalisierten Tabelle eine Datenstruktur zu entwickeln, die der dritten Normalform entspricht, müssten zunächst zur Wahrung der ersten Normalform die Mehrfachbelegungen der Felder eliminiert werden und ein Primärschlüssel zur eindeutigen Identifikation der Nicht-Schlüsselattribute definiert werden. Das könnte in diesem Falle ein zusammengesetzter Schlüssel aus Personennummer und Produktnummer *(PE#,PR#)* sein.

Zur Umsetzung der zweiten Normalform müsste darauf geachtet werden, dass nicht bereits Schlüsselteile des zusammengesetzten Primärschlüssels einzelne Attribute bestimmen. Im vorliegenden Beispiel wäre ein zusammengesetzter Primärschlüssel aus Personennummer und Produktnummer *(PE#,PR#)* lediglich für die Identifikation des Attributes *ZEIT* erforderlich, während die anderen Attribute bereits aufgrund der Schlüsselteile identifiziert werden können. So identifiziert der Teilschlüssel *PE#* eindeutig die Attribute *NAME, WOHNORT, A#, A-NAME*, während der andere Schüsselteil *PR#* eindeutig das Attribut *PR-NAME* bestimmt. Somit müsste die Tabelle in drei Einzeltabellen zerlegt werden.

Um der dritten Normalform zu entsprechen, dürfen keine funktionalen Abhängigkeiten zwischen Nicht-Schlüsselattributen existieren. Da aber bereits die Abteilungsnummer (*A#*) das Attribut *A-NAME* determiniert, ist auch hier eine neue Tabelle zu definieren.

Die Abb. 2.28 zeigt das Ergebnis des gesamten Normalisierungsprozesses.

Eine vollständige Ausrichtung der Datenhaltung an den Normalisierungsvorschriften bewirkt, dass Datenbestände völlig applikationsneutral und redundanzfrei abgelegt werden können. In der Praxis wird dieser Forderung verständlicherweise nicht immer zur Gänze nachgekommen, da die geforderte Aufteilung in zu viele separierte Tabellen zu Wartungs- und Performanceproblemen führen würde. So ist es in den Unternehmen üblich, bewusst kleinere Verletzungen – meist im Bereich der 3NF – hinzunehmen, um leistungsstarke Datenhaltungssysteme anbieten zu können.

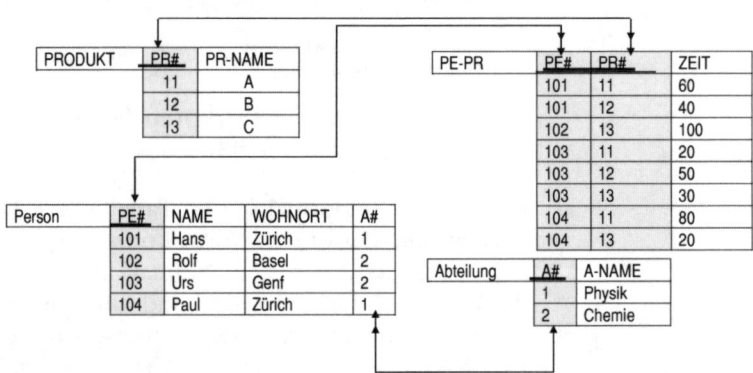

Abb. 2.28: Voll normalisierte Datenstruktur (modifiziert übernommen aus Vetter 1998)

Diese Datenhaltungssysteme sind trotzdem weitestgehend applikationsneutral und werden daher häufig auch als „nahe der 3NF" bezeichnet. Auch der Aufbau eines Core Data Warehouses erfolgt in aller Regel auf der Basis dieser Kriterien, da das Datenvolumen und die Einsatzcharakteristika des C-DWH eine zu starke Applikationsausrichtung verbieten.

Data Marts sind hingegen als applikationsklassenorientierte Datenhaltungen anzusehen, für die performanceoptimierte Modellierungen heranzuziehen sind. Im Folgenden werden diese Modellierungsvarianten ausführlich vorgestellt und diskutiert.

2.4.2 Star-Schema und Varianten

Multidimensiona-le Datenräume

In Data Marts werden häufig multidimensionale Datenräume definiert, die bereits eine enge Analyseausrichtung aufweisen. Eine typische Fragestellung im Rahmen von Analysen ist z. B.:

„Welcher <u>Umsatz</u> wurde im <u>Oktober 2004</u> in der <u>Region Ost</u> mit dem <u>Produkt C180</u> bei dem <u>Kundentyp Privatkunden</u> erzielt?"

Wie die Analyseanforderung bereits deutlich macht, können verschiedene Aspekte mehrdimensionaler Datenräume differenziert werden. Sie werden im Weiteren als *Fakten, Dimensionen* und *Hierarchisierungen* bezeichnet.

Fakten

Fakten – auch *Measures* genannt – sind numerische Werte, die den Mittelpunkt der Datenanalyse bilden. Aus semantischer Sicht stellen Fakten betriebswirtschaftliche Kennzahlen dar. Diese haben generell die Aufgabe, relevante Zusammenhänge in verdichteter, quantitativ messbarer Form wiederzugeben (Horváth 2003, S. 566). Faktdaten repräsentieren in der Regel monetäre Werte oder Mengen wie etwa Umsatzerlöse, Umsatzmengen, Einzelkosten oder den Personalbestand.

Dimension Modelle

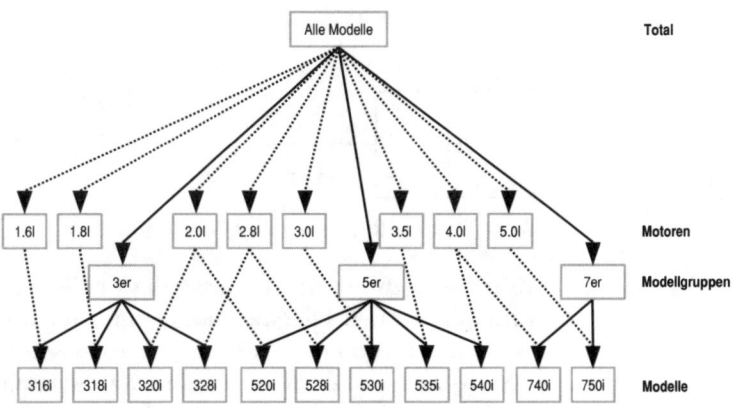

Abb. 2.29: Parallele Dimensionshierarchien (Hahne 1999, S. 150)

Dimensionen

Dimensionen dagegen sind deskriptiver Natur. Sie ermöglichen unterschiedliche Sichten auf die Fakten. Nach ihnen können Faktdaten zur Auswertung gruppiert und analysiert werden. Gängige Dimensionsausprägungen auf der granularen Ebene sind beispielsweise Tage, Produkte oder Kunden.

Hierarchisierungen

Innerhalb einer Dimension können vertikale, hierarchische Beziehungen bestehen. Diese ermöglichen die Betrachtung unterschiedlicher Verdichtungsstufen der Faktdaten entlang eines Konsolidierungspfades. Beispielsweise kann die Dimensionsausprägung „Mitarbeiter" hierarchisiert werden in „Filiale", „Region", „Land" und „Gesamt".

Werden Elemente auf niedriger Verdichtungsstufe nach unterschiedlichen Konsolidierungspfaden aggregiert, entstehen parallele Hierarchien. Jeder Pfad stellt dann eine andere Sicht auf die Faktdaten dar. Die Abb. 2.29 zeigt anhand der Modellpalette eines Automobilherstellers innerhalb der Dimension Modelle zwei unterschiedliche Verdichtungswege über die Ebenen „Motoren" sowie „Modellgruppen".

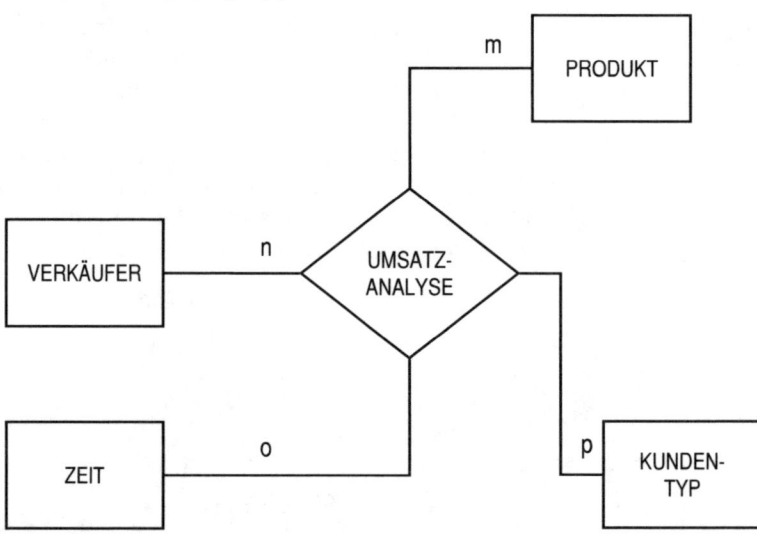

Abb. 2.30: ERM einer Star-Modellierung

Star-Schemata

Zur Umsetzung des multidimensionalen Datenmodells finden proprietäre (herstellerspezifische) und relationale Datenhaltungssysteme Anwendung. In dem hier fokussierten relationalen Kontext werden unter dem Begriff Star-Schemata diverse logische Datenmodellierungsvarianten auf der Basis des Relationenmodells verstanden.

Einfaches Star-Schema

Das einfache Star-Schema setzt sich aus einer Faktentabelle und mehreren Dimensionstabellen zusammen. Der Name leitet sich aus der sternförmigen Anordnung der Dimensionstabellen um die im Mittelpunkt stehende Faktentabelle ab.

Die Faktentabelle besitzt die informationstragenden Attribute – z. B. Umsätze, variable Kosten – und als Primärschlüssel einen zusammengesetzten Schlüssel aus den Primärschlüsseln der involvierten Dimensionstabellen. Auf einer semantischen Ebene repräsentieren die Dimensionstabellen demnach die Entitätstypen, während die Fakttabelle den komplexen Beziehungstyp der involvierten Entitätstypen darstellt. Abb. 2.30 zeigt ein entsprechendes ERM.

Das entsprechende Star-Schema zeigt Abb. 2.31. Deutlich wird, dass die Dimensionstabellen die Hierarchieabbildung beinhalten. So verfügt die Dimensionstabelle „DT Verkäufer" über Attribute zur Kennzeichnung des Navigationspfades über „Region" und „Land".

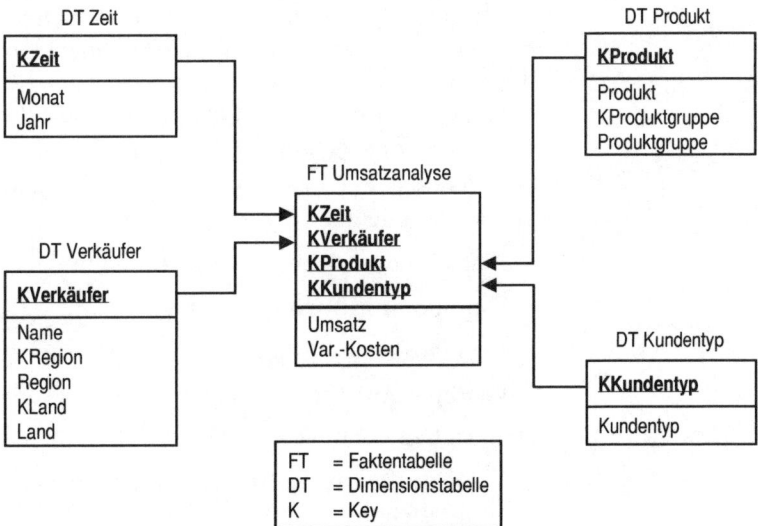

Abb. 2.31: Beispiel eines Star-Schemas

Aufgrund der Existenz funktionaler Abhängigkeiten zwischen Nicht-Schlüsselattributen wird in dieser Tabelle bewusst die 3NF verletzt. Um der 3NF zu genügen, müsste die Tabelle in drei einzelne Tabellen zerlegt werden, nämlich in die Tabellen „Verkäufer", „Region" und „Land". Aus Gründen der Performance sieht man bei der Star-Modellierung jedoch von einer Normalisierung der Dimensionstabellen ab und akzeptiert die hierdurch auftretende Redundanz.

Abfragen auf Granularitätsebene lassen sich mit Hilfe des Star-Schemas komfortabel abbilden. Für Ad-hoc-Abfragen über Aggregate stehen verschiedene Möglichkeiten zur Verfügung. Im Rahmen der Abfrage des einleitenden Beispiels

„Welcher Umsatz wurde im Oktober 2004 in der Region Ost mit dem Produkt C180 bei dem Kundentyp Privatkunden erzielt?"

müsste für die „Region" ein entsprechendes Aggregat über die Dimension „Verkäufer" gebildet werden.

Fact-Constellation-Schema

Dieses Aggregat könnte während der Laufzeit (*on the fly*) berechnet werden oder aber bereits im Vorfeld ermittelt und abgelegt werden. Sind hierfür gesonderte Summationstabellen vorgesehen, so wird dieses Konzept mehrerer abhängiger, aggregierter Faktentabellen als *Fact-Constellation-Schema* bezeichnet.

Galaxien

Normalerweise stehen in Data Marts mehrere Star-Schemata für unterschiedliche Analysezwecke zur Verfügung. Da sie teilweise auf strukturidentischen Dimensionstabellen basieren, ist die mehrfache Verwendung einzelner Dimensionstabellen aus Gründen der Konsistenz empfehlenswert. Diese Konzepte integrieren demnach mehrere Stars und werden aus diesen Gründen auch häufig als *Galaxien* bezeichnet.

Das Star-Schema und seine Varianten zeichnen sich durch folgende Vorteile aus:

- Einfache und daher intuitive Datenmodelle.

- Geringe Anzahl von Join-Operationen.

- Geringe Anzahl physischer Data-Warehouse-Tabellen.

- Geringer Aufwand im Rahmen der Data-Warehouse-Wartung.

Dem stehen auch Nachteile gegenüber:

- Verschlechtertes Antwortzeitverhalten bei sehr großen Dimensionstabellen.

- Redundanz innerhalb der Dimensionstabellen durch das mehrfache Festhalten identischer Fakten (Kurz 1999, S. 159 f.).

2.4.3 Snowflake-Schema

Snowflake-Schema

Der Übergang von der Star-Modellierung zur Snowflake-Modellierung ist fließend und die Diskussion hierüber ist unübersichtlich und kontrovers. Einigkeit besteht lediglich darüber, dass das Entwurfsmuster bei entsprechender Tabellenteilung optisch an eine Schneeflocke erinnern kann. Ob diese Tabellenteilung jedoch zu einer voll normalisierten Datenstruktur führen sollte, ist umstritten. In diesem Buch wird davon ausgegangen, dass das Ziel einer Snowflake-Modellierung nicht in der konsequenten Entwicklung voll normalisierter Dimensionstabellen bestehen kann. Vielmehr gilt es, ein performanceoptimiertes Datenmodell zu erzeugen, das vor dem Hintergrund eines realen Anwendungsfalles zu satisfizierenden Ergebnissen führt. Diese Zielsetzung ist demnach weit gefasst und lässt Raum für verschiedene Optimierungsansätze.

- Hier sind zunächst einmal die bereits erwähnten Summationstabellen des Fact-Constellation-Schemas zu nennen. Diese sollten lediglich dann für häufig abgerufene Aggregationen gebildet werden, wenn sie sich aus vielen Detaildaten ermitteln und eine Berechnung *on the fly* aus Performancegründen nicht sinnvoll erscheint.

- Eine vollständige Normalisierung von Dimensionstabellen zur Optimierung des Datenmodells ist lediglich dann zweckmäßig, wenn für jede Hierarchieebene entsprechende Summationstabellen auf der Faktenseite existieren. Andernfalls wäre die zur Laufzeit durchzuführende Aggregation lediglich mit Hilfe zeitintensiver Join-Operationen über die voll normalisierten Dimensionstabellen möglich. Da die Bildung von Summationstabellen – wie oben beschrieben – jedoch nur in bestimmten Fällen anzuraten ist, erscheint eine konsequente Normalisierung der Dimensionstabellen unangebracht. Vielmehr sollten sie bedarfsgerecht angepasst werden, so dass sie lediglich diejenigen Teile der Hierarchie beinhalten, für die keine Summationstabellen existieren. Da bei diesem Verfahren funktionale Abhängigkeiten zwischen Nicht-Schlüsselattributen der Dimensionstabellen weiterhin existieren können, werden die auf diese Weise entstehenden Dimensionstabellen im angelsächsischen Sprachraum auch als „slightly normalized dimensions" bezeichnet.

- Häufig verwendete Informationen – wie z. B. die Namen verantwortlicher Mitarbeiter der Filiale, der Region, des Landes – sollten in performanceoptimierten Datenmodellen bewusst redundant in der Dimensionstabelle geführt werden, um zeitaufwändige Join-Operationen zu den originären Tabellen – wie z. B. der Mitarbeitertabelle – zu umgehen.

Neben diesen grundlegenden Prinzipien existieren noch andere Vorgehensweisen, um die Performance von Snowflake-Schemata zu erhöhen. Sie konzentrieren sich insbesondere auf weitere Teilungen der Dimensionstabellen aufgrund von Attributscharakteristika und der Partitionierung großer Fakttabellen auf der Basis typischer Abfragestrukturen.[9] Ein Beispiel eines Snowflake-Schemas zeigt die Abb. 2.39 im Kapitel 2.4.5.

2.4.4 Konzepte der Historisierung

Im Kontext der Datenhaltung werden verschiedene Ansätze der Sicherung zeitorientierter Datenausprägungen unterschieden, die *Archivierung*, das *Backup* und die *Historisierung*.

Archivierung

Zielsetzung der Archivierung ist es, Datenbereiche mit Hilfe von Sicherungskopien bei fachlichem Bedarf wiederherstellen zu können, z. B. bei Prüfungen, bei Rechtsstreitigkeiten oder anderen selten benötigten fachlichen Anwendungen.

Backup

Ein Backup bezeichnet die Sicherung von Datenbeständen auf speziellen Sicherungsmedien (i. d. R. Magnetbändern), um bei technischem Systemfehlverhalten Datenbereiche wiederherstellen zu können.

Historisierung

Unter Historisierung werden Konzepte verstanden, mit deren Hilfe Änderungen von Attributsausprägungen, Beziehungen und Entitäten im Zeitablauf dokumentiert werden können, um unterschiedliche fachliche Zustände auswertbar zu machen.

Selbstverständlich kommen alle der o. a. Sicherungskonzepte im Bereich der dispositiven Datenhaltung zum Einsatz. So werden Altbestände, die nicht länger für Analysezwecke benötigt werden, archiviert und ausgelagert. Backup-Mechanismen werden eingesetzt, um im ODS, im Core Data Warehouse oder in den Data Marts Datenbestände bei technischen Fehlern – z. B. Magnetplattenfehlern – rekonstruieren zu können.

Da Archivierung und Backup-Verfahren allgemeiner Natur sind und in allen betrieblichen Anwendungsbereichen eingesetzt werden, sollen sie hier nicht weiter thematisiert werden. Aus analytischer Sicht kommt jedoch der Historisierung eine elementare Bedeutung zu, da sie – im Gegensatz zur Archivierung und zum Backup – den Möglichkeitsraum der Informationsrecherche

---

[9] Zur Vertiefung sei auf die einschlägige Fachliteratur verwiesen, z. B. Bauer/Günzel (Hrsg.) 2001 und Lehner 2003.

determiniert. Die gängigsten Ansätze werden daher im Weiteren erläutert und diskutiert.

Die Frage, ob in dispositiven Datenbeständen eine Nutzung komplexer Verfahren zur Historisierung überhaupt erforderlich ist, hat bei oberflächlicher Betrachtung durchaus Berechtigung. So stellen die meisten Datenbestände lediglich harmonisierte Datenreservoirs dar, die (periodisch) aus operativen/externen Quellen gefüllt werden und primär nur lesenden Zugriff erlauben. Laut Definition wird das bereits abgelegte Datenmaterial im C-DWH oder in Data Marts bei jeder Befüllung um die neuen Werte ergänzt, so dass die bereits integrierten Datenwerte im System verfügbar bleiben. Die Notwendigkeit der Anwendung weiter reichender Verfahren zur Historisierung ist somit nicht sofort erkennbar.

Dimensionstabelle

1.

Kunde_ID	Kunde_Text	Kunde_Strasse	Kunde_Ort	Geschl	Kunde_Tel	LOADTIME
1	Müller	Parkstrasse	Köln	M	1234	31DEC1999:23:03:08
2	Meier	Schlossallee	München	W	4321	31DEC1999:23:03:08
3	Schulz	Schillerstrasse	Berlin	W	5678	31DEC1999:23:03:08
4	Schmitz	Berliner	Hamburg	M	8765	31DEC1999:23:03:08

2.

Kunde_ID	Kunde_Text	Kunde_Strasse	Kunde_Ort	Geschl	Kunde_Tel	LOADTIME
1	Müller	Parkstrasse	Köln	M	1234	31DEC1999:23:03:08
2	Meier	Schlossallee	München	W	4321	31DEC1999:23:03:08
~~3~~	~~Schulz~~	~~Schillerstrasse~~	~~Berlin~~	~~W~~	~~5678~~	~~31DEC1999:23:03:08~~
3	Schulz-Maier	Schillerstrasse	Berlin	W	5678	31JAN2000:23:05:04
4	Schmitz	Berliner	Hamburg	M	8765	31DEC1999:23:03:08

3.

Kunde_ID	Kunde_Text	Kunde_Strasse	Kunde_Ort	Geschl	Kunde_Tel	LOADTIME
1	Müller	Parkstrasse	Köln	M	1234	31DEC1999:23:03:08
2	Meier	Schlossallee	München	W	4321	31DEC1999:23:03:08
~~3~~	~~Schulz~~	~~Schillerstrasse~~	~~Berlin~~	~~W~~	~~5678~~	~~31DEC1999:23:03:08~~
~~3~~	~~Schulz-Maier~~	~~Schillerstrasse~~	~~Berlin~~	~~W~~	~~5678~~	~~31JAN2000:23:05:04~~
3	Schulz-Maier	Goethestrasse	München	W	3333	28FEB2000:23:01:03
4	Schmitz	Berliner	Hamburg	M	8765	31DEC1999:23:03:08

Abb. 2.32: Update-Verfahren (Finger 2002)

Historisierung von Attributsausprägungen und Hierarchiestrukturen

Eine detaillierte Betrachtung der einzelnen Tabellenstrukturen verdeutlicht jedoch, dass die o. a. Aussagen lediglich für die Faktentabellen gelten. Dimensionstabellen können hingegen im Verlaufe der Zeit erheblichen Veränderungen unterliegen. Typische Änderungen treten auf im Bereich von Attributsausprägungen (z. B. die Adressenänderungen von Kunden) oder bei der Hierarchisierung von Dimensionen (z. B. Neugliederungen von Regionen oder Durchspielen von Plan-Szenarien).

Da die Änderungsfrequenz von Dimensionstabellen im Gegensatz zu transaktionsorientierten Systemen jedoch gering ist, wird in diesem Zusammenhang im angelsächsischen Sprachgebrauch auch häufig treffend der Begriff „slowly changing dimensions" verwendet.

Gängige Vorgehensweisen zur Behandlung von Dimensionsänderungen sind das einfache Update-Verfahren sowie die Snapshot- und die Delta-Historisierung.

Update-Verfahren Das Update-Verfahren stellt keine Historisierung dar. Die bestehenden Daten werden im Falle von Änderungen einfach überschrieben. Aus diesem Grunde ist das Verfahren lediglich für Attribute geeignet, bei denen ausschließlich die aktuelle Ausprägung für die Analysezwecke von Relevanz ist, z. B. interne Telefonnummern oder aktuelle Mitarbeiternamen. Vorteilhaft ist, dass das Verfahren einfach durchzuführen ist und nicht zu Datenwachstum in den Dimensionstabellen führt. Ein einfaches Update verdeutlicht beispielhaft die Abb. 2.32, aus der ersichtlich wird, dass sämtliche Analysen ausschließlich auf der aktuellen Attributsausprägung der Dimensionstabelle basieren. So ist in dem Beispiel erkennbar, dass die Abfrage nach dem Gesamtumsatz der Kundin „Schulz-Maier" auch die Umsätze vor ihrer Adress- und Namensänderung einbezieht.

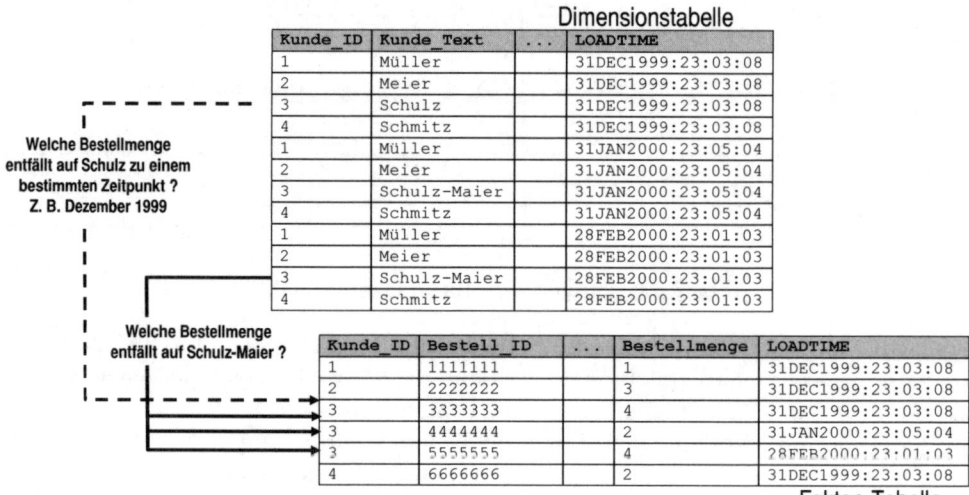

Abb. 2.33: Snapshot-Verfahren (Finger 2002)

Snapshot-
Historisierung

Das Snapshot-Verfahren ermöglicht eine vollständige Historisierung der Dimensionstabellen. Es führt jedoch zu einem großen Datenwachstum in den Dimensionstabellen, da bei jeder Aktualisierung der Dimensionstabellen nochmals sämtliche Datensätze – also die geänderten und die unverändert gebliebenen – an die existierende Tabelle angehängt werden. Zur eindeutigen Identifikation der einzelnen Tabellenzeilen erhält jeder Snapshot einen Zeitstempel, aus dem der Extraktionszeitpunkt deutlich wird. Abb. 2.33 verdeutlicht das Snapshot-Verfahren.

Wie ersichtlich, erlaubt das Verfahren sowohl kumulierte Faktenabfragen über aktuelle Dimensionsausprägungen als auch zeitpunktbezogene Auswertungen des Datenbestandes, wobei in diesen Fällen über die identischen Ausprägungen der Zeitstempel in der Fakttabelle und in der Dimensionstabelle die Zuordnung realisiert wird.

Dimensionstabelle

Kunde_ID	Kunde_Text	Kunde_Strasse	Kunde_Ort	Geschl	Kunde_Tel	Curr	LOADTIME
1.01	Müller	Parkstrasse	Köln	M	1234	1	31DEC1999:23:03:08
2.01	Meier	Schlossallee	München	W	4321	1	31DEC1999:23:03:08
3.01	Schulz	Schillerstrasse	Berlin	W	5678	0	31DEC1999:23:03:08
3.02	Schulz-Maier	Schillerstrasse	Berlin	W	5678	0	31JAN2000:23:05:04
3.03	Schulz-Maier	Goethestrasse	München	W	3333	1	28FEB2000:23:01:03
4.01	Schmitz	Berliner	Hamburg	M	8765	1	31DEC1999:23:03:08

Welche Bestellmenge
entfällt auf Schulz-Maier im
Februar 2000?

Fakten-Tabelle

Kunde_ID	Bestell_ID	...	Bestellmenge	LOADTIME
1.01	1111111		1	31DEC1999:23:03:08
2.01	2222222		3	31DEC1999:23:03:08
3.01	3333333		4	31DEC1999:23:03:08
3.02	4444444		2	31JAN2000:23:05:04
3.03	5555555		4	28FEB2000:23:01:03
4.01	6666666		2	31DEC1999:23:03:08

Abb. 2.34: Delta-Historisierung mit Schlüsselerweiterung und Current-Flag-Attribut (Finger 2002)

Resümierend lässt sich festhalten, dass dieses Verfahren einfach und intuitiv zu handhaben ist, jedoch neben dem bereits o. a. Datenwachstum auch Performanceprobleme hervorrufen kann. Das ist vor allem darauf zurückzuführen, dass der Zeitstempel als Teil des zusammengesetzten Primärschlüssels bei allen Operationen mitgeführt werden muss und bei Join-Operationen zu rechenintensiven Aktionen führt. Die Anwendung des Snapshot-Verfahrens ist daher lediglich dann zu empfehlen, wenn eine vollständige Historisierung aus Analysegründen erforderlich ist,

Informationen über Veränderungen aus den operativen Datenbeständen jedoch nicht gewonnen werden können.

Delta-Historisierung

Können Änderungen in den operativen Daten gekennzeichnet werden, sind mit Hilfe dieser Informationen sog. *Delta-Historisierungsverfahren* einsetzbar. Der Vorteil dieser Methoden liegt in der zeilengenauen Historisierung der Dimensionstabellen, die das Wachstum der Tabellen auf die geänderten Daten beschränkt. Im Weiteren sollen einige gängige Varianten dieser Historisierungsmethode vorgestellt werden, die Delta-Historisierung mit *künstlicher Schlüsselerweiterung*, eine sog. *Current-Flag-Variante* und die Historisierung mit *Gültigkeitsfeldern*.[10]

Dimensionstabelle

1.

Kunde_ID	Kunde_Text	...	Kunde_Ort	gueltig_von	gueltig_bis	Curr	LOADTIME
1.01	Müller		Köln	31DEC1999	31DEC9999	1	31DEC1999:23:03:08
2.01	Meier		München	31DEC1999	31DEC9999	1	31DEC1999:23:03:08
3.01	Schulz		Berlin	31DEC1999	31DEC9999	1	31DEC1999:23:03:08
4.01	Schmitz		Hamburg	31DEC1999	31DEC9999	1	31DEC1999:23:03:08

2.

Kunde_ID	Kunde_Text	...	Kunde_Ort	gueltig_von	gueltig_bis	Curr	LOADTIME
1.01	Müller		Köln	31DEC1999	31DEC9999	1	31DEC1999:23:03:08
2.01	Meier		München	31DEC1999	31DEC9999	1	31DEC1999:23:03:08
3.01	Schulz		Berlin	31DEC1999	14JAN2000	0	31DEC1999:23:03:08
3.02	Schulz-Maier		Berlin	15JAN2000	31DEC9999	1	31JAN2000:23:05:04
4.01	Schmitz		Hamburg	31DEC1999	31DEC9999	1	31DEC1999:23:03:08

3.

Kunde_ID	Kunde_Text	...	Kunde_Ort	gueltig_von	gueltig_bis	Curr	LOADTIME
1.01	Müller		Köln	31DEC1999	31DEC9999	1	31DEC1999:23:03:08
2.01	Meier		München	31DEC1999	31DEC9999	1	31DEC1999:23:03:08
3.01	Schulz		Berlin	31DEC1999	14JAN2000	0	31DEC1999:23:03:08
3.02	Schulz-Maier		Berlin	15JAN2000	19FEB2000	0	31JAN2000:23:05:04
3.03	Schulz-Maier		München	20FEB2000	31DEC9999	1	28FEB2000:23:01:03
4.01	Schmitz		Hamburg	31DEC1999	31DEC9999	1	31DEC1999:23:03:08

Abb. 2.35: Delta-Historisierung mit Gültigkeitsfeldern (Finger 2002)

Künstliche Schlüsselerweiterung

Bei Delta-Historisierungen mit künstlicher Schlüsselerweiterung erhält jeder Datensatz einer Dimensionstabelle einen zusätzlichen künstlichen Teilschlüssel, der auch in den Zeilen der Fakttabelle mitgeführt wird. Sobald eine Aktualisierung erforderlich ist, wird der künstliche Teilschlüssel um einen Zählerschritt inkrementiert und der neue Datensatz in der Dimensionstabelle eingefügt, wobei die Schlüsselerweiterung ab diesem Zeitpunkt auch für neue korrespondierende Zeilen in der Fakttabelle verwendet

---

[10] Selbstverständlich sind diese Varianten auch als Erweiterung der Snapshot-Methode denkbar. Aufgrund der hohen Praxisrelevanz der Delta-Methode werden sie hier an diesem Verfahren verdeutlicht.

wird. Aufgrund der Schlüsselerweiterungen sind zeitgenaue historische Auswertungen möglich, da zeitlich zusammengehörige Daten in Fakt- und Dimensionstabellen dieselbe Schlüsselerweiterung besitzen.

Current-Flag-Variante

Meist bedienen sich Analysen des aktuellsten Datenmaterials, so dass eine Optimierung für diese Kategorie von Abfragen sinnvoll erscheint. Die Integration eines Current Flags – z. B. mit der Ausprägung „1" für „aktuell" – erleichtert diese Art von Abfragen erheblich, da die jeweils aktuellen Datensätze nicht länger über die Datumsfelder errechnet werden müssen. Die Abb. 2.34 verdeutlicht ein Beispiel der Delta-Historisierung mit künstlicher Schlüsselerweiterung und einem Current-Flag-Attribut.

Die bisherigen Varianten der Historisierungen nutzen den Zeitstempel der Extraktion zur Bestimmung des Änderungszeitpunktes. In einigen Analysen kann diese Zeitbestimmung zu ungenau sein. So kann es beispielsweise erforderlich sein, die Änderungen in einer Dimension mit Kundendaten exakt – z. B. tagesgenau – zu erfassen. In diesen Fällen können ausschließlich Gültigkeitsfelder zu exakten Ergebnissen führen. In Abb. 2.35 wird das bisher beschriebene Delta-Verfahren um diese Zeit-Attribute erweitert.

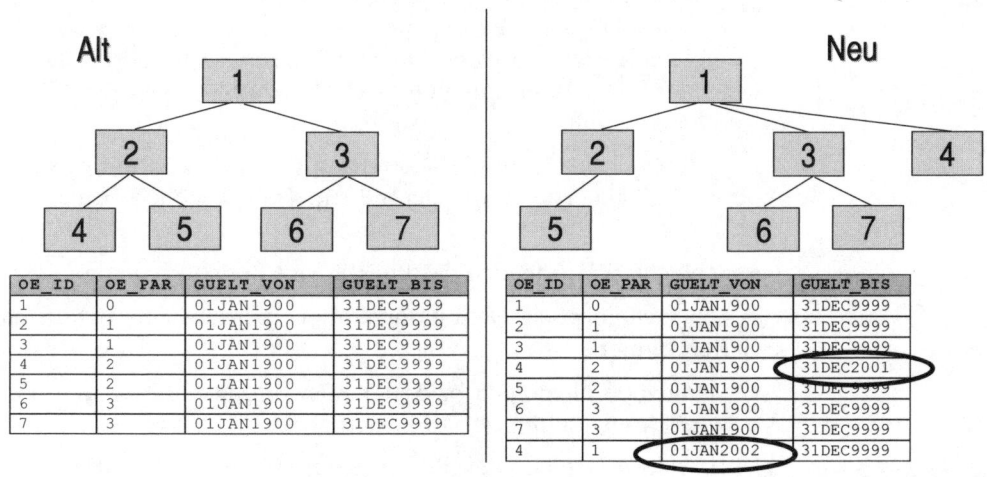

Abb. 2.36: Historisierung unbalancierter Hierarchien (Finger 2002)

Wie ersichtlich, werden zwei spezielle Zeitfelder mit Gültigkeits-angaben integriert, wobei sie nach jeder Aktualisierung der ent-sprechenden Zeile angepasst werden müssen.

Änderungen in Dimensionsstruk-turen

Neben der Historisierung von Attributsausprägungen, sind auch Veränderungen in den Dimensionsstrukturen zu dokumentieren und zu historisieren. Auch hier kommen Varianten der o. a. Ver-fahren zu Einsatz, wobei im Weiteren lediglich die Delta-Historisierung mit Gültigkeitsfeldern kurz erläutert wird. Die Abb. 2.36 verdeutlicht die Thematik.

Wie ersichtlich, lassen sich hierarchische Zuordnungen durch Tabellenstrukturen abbilden. So wird hier am Beispiel einer Hie-rarchie-Tabelle mit unterschiedlichen Recherchetiefen – einer sog. *unbalancierten Hierarchie* – aufgezeigt, wie die Änderung über Gültigkeitsfelder dokumentiert und für die Zwecke alterna-tiver Auswertungen verfügbar gemacht werden können.

2.4.5 Fallbeispiel

Auf der Basis einer Fallstudie sollen im Folgenden die Grundla-gen der multidimensionalen Modellierung dispositiver Datenbe-stände noch einmal verdeutlicht werden.

Ausgangssituation

Die WI-Computerhandelsgesellschaft mbH ist ein bundesweit agierendes PC-Handelshaus mit Hauptsitz in Köln, das sowohl Komplettangebote als auch einzelne Komponenten – wie Druc-ker, Monitore, Basiseinheiten und Zubehör – an gewerbliche Kunden verkauft.

Der Leiter der Abteilung Marketing und Vertrieb ist mit der bis-herigen IT-Unterstützung unzufrieden. Hauptsächlich bemängelt er:

- Schlechte Performance der interaktiven Berichtssysteme.

- Unterschiedliche Definitionen bei betriebswirtschaftlichen Kennzahlen.

- Mangelnde Flexibilität bzgl. der Auswertungsdimensionen und Verdichtungsstufen bei Ad-hoc-Analysen.

Anforderungen

Nach den Vorstellungen des Abteilungsleiters sollte das neue System diese Mängel beseitigen und primär aus zwei Modulen bestehen.

- Modul *Verkaufsanalyse:*
  In diesem Teilsystem sind als unterste Detaillierungsebene die monatlichen Plan- und Ist-Werte für die Verkaufsmengen und

Umsätze der einzelnen Produkte pro Filiale und Kundengruppe zu wählen. Aus Benutzersicht sind Aggregationsmöglichkeiten auf Jahreswerte, Produktgruppen, Verkaufsgebiete u. ä. vorzusehen.

- Modul *Deckungsbeitragsrechnung (DB)*:
  Bei der Deckungsbeitragsrechnung sollten die DB1 und DB2 als monatliche Deckungsbeiträge der Filialen analysiert werden können, wobei Aggregationen auf Regionenebene vorzusehen sind.

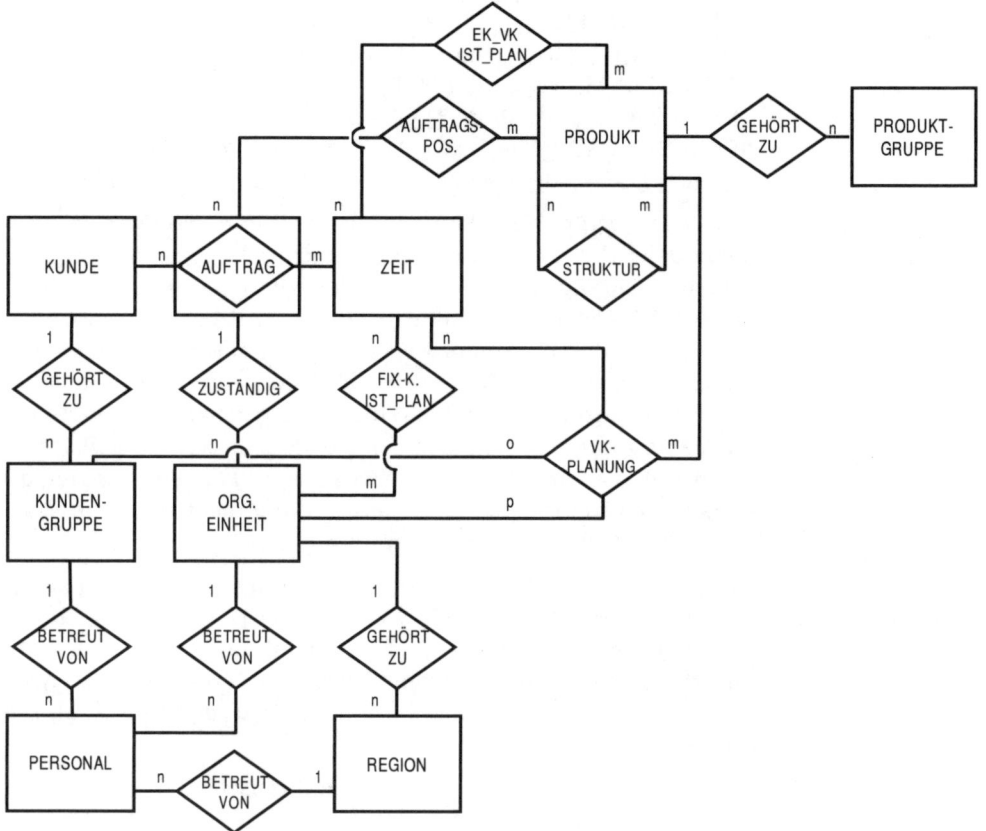

Abb. 2.37: ERM der bisherigen Lösung

In beiden Modulen sind Informationen über die jeweiligen organisatorischen Zuständigkeiten in die Analysen zu integrieren.

Rahmenbedin-gungen

Zur Erarbeitung einer Lösung wird ein Entity-Relationship-Modell der Vorsysteme zur Verfügung gestellt. Die Abb. 2.37 zeigt das

ERM. Im Folgenden sind die Relationen mit beispielhafter Attributierung dargestellt, wobei sich die Relationen selbstverständlich auch leicht aus dem ERM ableiten lassen (vgl. Kapitel 2.4.1):

KUNDE (<u>KD#</u>, Name, Adresse, ..., KGR#)
KUNDENGRUPPE (<u>KGR#</u>, Bezeichnung, ..., PERS#)
PERSONAL (<u>PERS#</u>, Name, Adresse, ...)
ORGEINHEIT (<u>ORG#</u>, Bezeichnung, ..., REG#, PERS#)
REGION (<u>REG#</u>, Bezeichnung, ..., PERS#)
PRODUKT (<u>PROD#</u>, Bezeichnung, ..., PRODGR#)
PRODGRUPPE (<u>PRODGR#</u>, Bezeichnung, ...)
STRUKTUR (<u>O.PROD#, U.PROD#</u>, Menge)
AUFTRAG (<u>AUFTR#</u>, +(KD#, TAGESDATUM), ORG#)
AUFTRAGSPOS (<u>AUFTR#, PROD#</u>, Menge)
FIXKOSTEN (<u>ORG#, MON_DAT</u>, Fix_Plan, Fix_Ist)
VK-PLANUNG (<u>PROD#, MON_DAT, KGR#, ORG#</u>, PlanMenge)
EK_VK (<u>PROD#, MON_DAT</u>, EK_Plan, EK_Ist, VK_Plan, VK_Ist)

Erste Bestands-
aufnahme

Eine erste Analyse des ERMs und des voll normalisierten Relationenmodells der Vorsysteme verdeutlicht, dass die VK-Planung (Verkaufsplanung) auf der Ebene der Kundengruppe, der Org.-Einheit (Filiale), des Produktes und der Zeit basiert, wobei die Zeit hier als Monat zu interpretieren ist. Sämtliche korrespondierenden IST-Werte werden – wie das ERM verdeutlicht – auf der Ebene der einzelnen Kundenaufträge gespeichert (Transaktionsebene) und müssen demnach für die Berichtszwecke jeweils *on the fly* auf das entsprechende Niveau des Planwertes aggregiert werden. Es ist einsichtig, dass diese Lösung nicht zu einem satisfizierenden Antwortzeitverhalten führen kann.

Information
Packages

Um eine Bestandsaufnahme der Anforderungen von Benutzerseite zu erleichtern, werden im Weiteren mit Hilfe von sog. *Information Packages* (Hammergren 1996) Informationen über Fakten, Dimensionen und Hierarchisierungen erhoben. Die Abb. 2.38 zeigt das entsprechende Information Package für das Modul *Verkaufsanalyse*.

Ein Information Package ist ein (elektronisches) Formular, auf dem in der unteren Zeile die informationstragenden Fakten (Measures) eingetragen werden. In diesem Beispiel sind die Fakten um nützliche Informationen zu ihrer Berechnung ergänzt. So bedeutet (1), dass die entsprechenden Werte direkt – also ohne Aggregationen – aus den Vorsystemen übernommen werden können. Die (2) signalisiert, dass die Daten aus den Quellsystemen zunächst auf die erforderliche Granularität des Data Marts zu verdichten sind und teilweise weitere Berechnungen aus Daten der Quellsysteme durchzuführen sind. Fakten, die mit (3) gekennzeichnet sind, werden ausschließlich durch einfache Berechnungen innerhalb der Fakttabelle selbst erzeugt, wie z. B. Abweichungen und ähnliche Kennzahlen.

Dimensionen						
Alle Monate	**Alle Produkte**	**Alle Kd.Gruppen**	**Alle Org.Einheiten**			
Jahr (3)	Pr.-Gruppe (5)	Kd.-Gruppe (6)	Region (4)			
Quartal (12)	Produkt (25000)		Org.-Einheiten (25)			
Monat (36)						

Fakten: PlanMenge (1), IstMenge (2), PlanUmsatz (2), IstUmsatz (2), Abw. abs. (3), ...

1 = übernehmen in FT
2 = Granularitätsanpassung und evtl. Berechnung für FT
3 = berechnet nur in der FT aus Feldern der FT

(linke Achse: Hierarchisierungen)

Abb. 2.38: Information Package für die Verkaufsanalyse

Die Spalten des Formulars definieren die Dimensionen des multidimensionalen Datenraumes. Es ist aus Gründen der Übersichtlichkeit empfehlenswert, den Dimensionsnamen aus der Attributsbezeichnung der jeweiligen geringsten Granularitätsstufe der Dimension abzuleiten.

Die entsprechenden Hierarchien werden anschließend detailliert, wobei durch Angaben zu möglichen Ausprägungen wertvolle Hinweise zur Optimierung der physischen Umsetzung des multidimensionalen Datenraumes gemacht werden können. So ergibt z. B. die Multiplikation der Ausprägungen auf der Granularitätsebene die maximal mögliche Anzahl von Zeilen in der Fakttabelle und erlaubt so eine Einschätzung, ob Tabellenteilungen (Partitionierungen) erforderlich werden.

Auch geben die Mengenangaben erste Hinweise darauf, ob bei relationaler Umsetzung des Datenraumes Summationstabellen integriert werden sollten. In dem hier dargestellten Beispiel könnte eine solche Tabelle für die Produktdimension erforderlich werden, da in diesem Fall 25.000 Produkte zu 5 Produktgruppen zusammengefasst werden und somit bei Produktgruppen-Analysen jeweils mehrere Tausend Datensätze aggregiert werden müssten.

Snowflake Schema

Das aus diesen Vorüberlegungen entwickelte Snowflake-Schema zeigt Abb. 2.39.

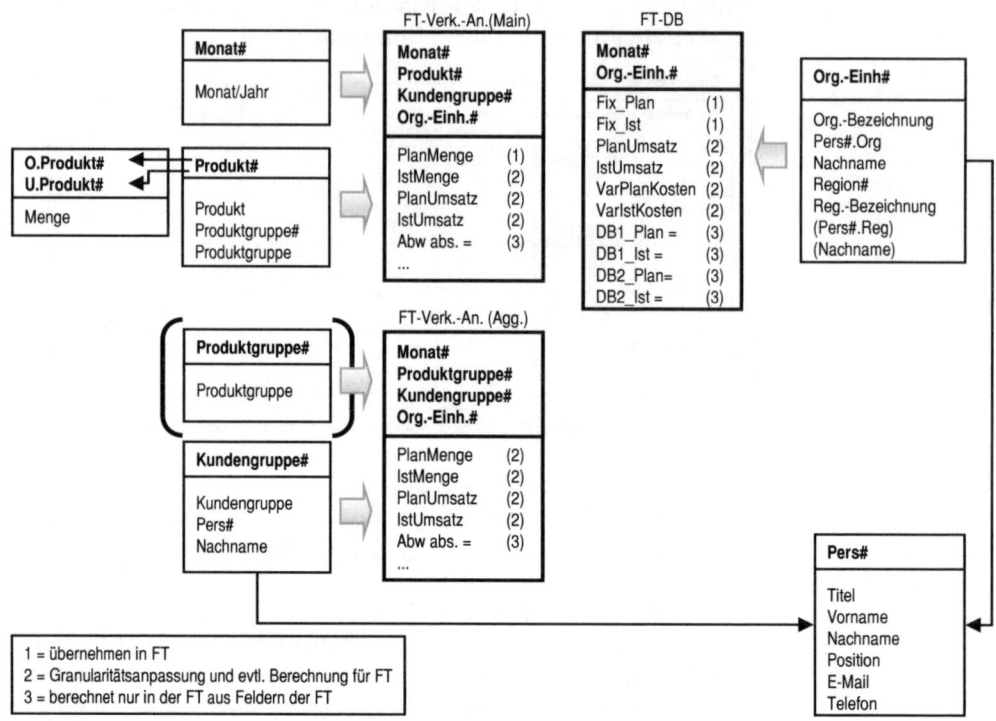

Abb. 2.39: Snowflake-Schema für Verkaufsanalyse und DB-Rechnung

Modul Verkaufs-analyse

Wie deutlich wird, existieren für das Modul Verkaufanalyse eine originäre Faktentabelle (*FT-Verk.-An. (Main)*) mit den Granular-werten und eine weitere abgeleitete Faktentabelle (*FT-Verk.-An. (Agg.)*) mit aggregierten Werten, die bereits auf der Ebene der Produktgruppe vorgehalten werden.

Modul Deckungs-beitragsrechnung

Das Modul Deckungsbeitragrechnung besitzt aufgrund des geringen Datenvolumens keine Summationstabellen und basiert somit lediglich auf einer Faktentabelle.

Dimensionstabellen

Die Mehrzahl der Dimensionstabellen beinhalten funktionale Abhängigkeiten zwischen Nicht-Schlüsselattributen und sind somit nicht normalisiert. Lediglich die Dimensionstabelle *Monat* und die optionale (in der Abbildung geklammert dargestellte) Dimensionstabelle der *Produktgruppe* entspricht der 3NF. Alle Weiteren besitzen funktional abhängige Hierarchieinformationen oder Attribute mit redundanten Attributsausprägungen zur performanten Einbindung der Namen aus der Personentabelle.

Sicherlich stellt die Lösung dieser Fallstudie lediglich eine einfache Variante dar, um die Performance der hier skizzierten analytischen Informationssysteme zu erhöhen. Jedoch wird bereits auf der Basis dieses kleinen Beispiels deutlich, dass eine Vielzahl von Möglichkeiten existiert, um dispositive multidimensionale Datenräume im relationalen Kontext zu optimieren.

2.5 Zusammenfassung

Die *dispositive Datenhaltung* in integrierten BI-Ansätzen besteht aus *Operational Data Stores* und *Data Warehouses.*

Operational Data Stores sind transaktionsorientierte Datenpools, die sich durch *Subjektorientierung, Integration, Zeitpunktbezug, Volatilität* und einen *hohen Detaillierungsgrad* auszeichnen.

Data Warehouses bestehen im Allgemeinen aus einem *Core Data Warehouse* und darauf aufsetzenden *Data Marts.* Sie lassen sich durch *Subjektorientierung, Integration, Zeitraumbezug* und *dauerhafte Speicherung* charakterisieren.

Um aus operativen Daten betriebswirtschaftlich sinnvoll interpretierbare Informationen ableiten zu können, ist ein *Transformationsprozess* erforderlich. In diesem Zusammenhang werden *Filterungs-, Harmonisierungs-, Aggregations-* und *Anreicherungsprozesse* unterschieden.

Die *Zugriffsberechtigungen* sind ein integraler Bestandteil der dispositiven Datenhaltung, wobei mit Hilfe *rollenbasierter Zugriffskontrollen* adäquate Berechtigungskonzepte umgesetzt werden.

Zur Dokumentation sämtlicher Prozesse in der dispositiven Datenhaltung und zur Steuerung der Benutzerzugriffe werden *technische* und *betriebswirtschaftliche Metadaten* erzeugt. Sie lassen sich in *passive* oder *(semi-)aktive Metadaten* differenzieren, wobei zwischen *zentralen, dezentralen* und *föderierten Metadatenverwaltungen* unterschieden werden kann.

Zur Pflege der Prozesse sind für die dispositive Datenhaltung *technische* und *fachliche Administrationsschnittstellen* vorgesehen, mit deren Hilfe Mitarbeiter den gesamten Transformationsprozess und die Berechtigungsstrukturen anlegen, verändern oder löschen können.

Die Modellierung dispositiver Daten erfolgt im relationalen Kontext mittels *Star-* und *Snowflake-Modellierungsvarianten*, die eine performanceoptimierte Modellierung multidimensionaler Datenräume erlauben.

Um Auswertungen über längere Zeiträume zu gewährleisten, ist in vielen Fällen die Dokumentation von strukturellen und inhaltlichen Veränderungen in der Datenhaltung erforderlich. Für diese Zwecke existieren *Historisierungskonzepte*, wie das *Snapshot-* und das *Delta-Verfahren*.

3

Informationsgenerierung, -speicherung, -distribution und -zugriff

Während bei der Datenbereitstellung die Transformation und Speicherung der Daten im Vordergrund stehen, beschäftigt sich das folgende Kapitel mit ihrer anschließenden spezifischen Aufbereitung, Nutzung und Verteilung. Hierbei werden zunächst Analysesysteme erläutert, welche die Daten in ihre endgültige Darstellungsform überführen. Anschließend werden Konzepte und Werkzeuge aus dem Bereich Wissensmanagement detailliert, mit deren Hilfe die Analyseergebnisse und -modelle gespeichert und für die weitere Verwendung im Unternehmen verfügbar gemacht werden können. Das Kapitel schließt mit der Vorstellung von BI-Portalen, die eine Zusammenführung der Inhalte auf der Zugriffsebene ermöglichen.

3.1 Informationsgenerierung: Analysesysteme

Unter Analyse, aus dem Griechischen *„analysis"* für „Auflösung", wird die systematische „Untersuchung eines Sachverhalts unter Berücksichtigung seiner Teilaspekte" verstanden (Zwahr 2001, S. 181). Mit Hilfe von Analysesystemen werden demnach Daten in einen anwendungsorientierten Kontext überführt, spezifisch aufbereitet und präsentiert. Aufgrund dieser Maßnahmen werden die Daten semantisch angereichert und erlangen verwendungsspezifische Bedeutungen, die ihre Interpretation als Informationen ermöglichen.

3.1.1 Tradierte Klassifizierungen

In tradierten Klassifizierungen werden Informationssysteme des Managements aus historischen Gründen oft direkt den Benutzerklassen des Top-, Middle- und Lower-Managements zugeordnet und auf hoher Abstraktionsebene in modellorientierte und berichtsorientierte Analysesysteme unterschieden.

Modellorientierte Analysesysteme

Modellorientierte Analysesysteme basieren auf algorithmischen Strukturen (Ottmann/Widmayer 2002, S. 1). Ihnen liegt somit ein Formelwerk zugrunde, das eine anwendungsspezifische Weiterverarbeitung und Präsentation der Daten ermöglicht. Verwendung finden häufig Modelle und Methoden der Forschungsbereiche des Operations Research und der Künstlichen Intelligenz, wobei in betriebswirtschaftlichen Anwendungsgebieten insbesondere auch Verfahren der deskriptiven Statistik und der Finanzmathematik zum Einsatz kommen (z. B. Domschke/Drexl 2002).

Es ist in der Praxis nicht selten, dass erfahrene Mitarbeiter in den Fachabteilungen modellorientierte Systeme selbstverantwortlich entwickeln und einsetzen. Daher gehört dieser Bereich häufig zum Komplex der *Individuellen Datenverarbeitung (IDV)*, bei dem der Endbenutzer fundierte IT-Kenntnisse sowie Wissen über die methodischen und die fachlich-inhaltlichen Dimensionen der zu erstellenden Lösung besitzen muss.

Berichtsorientierte Systeme

Berichtsorientierte Systeme unterstützen hingegen primär die Informationsrecherche und -darstellung in Form von aufbereiteten Datensichten. Sie stellen somit ein Komplement zu den modellorientierten Systemen dar. In ihrer einfachsten Form als *starres Berichtswesen* erfordern sie vom Benutzer neben dem fachlich-inhaltlichen Wissen primär die Fähigkeit der sachgerechten Systembedienung.

In den letzten Jahren ist jedoch auch diese Kategorie von Analysesystemen funktional erweitert worden. So erlauben berichtsorientierte Systeme heute häufig die benutzerseitige Einbindung von einfachen mathematischen Formeln (z. B. Spalten-/Zeilensummierungen), ermöglichen individuelle Berichtsextraktionen bzw. -erweiterungen und bieten interaktive Navigationsmechanismen für Ad-hoc-Berichte. Ein Mindestmaß an IT-Fähigkeiten ist daher heute auch bei der Benutzung dieser Kategorie von Analysesystemen erforderlich.

Pyramidendarstellung

In der älteren Literatur findet sich oft eine Pyramidendarstellung der Systeme mit einer entsprechenden Zuordnung der Benutzergruppen (vgl. Abb. 3.1).

Ohne Frage stellt diese didaktische Vereinfachung des Sachverhaltes eine erste Möglichkeit dar, sich mit der Thematik der Analysesysteme auseinander zu setzen. So verdeutlicht sie die Einsatzschwerpunkte und den Charakter der einzelnen Systemklassen und spiegelt – wenn auch stark vereinfacht – durchaus die Realität der IT-basierten Managementunterstützung bis weit in die 90er Jahre wider.

Für eine Einordnung moderner BI-Konzepte eignet sich eine einfache pyramidale Darstellung jedoch nicht mehr. Sie ist eher irreführend und birgt die Gefahr von Fehlinterpretationen.

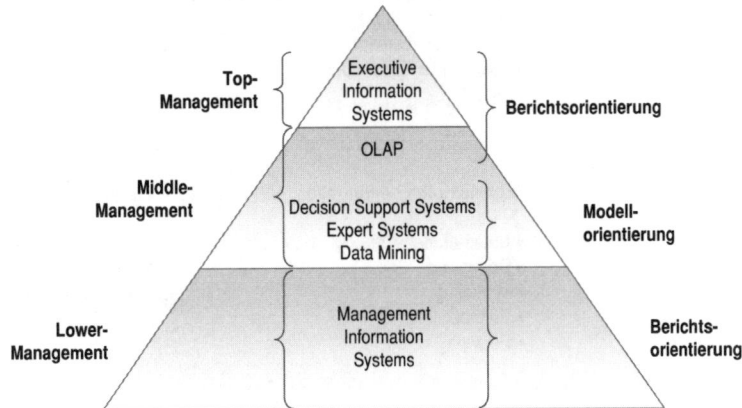

Abb. 3.1: Traditionelle Abgrenzung der dispositiven Systeme (Kemper 1999, S. 233)

Kritikpunkte sind insbesondere:

- Die Aufteilung der Anwendungssysteme deutet eine Differenzierung in abgrenzbare Systemklassen an, die sich in der Praxis in dieser Form nicht wieder findet.

- Es wird angenommen, dass die einzelnen Systemklassen sich eindeutig den Managementebenen zuordnen lassen. Auch dieses Phänomen ist überholt und gilt für moderne Analysesysteme nicht länger.

- Die Abbildung suggeriert eine hierarchische Abhängigkeit der Systeme, die datenseitig in früheren Lösungen durchaus bestand (vgl. Kapitel 2.1). In modernen BI-Konzepten existieren jedoch eigenständige harmonisierte Datenhaltungssysteme für den gesamten dispositiven Bereich, so dass datenseitige Abhängigkeiten nicht mehr gegeben sind.

3.1.2   BI-Analysesysteme – Ordnungsschema

Da die traditionelle pyramidale Darstellung als Rahmenkonzept für moderne BI-Anwendungen nicht mehr genügen kann, existieren in der Wissenschaft und vor allem in der Praxis Unsicherheiten, wie der gesamte Bereich adäquat zu strukturieren ist. Abb. 3.2 gibt einen Eindruck über gebräuchliche Einordnungen.

Anwendungsgebiete	BI-Anwendungssysteme
• Customer Relationship Management • Supply Chain Management • Risiko-Management • Stakeholder-Einbindung • …	• Churn-Analyse • Kundensegmentierung • Kundenwertanalysen • Web-Controlling • Lieferantenbewertungssystem • …

Organisatorische Einheiten	BI-Anwendungssysteme
• Unternehmensführung • Controlling • Marketing • Vertrieb • Personal • …	• ISOM (IS Oberes Management) • MIS (Marketing IS) • VIS (Vertriebs IS) • EIS (Einkäufer IS) • …

Abb. 3.2: Beispiele für BI-Analysesysteme

Deutlich wird, dass BI-Analysesysteme sowohl über Anwendungsgebiete als auch über die BI-Lösungen einsetzenden organisatorischen Einheiten charakterisiert werden.

Anwendungsgebiete und die entsprechenden BI-Systeme

So wird beispielsweise *Customer Relationship Management* nicht selten als ein Einsatzgebiet für BI-Lösungen identifiziert. In der Tat lassen sich viele BI-Anwendungen in diesem Kontext finden, wie z. B. die

- Churn-Analyse (<u>Ch</u>ange and <u>Turn</u>)

  Die Ermittlung von (guten) Kunden, bei denen aufgrund von Datenkonstellationen – z. B. bei der Produktnutzung, Anrufverhalten bei Call-Center-Kontakten u. ä. – mit einer hohen Wahrscheinlichkeit von einer bevorstehenden Kündigung auszugehen ist. Auf der Basis der BI-Analyse können dann nachfolgend operative Maßnahmen eingeleitet werden, um die Kundenzufriedenheit dieser kritischen Gruppe zu erhöhen und eine Abwanderung zu verhindern.

- Kundensegmentierung

  Die Einteilung von Kunden nach speziellen Kriterien, z. B. die Durchführung einer Clusteranalyse auf der Basis von Umsatzzahlen, um eine nachgelagerte Werbeaktion zielorientiert auf die profitablen Kunden auszurichten.

Die beispielhafte Liste könnte ohne weiteres fortgeführt und auch für andere Anwendungsbereiche wie *Supply Chain Management, Risiko-Management* u. ä. erweitert werden. Jedoch muss bemängelt werden, dass diese Einordnung nicht schlüssig ist und lediglich auf einer deskriptiven Ebene die im praktischen Umfeld vorkommenden Systeme einer Anwendungsdomäne aufzählt. Irritationen sind somit unausweichlich, zumal alle Anwendungsdomänen auch andere Anwendungssysteme umfassen. So können beispielsweise im Einsatzbereich Customer Relationship Management (CRM) neben dem analytischen, das operative und das kommunikative CRM unterschieden werden, wobei lediglich das analytische CRM dem Business-Intelligence-Kontext zuzurechnen ist (Hettich et al. 2000, S. 1350). Das operative CRM befasst sich hingegen z. B. mit der Durchführung/Optimierung von Kampagnen, während das kommunikative CRM primär die verschiedenen Vertriebskanäle und Kundenkontaktpunkte koordiniert.

Organisatorische Einheiten und die entsprechenden BI-Systeme

Auch das gerade in der Praxis dominierende Prinzip, Systeme aufgrund organisatorischer Zuständigkeit zu differenzieren, ist wenig hilfreich. Zwar ist das Vorgehen sehr verständlich, da die organisatorische Einheit in aller Regel Auftraggeber des jeweiligen Systems ist und somit in exponierter Rolle als späterer Anwender im Mittelpunkt der Systementwicklung steht. Allerdings sind die Bezeichnungen lediglich innerhalb des Unternehmens sinnvoll interpretierbar und führen außerhalb der Organisationsgrenzen nicht selten zu Irritationen. Informationssysteme im Marketing als *MIS* zu bezeichnen oder Einkäufer-Informationssysteme mit dem Akronym *EIS* zu betiteln ist daher unglücklich und führt außerhalb der Organisation zu Fehlinterpretationen der Systemcharakteristika.

Für die weitere Detaillierung der Informationsgenerierung wird daher bewusst auf eine Kategorisierung nach Anwendungsgebieten und organisatorischen Einheiten verzichtet. Die Analysesysteme werden vielmehr aufgrund ihrer funktionalen Ausrichtung in *generische Basissysteme* und *konzeptorientierte Systeme* unterteilt. Als Grundlage der Umsetzung dienen die möglichen Ausprägungen, die als verschiedene *Implementierungsansätze* diskutiert werden. Die Abb. 3.3 zeigt die entsprechende Aufteilung.

Generische Basissysteme

Unter den *generischen Basissystemen* werden BI-Systeme zusammengefasst, die als eigenständige Komponenten in einem umfassenden BI-Anwendungssystem integriert werden können. Unterschieden werden hierbei *freie Datenrecherchen, Ad-hoc-Analysesysteme, Berichtssysteme* und *modellgestützte Analysesysteme.*

Konzeptorientierte Systeme

In Abgrenzung hierzu beziehen sich *konzeptorientierte Systeme* auf konkrete Managementprozesse, indem sie bestimmte betriebswirtschaftliche Konzepte abbilden. Hierunter fallen beispielsweise die *Balanced Scorecard,* die *Planung,* die *Konsolidierung* oder das *wertorientierte Management.*

Implementierungsansätze

Die Anbindung der generischen Basissysteme und der konzeptorientierten Systeme an die Datenbereitstellung kann in verschiedenen Ausprägungen realisiert werden. Als entsprechende *Implementierungsansätze* werden hierbei das *klassische Data Warehousing, Closed-Loop Data Warehousing, Active Data Warehousing* und *Real-Time Data Warehousing* unterschieden.

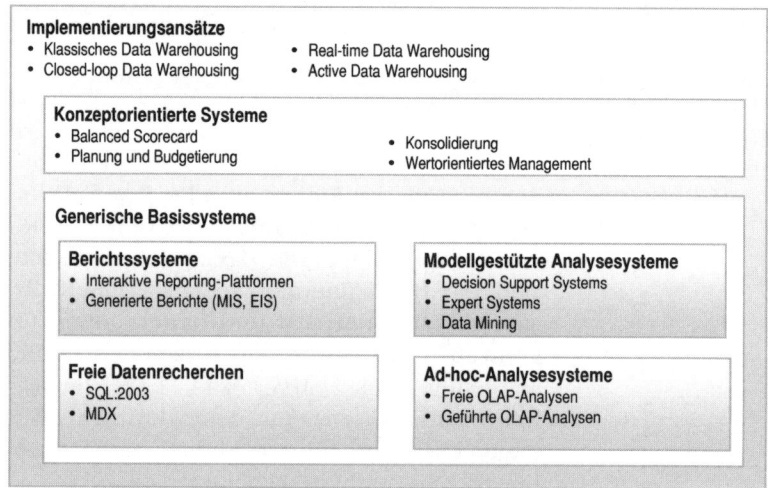

Abb. 3.3:   Analysesysteme für das Management

3.1.3   DWH-Implementierungsansätze

Frühe DWHs

Die frühen Data Warehouses der 90er Jahre waren nahezu ausschließlich Systeme, die in planerischen Bereichen – häufig im Controlling – eingesetzt wurden. Ein Data Warehouse sollte daher nach den Definitionsansätzen des Protagonisten William H. Inmon ausschließlich *zeitraumbezogene* Daten beinhalten, wobei die Mehrzahl der DWHs in Anlehnung an das Standardberichtswesen monatsaktuelle Daten umfassten (vgl. ausführlich in Kapitel 2.2.1).

Neuere Ansätze

Neben diesen DWHs existieren heute jedoch Ansätze zur Unterstützung von Entscheidungen in taktisch und operativ ausgerichteten Anwendungsfeldern. Häufig werden gerade in diesen Gebieten andere Anforderungen an die Datenhaltung gestellt, da hier bereits einzelne Transaktionen Auswirkungen auf Entscheidungen ausüben können. Die Zeitspanne von der Datengenerierung bis zur Maßnahmenumsetzung kann in diesen Fällen durchaus als kritische Größe betrachtet werden, deren Verkürzung einen positiven Effekt auf die Zielerreichung des Unternehmens besitzen kann.

Wertverlust einer Information

Der Kurvenverlauf in Abb. 3.4 zeigt beispielhaft den Wertverlust einer Information über eine Abfolge von Verarbeitungsschritten in BI-Anwendungssystemen. Die Darstellung ist lediglich als allgemeines Muster zu interpretieren, da die Latenzzeitrelevanz und die relativen Anteile der jeweiligen Latenzzeiten je nach Anwendungsfall stark variieren können. Aus diesem Grunde gilt es, im Rahmen des Informationsmanagements – und hier vor allem in der Informationslogistik – im Vorfeld die Bedarfe und die Notwendigkeit der zeitlichen Optimierung zu identifizieren (Krcmar 2003, S. 66 f.).

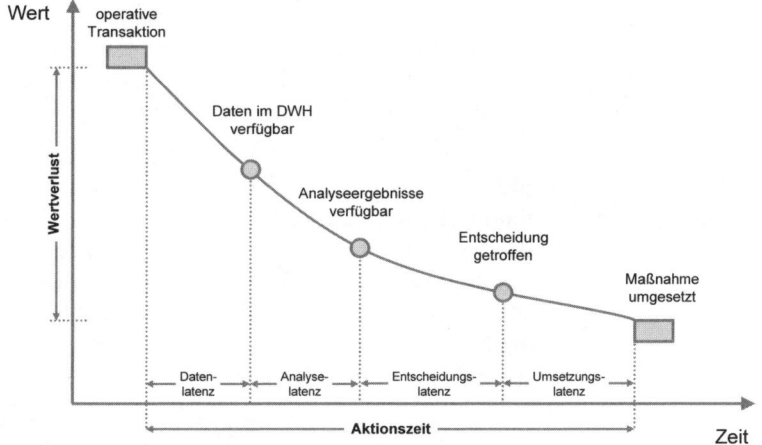

Abb. 3.4: Latenzzeiten von BI-Systemen (modifiziert übernommen aus Hackathorn 2002, S. 24)

Aktionszeit

Ein wesentlicher Faktor für die konkrete Ausgestaltung des BI-Systems ist die geforderte *Aktionszeit*, die als der Zeitraum zwischen der Erfassung eines Geschäftsvorfalls in den operativen Systemen und einer daraus resultierenden Maßnahme definiert ist.

Die Aktionszeit setzt sich aus vier zeitlichen Verzögerungen zusammen (in Anlehnung an Hackathorn 2002, S. 24):

Datenlatenz	Nachdem ein Geschäftsvorfall in den operativen Systemen dokumentiert wurde, werden die Transaktionsdaten in die dispositiven Systeme überführt. Die *Datenlatenz* beschreibt die Zeitspanne, bis die Daten gefiltert, harmonisiert, aggregiert und ggf. angereichert im Data Warehouse zur Verfügung stehen (vgl. auch Kapitel 2.3.1).
Analyselatenz	Nachdem die Daten bereitgestellt sind, können diese in den Analysesystemen manuell oder automatisch in den benötigten Kontext gestellt, grafisch aufbereitet und dem Adressaten zur Verfügung gestellt werden. Der hierfür benötigte Zeitraum ist die *Analyselatenz.*
Entscheidungs-latenz	Der Anwender kann nun diese Informationen aufnehmen und bei Bedarf eine Entscheidung treffen. Die hierbei entstehende *Entscheidungslatenz* ist häufig eine der umfangreichsten Verzögerungen. Das BI-Anwendungssystem kann diese Zeitdauer nur indirekt durch die Qualität der entscheidungsrelevanten Inhalte und deren Aufbereitung beeinflussen.
Umsetzungslatenz	Auf der Basis der gefällten Entscheidung und der dahinter liegenden Erkenntnisse können nun konkrete Maßnahmen ergriffen werden. Die Dauer bis zu der tatsächlichen Implementierung, beispielsweise in Form einer Änderung in den operativen Systemen, ist die *Umsetzungslatenz.*
Data Warehousing	Auf der Basis der Anforderungen an die Reaktionszeit und der Eigenschaften der Entscheidungsaufgabe haben sich in den letzten Jahren neue Implementierungsansätze für BI-Anwendungssysteme entwickelt. Diese Konzepte werden hier als *Data-Warehousing-Ansätze* bezeichnet, da sie die *prozessuale* Sicht der Beschaffung, der Speicherung und der Analyse der Daten für spezifische Anwendungsgebiete beschreiben.

Im Weiteren werden vier mögliche Implementierungsvarianten unterschieden: Das *klassische Data Warehousing*, das *Closed-Loop Data Warehousing*, das *Real-Time Data Warehousing* sowie das *Active Data Warehousing.*

Klassisches Data Warehousing

Beim klassischen Data Warehousing werden die Daten in periodischen Abständen gebündelt transformiert. Je nach Anforderung werden diese beispielsweise täglich, wöchentlich oder monatlich in einem festen Zeitfenster durch eine ETL-Stapelverarbeitung in die dispositive Datenhaltung übernommen.

Die Analysesysteme greifen nur lesend auf diesen Datenbestand zu. Auf diese Weise ist eine hohe Datenkonsistenz sichergestellt, da bestehende Daten mit Hilfe von ETL-Prozessen lediglich komplettiert werden und Änderungen sich primär auf die Dimensionstabellen beschränken (vgl. Kapitel 2.4.4). Anwendungsbeispiele hierfür sind Planungs- und Kontrollinstrumente mit kurz- bis mittelfristigem Entscheidungshorizont (Ex-post-Analysen).

Der klassische Ansatz beinhaltet noch keine speziellen Optimierungen bezüglich der Aktionszeit und dient somit als Referenz für eine Verkürzung der Latenzzeiten.

Closed-Loop Data Warehousing

Der Grundgedanke des Closed-Loop-Ansatzes ist die Rückkopplung von Analyseergebnissen in operative und/oder dispositive Systeme. Durch die zusätzlichen Informationen werden die Datenbestände inhaltlich ergänzt und können somit auch andere Entscheidungsprozesse wirksam unterstützen.

Anwendungsbeispiel CRM

Der Closed-Loop-Ansatz wird vor allem im Anwendungsgebiet des Customer Relationship Managements umgesetzt, wodurch das analytische und das operative CRM miteinander verbunden werden. Letzteres umfasst alle „Anwendungen, die im direkten Kontakt mit dem Kunden stehen" (Hettich et al. 2000, S. 1348). Um beispielsweise Cross- oder Up-Selling-Potenziale bei einem Kundenkontakt direkt aufzeigen zu können, werden die Ergebnisse einer Kundensegmentierung nach Interessengebieten in das operative CRM-System eingebunden. Auf dieser Grundlage kann das System dann konkrete Produktempfehlungen vornehmen.

Verringerung der Umsetzungslatenz

Der Closed-Loop-Ansatz verringert vor allem die Umsetzungslatenz, da die Ergebnisse strukturiert und ggf. automatisiert in die Zielsysteme zurück geschrieben werden. Eine manuelle Anpassung der Datenbankstrukturen – z. B. durch Export- und Import von strukturierten Textdateien – wird dadurch vermieden.

Real-Time Data Warehousing

Im Real-Time Data Warehousing wird der batchorientierte, periodische ETL-Prozess teilweise oder ganz durch eine Integration von operativen Transaktionsdaten in Echtzeit ersetzt. Der Begriff der Echtzeit (*real time*) ist dabei definiert als eine vernachlässigbar geringe Latenzzeit zwischen dem Anfallen der operativen Daten und deren Verfügbarkeit im Data Warehouse. Je nach

Anwendungsfall kann dies im Bereich der Millisekunden oder Sekunden liegen.

Die zeitnahe Verfügbarkeit der Daten im Data Warehouse kann über mehrere Mechanismen gewährleistet werden, wobei ein einfaches Kopieren der Daten zwischen operativen und dispositiven Systemen meist jedoch nicht ausreichend ist. So sind zur Sicherstellung der inhaltlichen Konsistenz des Real-Time Data Warehouse in aller Regel Transformationsprozesse erforderlich (vgl. Kapitel 2.3.1). Nicht selten werden hierfür vorgeschaltete ODS (vgl. Kapitel 2.3.3) oder dedizierte EAI-Infrastrukturen verwendet, welche die technische und fachliche Transformation der Daten operativer Quellsysteme ermöglichen (Ruh et al. 2001; Linthicum 2001; Kaib 2002).

Anwendungsbei-
spiel Wertpapier-
handel

Ein klassisches Beispiel für die Anwendung von Real-Time Data Warehousing ist der Bereich des Wertpapierhandels, bei dem die sofortige Verfügbarkeit von entscheidungsrelevanten Informationen zwingend erforderlich ist. Indizes von Aktien und festverzinslichen Papieren, Währungskurse sowie zusätzliche Informationen müssen möglichst schnell integriert und dem Endbenutzer zur Verfügung gestellt werden.

Verringerung der
Datenlatenz

Das Ziel des Real-Time Data Warehousing ist die Verringerung der Datenlatenz. Durch die selektive Ablösung der batchorientierten ETL-Prozesse stehen zeitkritische operative Daten schneller für Analysen zur Verfügung.

Active Data Warehousing

Die Grundidee des Active Data Warehousing ist eine weitere Operationalisierung des Data Warehouse und somit eine stärkere Unterstützung des Lower-Managements (Brobst/Rarey 2001, S. 41). Da operative Entscheidungssituationen in der Regel besser strukturiert sind als ihre strategischen Pendants, können in diesem Anwendungsszenario bestimmte Aktionen (teil-) automatisiert durchgeführt werden. Im Idealfall können somit wiederkehrende Entscheidungsaufgaben automatisch gelöst werden.

Event-Condition-
Action-Modell

Zur Beschreibung dieses Sachverhalts dient das Event-Condition-Action-Modell (*ECA model*), das bereits seit längerem in aktiven Datenbanken in Form von Auslösern (*trigger*) umgesetzt wird (Elmasri/Navathe 2002, S. 788 ff.). Eine Regel besteht hierbei aus drei Komponenten:

Ereignis

1. Startpunkte des Prozesses sind *Ereignisse* (*events*). Beispiele hierfür sind die Verfügbarkeit neuer operativer Daten oder das Über- oder Unterschreiten von Schwellenwerten.

Bedingung

2. Anschließend erfolgen optional Prüfungen, ob bestimmte *Bedingungen* (*conditions*) gelten. Sind die Bedingungen nicht erfüllt, wird die Ausführung der Regel an dieser Stelle abgebrochen.

Aktion

3. Sind die Bedingungen wahr, so werden die hierfür bestimmten *Aktionen* (*actions*) ausgeführt. Mögliche Aktionen sind die Durchführung von Transaktionen (intern in der dispositiven Datenhaltung oder extern in anderen Datenbanken) oder der Aufruf von externen Programmen.

Zur konkreten Umsetzung klassischer ECA-Regeln sind für multidimensionale Analyseregeln weitere Details zu bestimmen (Thalhammer et al. 2001, S. 248):

- Die *primäre Ebene der Dimensionshierarchie*, auf die sich die Regel bezieht.

- Die multidimensionalen Datenräume (*Hypercubes*), die für die Analyse verwendet werden.

- Die *Entscheidungsschritte*, in Form von Wenn-dann-Regeln, die den Entscheidungsprozess beschreiben.

- Weitere *Bedingungen für die OLTP-Systeme*, die erfüllt sein müssen, damit automatisch Änderungen an ihnen vorgenommen werden.

Anwendungsbeispiel Logistik

Mit Hilfe von Active Data Warehousing können komplexe Optimierungsprobleme besser unterstützt werden. Ein klassisches Logistikproblem ist beispielsweise die verspätete Lieferung einer Fracht, die für einen Anschlusstransport bestimmt ist. Es gilt nun abzuwägen, ob der Transport ohne diese Fracht startet oder auf sie wartet. In letzterem Fall kann sich eine andere Frachtlieferung verspäten. Die ideale Entscheidung berücksichtigt die einzelnen Liefertermine, sowie die vereinbarten Service Levels und den Wert der Kunden für das Unternehmen. Darüber hinaus können noch alternative Routen, das aktuelle Wetter und weitere Faktoren eine Rolle spielen (Brobst/Rarey 2001, S. 41).

Verringerung der Analyse-, Entscheidungs- und Umsetzungslatenz

Das Active Data Warehousing integriert den Ansatz des Closed-Loop und erweitert ihn um eine aktive Entscheidungsunterstützung auf Basis von Analyseregeln. Damit verringert das Active Data Warehousing in seinem Anwendungsfeld die Latenzzeiten bei der Analyse, Entscheidung und Umsetzung.

Implementierungsansätze – Zusammenfassung

Die hier vorgestellten Implementierungsansätze unterstützen jeweils unterschiedliche Anforderungen, die sich aus den Rahmenbedingungen spezifischer BI-Anwendungen ergeben. Das Real-Time Data Warehousing verringert die Datenlatenz und kann somit Daten für zeitkritische Analysen zur Verfügung stellen. Der Closed-Loop-Ansatz stellt sicher, dass die Erkenntnisse systematisch und zeitnah in weiteren Anwendungssystemen zur Verfügung gestellt werden und verkürzt somit die Umsetzungslatenz. Das Active Data Warehousing, als umfangreichste Anwendungsmöglichkeit, automatisiert die Entscheidungsfindung und -umsetzung bei gut strukturierten Problemstellungen.

Die einzelnen Implementierungsmöglichkeiten dienen der adäquaten Lösung betrieblicher Problemstellungen. Die modernen Ansätze ergänzen somit die tradierten Lösungen und machen sie nicht obsolet. So wäre es beispielsweise verfehlt, für monatliche Wettbewerbsanalysen den Ansatz des Real-Time Data Warehousing zu wählen, da hier die fachlichen Anforderungen einer Datenversorgung in Echtzeit nicht gegeben sind.

Moderne Konzepte der dispositiven Datenversorgung weisen daher meist verschiedene Data-Warehousing-Ansätze innerhalb eines unternehmensspezifischen Konzeptes auf, wobei jedoch in der Praxis häufig der gesamte Ansatz mit der Bezeichnung der modernsten und technisch herausforderndsten Komponente versehen wird. So ist es nicht unüblich, dass Unternehmen ihren Ansatz der dispositiven Datenversorgung als Real-Time Data Warehouse bezeichnen, obwohl diese DWH-Komponente lediglich für einen kleinen Teil ihrer BI-Anwendungen eingesetzt wird.

Die folgende Abb. 3.5 zeigt zusammenfassend die einzelnen Implementierungsansätze und deren Einfluss auf die Latenzzeiten.

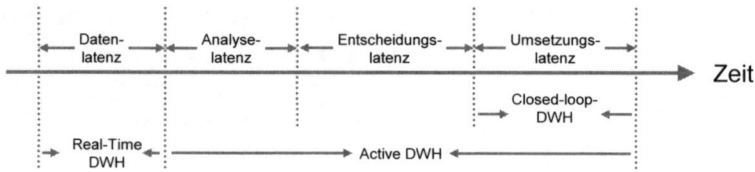

Abb. 3.5: Gegenüberstellung von Implementierungsansätzen und Latenzen

3.1.4   Freie Datenrecherche

Freie Datenre-
cherche

Eine freie Datenrecherche ist die Nutzung einer *Datenmanipula-*
tionssprache (data manipulation language, DML), um eine Teil-
menge der Daten der dispositiven Datenhaltungssysteme (DWH,
ODS, Data Marts) zu recherchieren und angemessen darzustel-
len.

Im Gegensatz zu anderen Berichts- oder Analysesystemen bedient sich der Benutzer somit einer eher techniknahen Sprache.
Üblicherweise erlauben diese Sprachen das direkte Lesen, Einfügen, Löschen und Ändern von Daten, wobei die Rechte selbstverständlich durch die Berechtigungskonzepte der dispositiven
Datenhaltung geregelt werden (vgl. Kapitel 2.3.5).

Structured Query
Language (SQL)

Im relationalen Kontext hat sich die *Structured Query Language*
(SQL) als anerkannter Standard durchgesetzt, wobei hier neben
der oben erwähnten Datenmanipulation auch Funktionen der
Datendefinition existieren, mit deren Hilfe die Strukturen der
Tabellen, die Schemata, festgelegt werden können (Elmas-
ri/Navathe 2002, S. 52 f.).

Um auch den Anforderungen multidimensionaler Datenstrukturen zu genügen, wurde der aktuelle SQL-Standard aus dem Jahre
2003 um entsprechende Navigations- und Bearbeitungsfunktio-
nen ergänzt (ISO 2003).

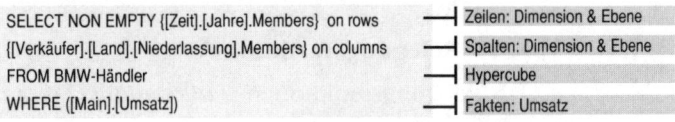

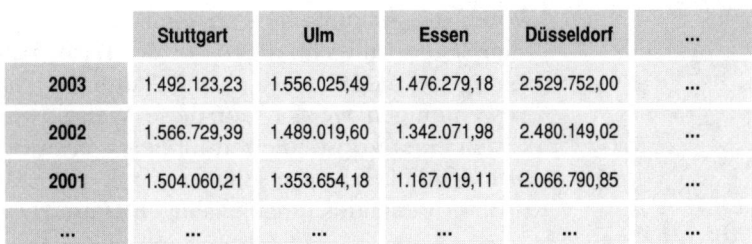

Abb. 3.6:   MDX-Abfrage

MDX

Darüber hinaus existieren weitere Datenmanipulationssprachen
verschiedener Hersteller, die einen umfangreichen, aber proprietären Leistungsumfang besitzen. Ein populäres Beispiel stellt die

Abfragesprache MDX (Multidimensional Expressions) der Firma Microsoft dar, die sich als De-facto-Industriestandard in der Praxis etabliert hat. Abb. 3.6 zeigt eine beispielhafte Abfrage.

Generell sollten folgende Funktionen zur Recherche in multidimensionalen Datenräumen verfügbar sein:

- **Datenauswahl & Navigation**

Um in der multidimensionalen Struktur adäquat navigieren und Daten gezielt selektieren zu können, müssen diese Konzepte auch in der Abfragesprache abgebildet werden. Hierzu gehören die Berücksichtung einer fachlich angemessenen Anzahl von Dimensionen sowie die Steuerung über die Hierarchieebenen einzelner Dimensionsausprägungen.

- **Verdichtungen**

Die Verdichtung von Daten kann je nach Datenausprägung und Benutzerwünschen unterschiedliche Formen annehmen. So liegt auf der Hand, dass Umsätze additiv zusammenfassbar, Produktpreise jedoch lediglich als Durchschnittspreise auf höheren Hierarchieebenen interpretierbar sind. Geläufig sind demnach Summen, (gewichtete) Durchschnittswerte oder die Nennung der höchsten oder niedrigsten Werte (Extrema), wobei die Sprache sowohl eine Vorberechnung häufig verwendeter Verdichtungen als auch die jeweilige Ad-hoc-Berechnung (*on the fly*) erlauben sollte.

- **Belegungsfunktionen**

Belegungsfunktionen (*allocations*) gestatten die automatische Weitergabe bzw. Aufteilung von Werten auf der Basis von Profilen. Somit können Werte übergeordneter Hierarchieebenen auf Zellen in nachfolgenden Ebenen kopiert bzw. verteilt werden, wobei die Spannbreite von einfachen Zahlenkopien bis hin zu komplexen Umrechnungen auf der Basis mathematischer Schlüsselungen möglich ist. In Planungs- und Budgetierungs-Anwendungen werden auf diese Weise beispielsweise Gemeinkosten einer konsolidierten Einheit – etwa der Zentrale – auf die Grundeinheiten – die Filialen – mit Hilfe einer Schlüsselung – z. B. im Verhältnis ihres jeweiligen Umsatzes – verteilt.

- **Faktengenerierung**

Die Faktengenerierung ermöglicht automatisierte, individuelle Berechnungen von verschiedenen Zelleninhalten, wie z. B. die Ableitung von betriebswirtschaftlichen Kennzahlen.

- **Zusammenfassung von Dimensionselementen**

Eine individuelle Zusammenfassung von Dimensionselementen erlaubt benutzerspezifische Auswertungen. Somit können Sichten auf alternativen Hierarchieebenen generiert werden (beispielsweise die Definition eines Dimensionselements „Eurozone", das alle Länder umfasst, die den Euro als Landeswährung führen).

Vorteile

Das Arbeiten auf einer techniknahen Ebene bringt Vorteile mit sich. Da die Operationen direkt im Datenbestand ausgeführt werden, sind die Abfragen in der Regel *performanter*. Weitere Aspekte sind die große *Flexibilität* und die problemlose *Weiterverwendbarkeit* der Analyseergebnisse in anderen Systemumgebungen.

Nachteil

Den Vorteilen steht jedoch auch ein gewichtiger Nachteil gegenüber. So setzt der Einsatz einer Datenmanipulationssprache eine detaillierte Kenntnis der Sprache und einen hohen Grad an IT-Kompetenz voraus. Da Endbenutzer im Allgemeinen nicht über dieses Wissen verfügen, sind für sie die freien Datenrecherchen kaum sinnvoll einsetzbar. In vielen Fällen können sie sogar durch ungeschickte Anfragen die Performance des Datenhaltungssystems so stark beeinträchtigen, dass der gesamte Betrieb nachhaltig gestört wird. Aus den genannten Gründen werden diese Sprachen in aller Regel lediglich Datenbankadministratoren und Power-Usern – also besonders versierten Endbenutzern – zugänglich gemacht.

3.1.5   Ad-hoc-Analysesysteme

Online Analytical Processing – OLAP

Die Forderung nach benutzerfreundlichen, flexiblen Abfragesystemen für Ad-hoc-Analysen beschäftigt die Wissenschaft und Praxis bereits seit vielen Jahren. Für sehr viel Aufmerksamkeit sorgte in diesem Zusammenhang ein von Edgar F. Codd und Mitautoren veröffentlichter Artikel mit dem Titel „Beyond Decision Support" aus dem Jahre 1993 (Codd et al. 1993a, S.87 ff.). Hier wurde unter dem Begriff *Online Analytical Processing (OLAP)* eine neue Begrifflichkeit in die Diskussion eingebracht und von dem Protagonisten als innovativer Analyseansatz vorgestellt, der eine hypothesenfreie, dynamische Analyse in multidimensionalen Datenräumen ermöglichen sollte.

Kriterien des Online Analytical Processing

In seiner ursprünglichen Form wurde der Begriff OLAP über zwölf Kriterien definiert (Codd et al. 1993b):

1. Multidimensionale konzeptionelle Sichtweise.

2. Transparenz.

3. Zugriffsmöglichkeit.

4. Gleichbleibende Antwortzeiten bei der Berichtserstellung.

5. Client/Server-Architektur.

6. Generische Dimensionalität.

7. Dynamische Behandlung dünn besetzter Matrizen.

8. Mehrbenutzer-Unterstützung.

9. Uneingeschränkte kreuzdimensionale Operationen.

10. Intuitive Datenbearbeitung.

11. Flexible Berichtserstellung.

12. Unbegrenzte Anzahl von Dimensionen und Klassifikationsebenen.

Auch wenn diese Aufstellung anfangs aufgrund ihrer Ausrichtung auf ein konkretes, kommerziell erwerbbares Datenbanksystem heftig kritisiert wurde, so ist den Autoren – speziell Edgar F. Codd – die Initiierung einer damals längst überfälligen benutzerorientierten Diskussion zum Themenbereich der IT-basierten Managementunterstützung zu verdanken. Wissenschaftler und Praktiker beteiligten sich an dieser Diskussion und publizierten zusätzliche Kriterien, so dass letztendlich mehr als 300 Regeln im OLAP-Umfeld identifiziert werden konnten (Düsing/Heidsieck 2001, S. 100).

FASMI:
Fast analysis of
shared
multidimensional
information

Eine Konsolidierung dieser Eigenschaften wurde 1995 von Pendse und Creeth mit der Reduzierung auf fünf Kerninhalte vorgenommen (Pendse/Creeth 1995; Pendse/Creeth 2004). Das Akronym FASMI steht für „Fast Analysis of Shared Multidimensional Information". Diese Kriterien haben sich als kurze und prägnante Umschreibung des Analysekonzepts durchgesetzt und sind wie folgt definiert:

- **Fast** (Geschwindigkeit): Das System soll reguläre Abfragen innerhalb von 5 Sekunden, komplexe Abfragen in maximal 20 Sekunden beantworten.

- **Analysis** (Analyse): Das System soll eine intuitive Analyse mit der Möglichkeit von beliebigen Berechnungen anbieten.

- **Shared** (Geteilte Nutzung): Es existiert eine effektive Zugangssteuerung und die Möglichkeit eines Mehrbenutzerbetriebs.

- **Multidimensional**: Unabhängig von der zugrunde liegenden Datenbankstruktur ist eine konzeptionelle multidimensionale Sicht umzusetzen.

- **Information** (Datenumfang): Die Skalierbarkeit der Anwendung ist auch bei großen Datenmengen gegeben, so dass die Antwortzeiten von Auswertungen stabil bleiben.

Operationen in multidimensionalen Datenräumen

Multidimensionale Datenräume bestehen aus Fakten, Dimensionen und Hierarchisierungen (vgl. Kapitel 2.4.2). Obwohl theoretisch in ihrer Anzahl nicht begrenzt, besitzen betriebswirtschaftliche Anwendungen meist Dimensionen im einstelligen bzw. niedrigen zweistelligen Bereich. Die Limitation erklärt sich aufgrund der Charakteristika betriebswirtschaftlicher Problemstellungen und der begrenzten kognitiven Fähigkeiten des Menschen. So ist es unrealistisch, Auswertungen auf der Basis von mehren hundert Dimensionsausprägungen durchzuführen, da dieses Konstrukt für die Analysten nicht mehr durchschaubar wäre.

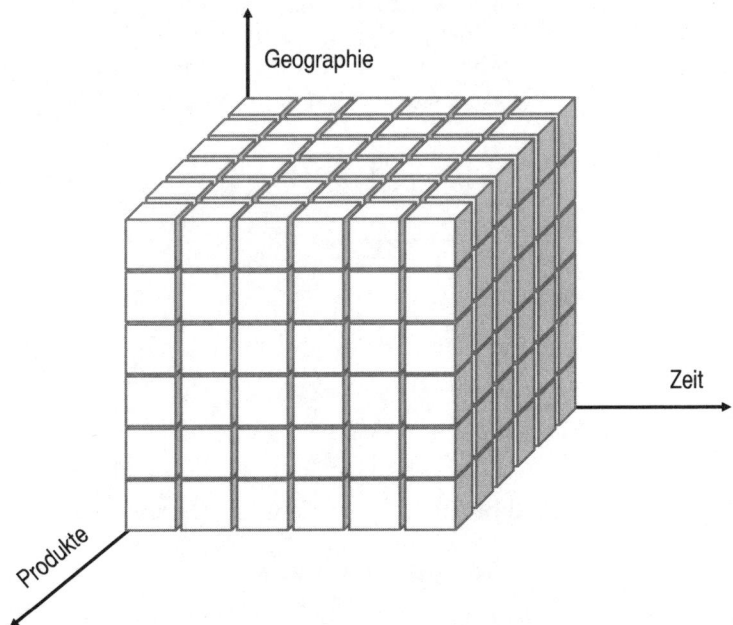

Abb. 3.7:   Hypercube und Dimensionen

Hypercube   Unabhängig von der Anzahl der Dimensionen wird stets der Würfel als Metapher für multidimensionale Datenräume gewählt.

Der gebräuchliche Begriff *Hypercube* basiert auf diesen Vorstellungen, deutet jedoch bereits durch Worterweiterung die unbeschränkte Anzahl möglicher Dimensionen an. Abb. 3.7 verdeutlicht einen Hypercube mit seinen Dimensionen Zeit, Produkte und Geographie.

Operationen

Üblicherweise werden verschiedene Klassen von Operationen differenziert, mit deren Hilfe spezifische Auswertungen in multidimensionalen Datenräumen durchgeführt werden können. Auch hier wird zur Erläuterung der grundsätzlichen Funktionsweise stets der dreidimensionale Datenraum gewählt, damit die Operationen möglichst plastisch beschrieben werden können.

- **Pivotierung/Rotation**

Häufig reicht ein zweidimensionaler Ausschnitt aus dem Hypercube für Analysen der betrieblichen Anwender aus. Eine solche Sicht ist beispielsweise eine Seite des Würfels.

Pivotierung bzw. Rotation

Unter *Pivotierung*[11] versteht man das Drehen des Würfels um eine Achse, so dass eine andere Kombination von zwei Dimensionen sichtbar wird (vgl. Abb. 3.8). Synonym hierzu wird auch der Begriff der Rotation verwendet. Dieses Konzept kommt außerdem in Form von Pivot-Tabellen bei gängigen Tabellenkalulationsprogrammen zum Einsatz (z. B. Albright et al. 2003).

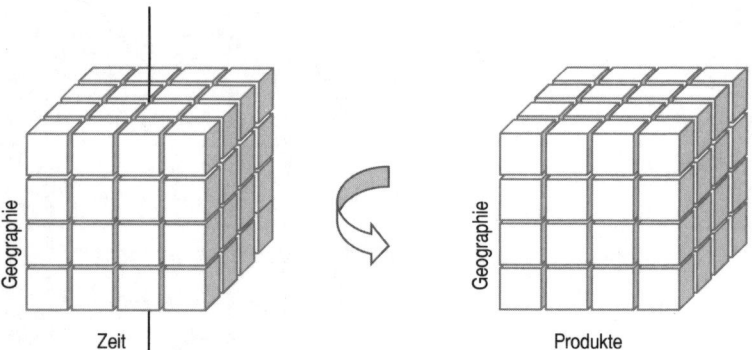

Abb. 3.8:   Pivotierung des Hypercubes

- **Roll-up & Drill-down**

Um innerhalb der Dimensionshierarchien zu navigieren, stehen zwei Operatoren zur Verfügung. Durch einen *Roll-up* werden die

---

[11]   Aus dem französischen „pivot", „Schwenkzapfen (an Geschützen, Drehkränen u. a. Maschinen)" (Wahrig/Wahrig-Burfeind 2002)

Werte einer Hierarchieebene zu der darüber liegenden Verdichtungsstufe aggregiert. Dadurch verringert sich der Detaillierungsgrad.

Die inverse Operation hierzu ist der *Drill-down*, bei dem ein aggregierter Wert wieder in seine Bestandteile auf der darunter liegenden Ebene aufgeschlüsselt wird. Abb. 3.9 verdeutlicht den Zusammenhang.

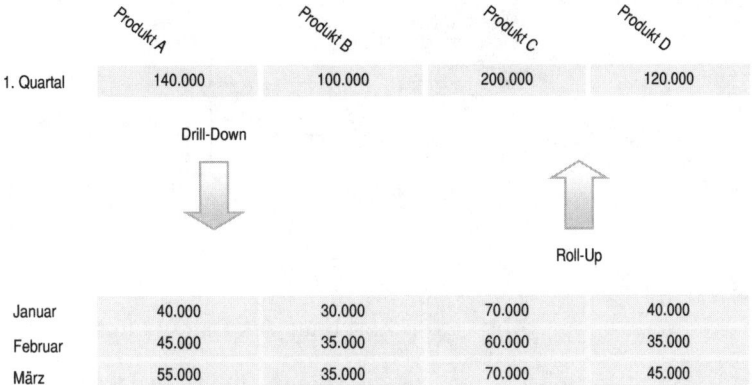

Abb. 3.9:   Roll-Up & Drill-Down

• Drill-through & Drill-across

Drill-through und Drill-across sind besondere Operationen, da sie eine Navigation über den originären multidimensionalen Datenraum hinaus ermöglichen.

Stößt ein Drill-down auf die höchste Detaillierungsstufe, kann in der Regel keine weitere Verfeinerung erfolgen. Durch einen *Drill-through* wird jedoch die physikalische Datenquelle gewechselt und somit detailliertere Daten verfügbar gemacht. Der Wechsel findet ohne erkennbare Veränderungen der Benutzungsoberflächen statt und ist somit vom Benutzer nicht bemerkbar, also *benutzertransparent*. Je nach Granularitätsgrad kann hierfür auf eine weitere multidimensionale oder eine relationale Datenquelle zugegriffen werden. Der Drill-through ermöglicht somit eine erweiterte *vertikale Recherche*.

Der *Drill-across* hingegen erweitert die *horizontalen Recherchemöglichkeiten*, indem er den Wechsel zwischen Hypercubes ermöglicht. Grundlage hierfür ist die Wiederverwendung von Dimensionshierarchien in mehreren Hypercubes. In einem Unternehmen können beispielsweise zwei Data Marts für die Bereiche Einkauf und Vertrieb existieren, die beide die Dimension

Geographie verwenden. Durch einen Drill-across könnte der Einkauf bei Betrachtung einer Region direkt zu den Zahlen des Marketings wechseln, um diese mit seinen eigenen abzugleichen.

- **Slice & Dice**

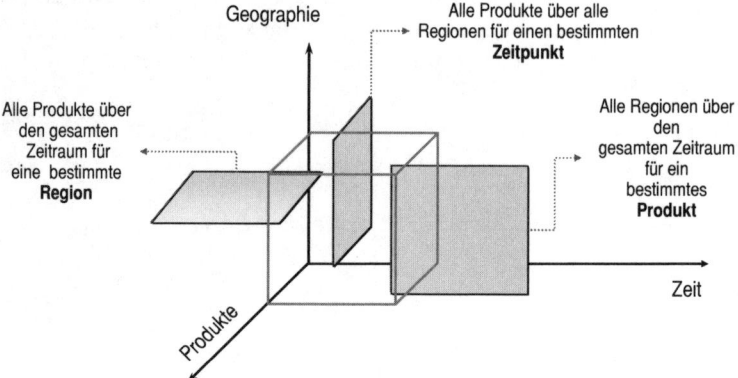

Abb. 3.10: Zuschnitt des Datenraums durch den Slice-Operator

Um die große Menge der Daten bedarfsgerecht filtern zu können, stehen ebenfalls zwei Operatoren zur Verfügung. Ein *Slice* ist in dem dreidimensionalen Beispielmodell eine Scheibe, die aus dem Datenwürfel entnommen wird. Faktisch wird dies durch eine Beschränkung einer Dimension auf einen Wert umgesetzt. Dadurch kann ein Produktmanager z. B. sämtliche Daten in Bezug zu seinem Produkt einsehen (vgl. Abb. 3.10).

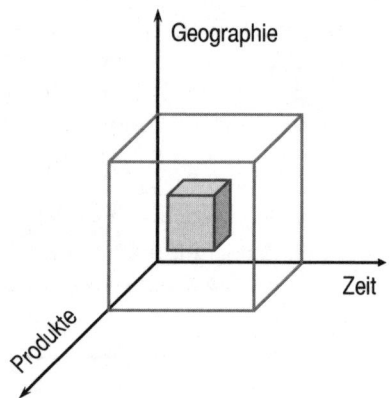

Abb. 3.11: Dice-Operator

Ein *Dice,* wie in Abb. 3.11 dargestellt, ist ein mehrdimensionaler Ausschnitt des Hypercubes. Hierbei werden mehrere Dimensio-

nen jeweils durch eine Menge von Dimensionselementen eingeschränkt. Das Ergebnis ist ein neuer multidimensionaler Datenraum, der ggf. extrahiert oder weiterverarbeitet werden kann.

- **Split & Merge**

Der Split-Operator ermöglicht einen Aufriss eines Wertes nach
Elementen einer weiteren Dimension und somit eine weitere
Detaillierung eines Wertes (Lehner 2003, S. 75). So kann beispielsweise der Umsatz einer Filiale für eine bestimmte Menge
von Produkten wie in Abb. 3.12 dargestellt werden.

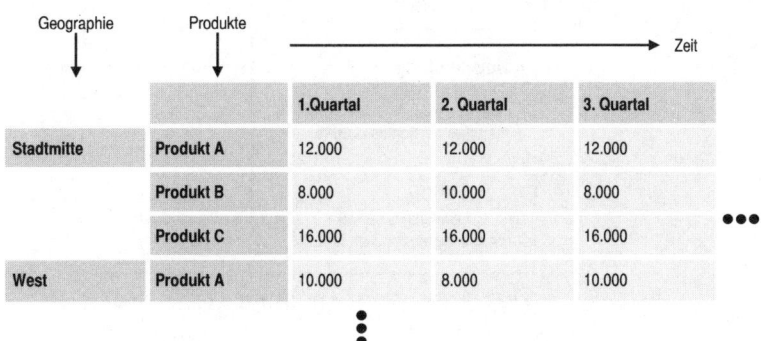

Abb. 3.12: Split-Operator

Der inverse Operator hierzu ist der *Merge*, durch den der Einschub der zusätzlichen Dimension entfernt und somit die Granularität der Darstellung verringert wird.

OLAP – Benutzersicht und physikalische Umsetzung

Es hat sich heute die Meinung etabliert, dass OLAP einen aus
Benutzersicht – also aus logischer Sicht – mehrdimensionalen
Datenraum aufspannt, der eine flexible, benutzerfreundliche Ad-
hoc-Analyse erlaubt. Die physikalische Datenhaltung kann demnach losgelöst von der logischen Sicht erfolgen. Für die Repräsentation der Daten können somit alle denkbaren technischen
Formen der Datenhaltung herangezogen werden, wobei primär
relationale und multidimensionale Datenhaltungssysteme zum
Einsatz kommen.

In der Praxis wird die Mehrzahl der OLAP-Systeme in Form von
Client-Server-Architekturen umgesetzt. Die Datenhaltung erfolgt
in der Regel auf der Seite des Servers. Hierbei wird durch ein
Präfix signalisiert, welche Datenbanktechnologie bei der physi-

schen Datenspeicherung Verwendung findet (Chamoni/ Gluchowski 1999).

Die Abb. 3.13 verdeutlicht die möglichen OLAP-Umsetzungskonzepte und deren Datenhaltungskomponenten.

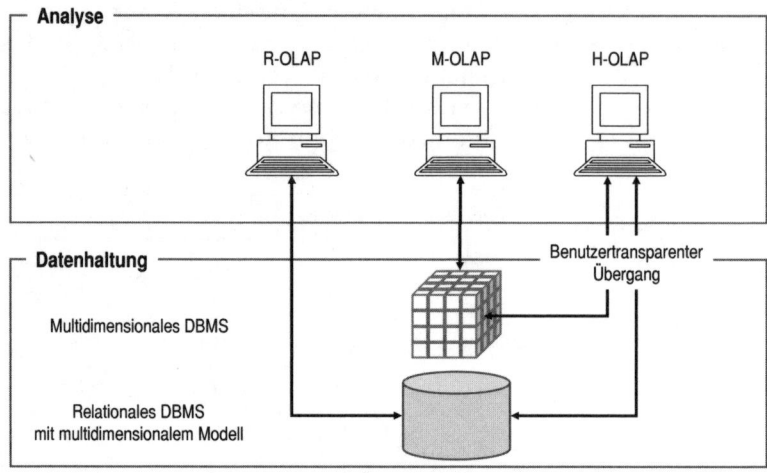

Abb. 3.13: R-OLAP, M-OLAP und H-OLAP

R-OLAP

Beim relationalen OLAP (R-OLAP) kommen Star- und Snowflake-Schemata auf Basis von klassischen, standardisierten relationalen Datenbanksystemen zum Einsatz (vgl. auch Kapitel 2.4.2 und Kapitel 2.4.3). Die Vorteile dieser Variante liegen in der hohen Stabilität und Sicherheit in Anwendungsbereichen mit hohem Datenvolumen und großen Benutzerzahlen.

M-OLAP

Multidimensionale OLAP-Systeme (M-OLAP) verwenden herstellerabhängige, proprietäre Datenbanksysteme, die speziell auf eine hohe Performance in multidimensionalen Datenstrukturen ausgerichtet sind (vgl. Kapitel 2.3.2). Die Vorteile dieser Lösung liegen demnach vor allem in der Flexibilität und in dem Antwortzeitverhalten.

H-OLAP

Das hybride OLAP (H-OLAP) ist eine Variante, welche die Vorteile beider Techniken vereint. So erlauben diese OLAP-Systeme einen benutzertransparenten Übergang von relationaler und physikalisch mehrdimensionaler Datenhaltung. Üblicherweise werden in diesen Architekturen M-OLAP-Techniken bei den hochverdichteten Datenbereichen verwendet, die sich durch geringes Datenvolumen und eine eher überschaubare Anzahl von Benutzern auszeichnet. Wenn der Benutzer durch Drill-

Down-Navigation in detailliertere Datenbereiche vorstößt, wechselt er benutzertransparent in die relationale Datenhaltung.

Benutzungsoberflächen – Freie und geführte OLAP-Analysen

Der Grad der Benutzerführung variiert bei OLAP-Systemen je nach Benutzergruppe von vollständig geführter OLAP-Analyse bis hin zur weitestgehend freien OLAP-Navigation.

Geführte OLAP-Analysen

Bei der vollständig *geführten OLAP-Analyse* verfügen die Systeme über intuitiv bedienbare, komfortable Benutzungsoberflächen, die es auch IT-unerfahrenen Mitarbeitern erlauben, Analysen in multidimensionalen Datenräumen durchzuführen. Allerdings bieten diese Systeme lediglich eine eingeschränkte Analyseflexibilität, da ausschließlich antizipierte Navigationspfade, Berechnungsvarianten und Berichtsdarstellungen benutzerseitig angesteuert werden können.

Freie OLAP-Analysen

Freie OLAP-Analysen bieten lediglich eine eingeschränkte Benutzungsführung, erlauben jedoch individuelle Auswertungen und Weiterberechnungen. Eine gängige Praxis ist die Einbindung der OLAP-Funktionalitäten in Tabellenkalkulationsprogramme. Da IT-versierte Benutzergruppen – z. B. im Controlling – mit diesen Applikationen meist vertraut sind, ergeben sich durch die Kombination der beiden Systeme hervorragende Recherche-, Aufbereitungs-, Visualisierungs- und Exportfunktionalitäten. Abb. 3.14 verdeutlicht anhand des OLAP-Systems MIS-Alea™ und des Tabellenkalkulationsprogramms MS-Excel™ eine solche Produktkombination.

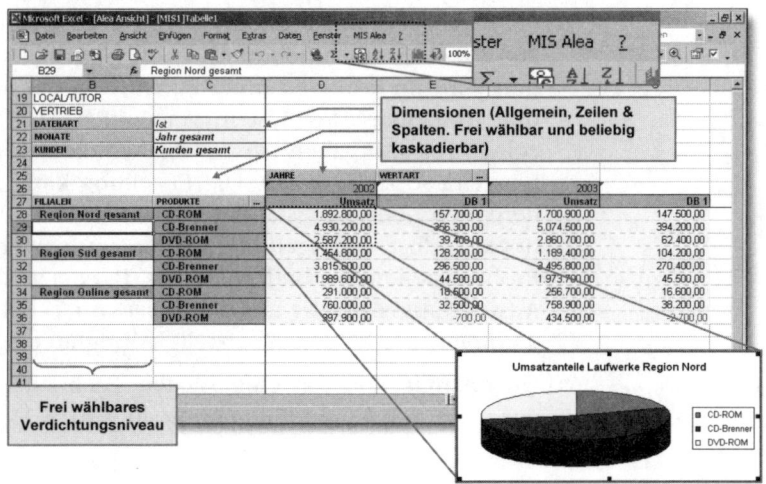

Abb. 3.14: OLAP-Funktionalität und Tabellenkalkulation

3.1.6   Modellgestützte Analysesysteme

Während bei der freien Datenrecherche und den OLAP-Systemen meist kleinere Berechnungen – z. B. Ableitung eines Deckungsbeitrags – durchgeführt werden, erfordern komplexe Auswertungen modellgestützte Systeme, die eine ausgeprägte algorithmische oder regelbasierte Ausrichtung aufweisen. Zu dieser Kategorie gehören die im Folgenden erläuterten *Decision Support Systems*, *Expert Systems* und das *Data Mining*.

Decision Support Systems

Anfang der 70er Jahre wurde an der Sloan School of Management des Massachusetts Institute of Technology (MIT) ein Framework für die Informationssysteme des Managements entwickelt (Gorry/Scott Morton 1971). Gorry und Scott Morton kamen bei diesen Arbeiten zu dem Schluss, dass die bis dato eingesetzten Systeme primär den Teil der *strukturierten* Managementaufgaben unterstützten. Auf Basis dieser Vorüberlegungen identifizierte Scott Morton das Einsatzfeld eines neuen Typs von computerbasierten Managementunterstützungssystemen, der sich im Gegensatz zu den tradierten Systemen durch eine algorithmische Orientierung auszeichnete. Diese Systeme wurden unter dem Begriff *Decision Support Systems (DSS)* – im Deutschen als *Entscheidungsunterstützungssysteme (EUS)* – bekannt und werden seitdem zur Unterstützung *semi-* und *unstrukturierter* Problemstellungen eingesetzt.

Das Konzept der DSS wurde vielfältig weiterentwickelt und auch teilweise begrifflich unterschiedlich abgegrenzt (Turban et al. 2004, S. 103). In Anlehnung an die allgemein akzeptierte Definition wird im Weiteren unter einem DSS ein interaktives, modell- und formelbasiertes System verstanden, das funktional auf einzelne (Teil-)Aufgaben bzw. Aufgabenklassen beschränkt ist (Mertens/Griese 2002, S. 12). Die Erstellung kann auf Basis von existierenden oder eigenständig entwickelten Methoden vom Endbenutzer selbst durchgeführt werden, indem er seine individuelle Problemstellung abbildet. In der Praxis werden kleinere DSS-Anwendungen häufig auf der Basis von Tabellenkalkulationsprogrammen wie MS-Excel™ erstellt (Albright et al. 2003).

Komponenten eines DSS

Unabhängig von der eingesetzten Technologie besteht ein DSS aus mehreren Komponenten, die in Abb. 3.15 dargestellt sind.

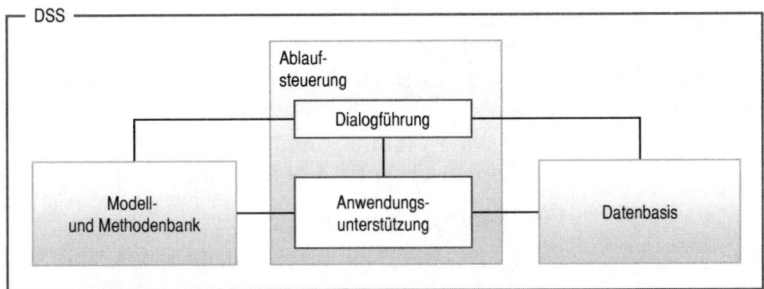

Abb. 3.15: Komponenten eines DSS

- **Datenbasis**

Die Datenbasis enthält die Werte für die Berechnungen. Zum Einsatz kommen hierbei aufgrund der Applikationsklassenausrichtung primär Data Marts bzw. Extrakte in Dateiform (sog. *flat files*).

- **Modell- und Methodenbank**

Methodenbank

Die *Methodenbank* hält alle Standard- und Spezialalgorithmen eines DSS vor. Als implementierte Methoden kommen hierbei vor allem heuristische, statistische, finanzmathematische und prognostische Verfahren zum Einsatz.

Um eine komfortable Nutzung einer Methodenbank sicherzustellen, verfügen leistungsfähige Systeme zusätzlich über weitergehende Funktionen für die Organisation, Benutzung und Sicherung der Methodensammlung (Mertens/Griese 2002, S. 41).

Modellbank

Die sinnvolle Verknüpfung mehrerer Methoden zur Unterstützung einer Klasse von Entscheidungsaufgaben wird im DSS-Kontext als Modell verstanden. Eine *Modellbank* enthält somit eine Menge abgestimmter Methodensammlungen, die mit geringer Anpassung auf konkrete Problemstellungen angewandt werden können. Da der Übergang zwischen Methoden und Modellen eher fließend ist, wird in der englischsprachigen Literatur teilweise nicht zwischen Methoden- und Modellbank unterschieden, sondern beides unter dem Sammelbegriff *model base* subsumiert (Turban et al. 2004, S. 115).

- **Anwendungsunterstützung**

Die Komponente der *Anwendungsunterstützung* stellt sicher, dass Endbenutzer auch ohne detaillierte Methoden-/Modell- und IT-Kenntnisse selbstständig DSS entwickeln und einsetzen können. Hierfür bietet die Komponente spezielle Hilfsmittel, die ein einfaches Zusammenführen der relevanten Daten und der erforderliche Methoden bzw. Modelle erlauben. So werden dem Benutzer z. B. Erklärungen zur Einsatzfähigkeit der Methoden/Modelle zur Verfügung gestellt, Interpretationshilfen für Ergebnisvarianten angeboten oder Auswertungen mit Hilfe von automatischen Parameter-Vorbelegungen erleichtert.

- **Dialogführung**

Die *Dialogführung* ermöglicht als direkte Schnittstelle zum Endbenutzer eine komfortable Interaktion zwischen Anwender und System. Sie erlaubt somit die intuitive Nutzung sämtlicher DSS-Komponenten und steuert den gesamten Lösungsprozess von der Plausibilitätsprüfung der Eingabe bis zur Wahl der Ausgabeformate der Ergebnisse.

Expert Systems

Die Entwicklung von Expert Systems (XPS) – im Deutschen als Expertensysteme oder wissensbasierte Systeme bezeichnet – stellt eine Teildisziplin des Forschungsbereiches der Künstlichen Intelligenz (*Artificial Intelligence, AI*) dar. Das Ziel von XPS ist es, das Wissen menschlicher Experten in abgegrenzten, domänenspezifischen Anwendungsbereichen mit Hilfe von IT-Systemen verfügbar zu machen.

Hierbei beschränkt sich die Integration nicht allein auf das *Fachwissen* des Experten, sondern umfasst auch spezifisches Wissen um *Problemlösungsmechanismen*. Neben formalen Entscheidungskalkülen sollten daher insbesondere die langjährigen Erfahrungen menschlicher Entscheider, die sich in Heuristiken, Vermutungen und Annahmen manifestieren, in das XPS einbezogen werden (Kemper 1999, S. 45 f.).

Nach anfänglichen, zu euphorischen Forschungsansätzen in den 80er Jahren hat sich die Auffassung durchgesetzt, dass XPS in semi- oder schlecht-strukturierten Problemsituationen keine eigenen Entscheidungen treffen sollten. Vielmehr wird es als primäre Aufgabe von XPS angesehen, wertvolle Hilfestellungen bei der Entscheidungsfindung durch das Anbieten von Handlungsempfehlungen zu gewähren.

Komponenten eines Expertensystems

Während die konkrete Ausgestaltung eines Expertensystems durchaus variieren kann, beinhaltet es immer einige typische Komponenten. Abb. 3.16 zeigt exemplarisch eine mögliche Zusammenstellung.

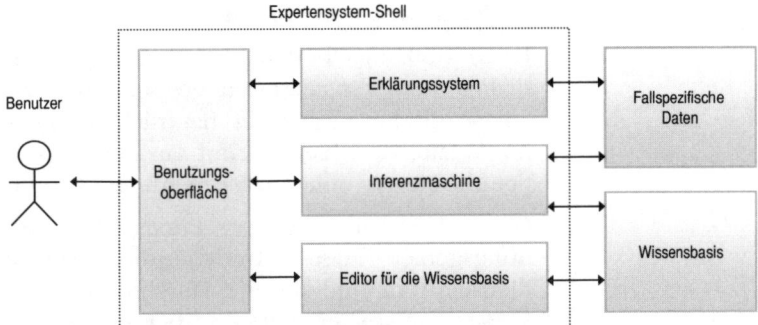

Abb. 3.16: Komponenten eines Expertensystems
(Cawsey 2003, S. 64)

- **Wissensbasis & fallspezifische Daten**

Der Kern eines Expertensystems ist seine Wissensbasis. Sie beinhaltet zwei Arten von Wissen: *Fakten* beschreiben die Problemstellung und grenzen den Problembereich ab, während *Regeln* meist in Form von Heuristiken die Verwendung und Kombination der Fakten zur Lösung des Problems ermöglichen. Die Regeln sind die Abbildung des Problemlösungswissens des Experten und werden z. B. durch *Wenn-Dann-Formeln* realisiert.

Zur Laufzeit des Expertensystems werden die *fallspezifischen Daten* ergänzt, die aus den Eingaben des Benutzers und daraus abgeleiteten Feststellungen bestehen.

- **Inferenzmaschine**

Die *Inferenzmaschine* ist die Problemlösungskomponente, die auf Basis des Expertenwissens und der fallspezifischen Daten die Schlüsse zieht und das Ergebnis produziert.

- **Erklärungssystem**

Damit die Empfehlungen des Expertensystems nachvollzogen werden können, haben die meisten Systeme eine Erklärungskomponente. Im einfachsten Fall werden die genutzten Regeln aus der Wissensbasis wiedergegeben.

- **Editor für die Wissensbasis**

Mit Hilfe dieser Komponente lassen sich domänenspezifisches Fakten- und Problemlösungswissen der menschlichen Experten in die Wissensbasis integrieren und im Zeitverlauf pflegen. Nicht selten wird dieser Architekturbestandteil auch als Wissenserwerbskomponente bezeichnet.

- **Benutzungsoberfläche**

Die Benutzungsoberfläche eines Expertensystems kann entweder dialog- oder eingabeorientiert sein. Im ersten Fall werden die fallspezifischen Daten in natürlichsprachlichen Dialogen abgefragt. Alternativ hierzu kann ein klassisches Formular die benötigten Daten in einem oder mehreren Schritten abfragen.

Große Verbreitung in der Praxis haben XPS z. B. im Anwendungsgebiet der Kreditwürdigkeitsprüfung bei Finanzdienstleistern und für die Durchführung von Risikoanalysen in Versicherungen erlangt. Darüber hinaus werden XPS häufig als Subsysteme integrierter Anwendungen in Form von aktiven Hilfssystemen oder intelligenten Agenten eingesetzt. Auch wenn sie in dieser Rolle nicht als eigenständige Applikation im Vordergrund stehen, sind sie ein wichtiger und integraler Bestandteil moderner BI-Konzepte.

Data Mining

Die Anfänge der computergestützten Datenanalysen zur Mustererkennung lassen sich bis in die 60er Jahre zurückverfolgen. Aber erst die Etablierung harmonisierter dispositiver Datenreservoirs (ODS, DWH, Data Mart) hat diesen Systemen einen Durchbruch auf breiter Basis ermöglicht. Unter den Begriffen *Data Mining* oder *Knowledge Discovery in Databases (KDD)* erlebt der Bereich Datenmustererkennung seit ungefähr einem Jahrzehnt eine Renaissance.

In der Wissenschaft herrscht Uneinigkeit, ob die Begrifflichkeiten Data Mining und KDD synonym zu verstehen sind oder ob sich hinter den Begriffen unterschiedliche Aspekte eines Konzeptes verbergen. In diesem Buch soll kein Beitrag zu dieser Diskussion geleistet werden. Vielmehr wird im Weiteren lediglich der in der Praxis vorherrschende Begriff *Data Mining* verwendet und für eine Diskussion der Begrifflichkeiten auf die einschlägige Literatur verwiesen (z. B. Bensberg/Schultz 2001; Fayyad et al. 1996).

Data Mining   Das Data Mining stellt allgemein verwendbare, effiziente Methoden zur Verfügung, „die autonom aus großen Rohdatenmengen die bedeutsamsten und aussagekräftigsten Muster identifizieren und sie dem Anwender als interessantes Wissen präsentieren" (Bissantz et al. 2000, S. 380).

Üblicherweise wird der Begriff Data Mining domänenunabhängig für die Mustererkennung in strukturierten Datenbeständen verwendet. In Zeiten des Internets und der zunehmenden Durchdringung des E-Business haben sich jedoch zusätzlich unter dem Oberbegriff *Web Mining* domänenspezifische Begrifflichkeiten etabliert (Bensberg/Schultz 2001, S. 680), wie z. B.:

- Web Log Mining (Fokus: Server-Protokolldateien).

- Web Structure Mining (Fokus: Verlinkung von Webseiten).

- Web Content Mining (Fokus: Inhalte von HTML-Dateien).

Kontroverse Diskussionen existieren auch darüber, ob Data-Mining-Methoden zur Validierung von Hypothesen oder ausschließlich für eine hypothesenfreie Mustererkennung zu verwenden sind. Zu den verschiedenen Auffassungen vgl. Abb. 3.17. Deutlich wird, dass in einer engen Begriffsauslegung dem System ohne vorherige Hypothesenbildung sowohl das Selektieren der Datenbasis und die Methodenauswahl als auch die Analyse der Daten und die Ergebnisausgabe obliegt.

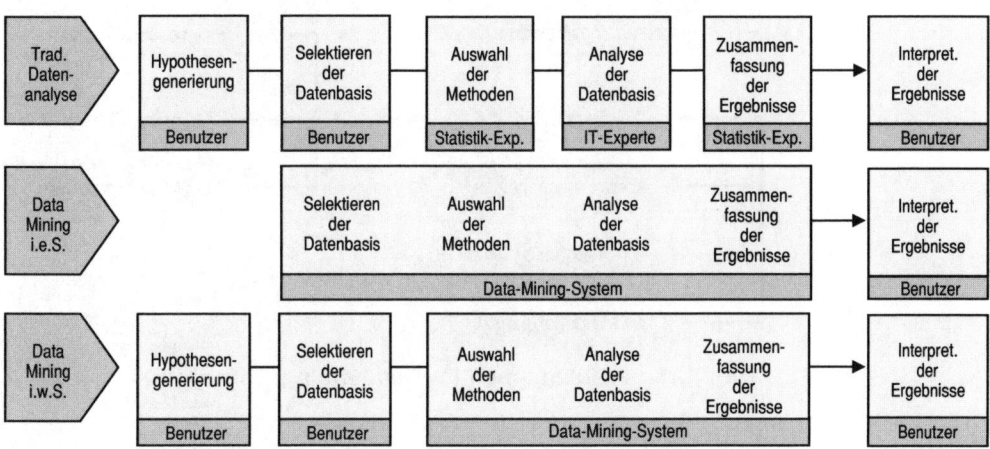

Abb. 3.17: Traditionelle Datenanalyse und Data-Mining-Konzepte (modifiziert übernommen aus Bissantz et al. 2000, S. 381)

In der praxisüblichen weiten Begriffsauslegung konzentrieren sich die automatisierbaren Aktivitäten auf die Methodenauswahl, die Datenanalyse und deren Präsentation. Generierung von Hypothesen und die Festlegung der zu analysierenden Datenbestände werden weiterhin den Systembenutzern zugeordnet.

Data-Mining-Methoden

Die Methoden des Data Mining leiten sich aus den Bereichen der Statistik, der Künstlichen Intelligenz, des Maschinellen Lernens und der klassischen Mustererkennung (*pattern recognition*) ab.

Je nach Aufgabenstellung können eine oder mehrere Methoden zum Einsatz kommen.

Einsatzgebiete für Data-Mining-Methoden

Bei den Einsatzmöglichkeiten für Data-Mining-Methoden unterscheiden Hippner und Wilde die beiden grundlegenden Kategorien der *Beschreibungs-* und *Prognoseprobleme* (vgl. Abb. 3.18). Bei Beschreibungsproblemen steht die Strukturierung von bekannten Datenausprägungen im Vordergrund, während bei Prognoseproblemen eine Aussage über unbekannte oder künftige Merkmalswerte abgeleitet wird. Beide Kategorien lassen sich, wie nachstehend beschrieben, noch weiter detaillieren (im Folgenden Hippner/Wilde 2001, S. 96 ff.).

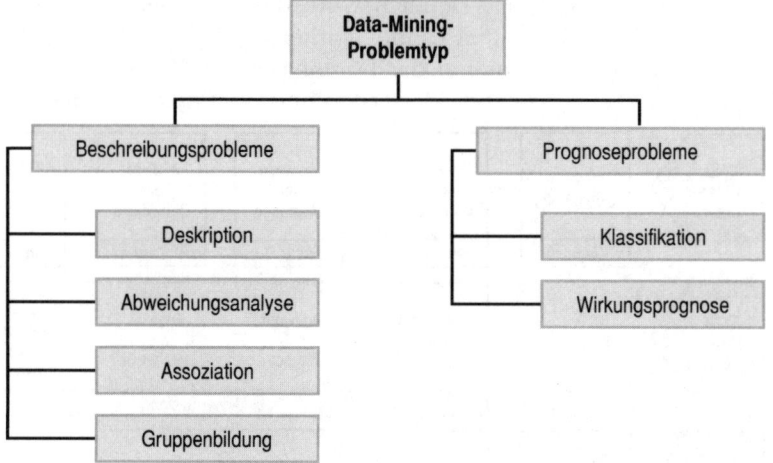

Abb. 3.18: Problemtypen im Data Mining

- **Deskription**

Das Ziel der Deskription ist die Beschreibung interessanter, aber noch nicht unmittelbar handlungsrelevanter Strukturen auf Basis deskriptiver statistischer Methoden oder Visualisierungsmethoden. Sie kommt vor allem im Rahmen der explorativen Datenanalyse zum Einsatz.

- **Abweichungsanalyse**

Im Mittelpunkt der Abweichungsanalyse stehen untypische oder fehlerhafte Werte, die durch die Verwendung eines Data-Mining-Modells erkannt werden. In der Praxis werden auf diese Weise z. B. Fälle von Kreditkartenmissbrauch identifiziert, wobei als potenzielle Kriterien außergewöhnlich hohe Summen oder atypische Zahlungsorte herangezogen werden können.

- **Assoziation**

Die Assoziation dient der Identifikation von Abhängigkeiten zwischen Objekten oder Attributen. Ein klassisches Beispiel hierfür sind Warenkorbanalysen auf Basis von Bondaten, durch die häufig gemeinsam gekaufte Waren identifiziert werden können. Als Data-Mining-Methoden können die Korrelationsanalyse und die Assoziationsanalyse eingesetzt werden.

- **Gruppenbildung**

Die Gruppenbildung wird oft auch als Segmentierung bezeichnet und dient der Identifizierung von sog. Clustern gleichartiger Objekte (wie z. B. Kunden) auf Basis von Ähnlichkeitsmerkmalen. Die Objekte innerhalb eines Cluster sollten möglichst homogen und die Objekte unterschiedlicher Cluster möglichst heterogen sein. Die Eigenschaften eines Clusters und die Merkmale, über die sich die Ähnlichkeit abgrenzen lässt, stehen im Vorfeld nicht fest. Als Data-Mining-Methoden sind die Clusteranalyse und künstliche neuronale Netzwerke in Betracht zu ziehen.

- **Klassifikation**

Bei der Klassifikation stehen bereits Klassen mit bestimmten Eigenschaften, den sog. abhängigen Zielgrößen, im Vorfeld fest. Das Ziel ist die automatische Zuordnung weiterer Daten zu den existierenden Klassen durch eine Auswertung der unabhängigen Merkmale. In der Praxis wird die Klassifikation z. B. für eine Bonitätsanalyse bei der Kreditvergabe verwendet. Die abhängige Zielgröße ist dabei die Bonität (kreditwürdig oder nicht), während die unabhängigen Merkmale demographischer oder soziographischer Art sein können (z. B. Alter, Einkommen, Berufsgruppe etc.).

Mögliche Methoden sind die logistische Regressionsanalyse, Klassifikationsbäume, künstliche neuronale Netze und genetische Algorithmen.

- **Wirkungsprognose**

Bei der Wirkungsprognose wird auf Basis existierender Daten auf ein unbekanntes (zukünftiges, gegenwärtiges oder historisches Merkmal) geschlossen. So kann z. B. das Auftragsvolumen von Kunden auf Basis ihrer Kaufhistorie, der entsprechenden Branche und der allgemeinen Konjunkturdaten prognostiziert werden und somit als Grundlage für die eigene Kapazitätsplanung dienen. Passende Data-Mining-Methoden hierfür sind z. B. Regressionsanalysen, künstliche neuronale Netze, Box-Jenkins-Methoden oder genetische Algorithmen.

3.1.7   Berichtssysteme

Definition Bericht

Im betrieblichen Kontext wird unter einem Bericht (*report*) ein Überblick betriebswirtschaftlicher Sachverhalte zu einem abgegrenzten Verantwortungsbereich in aufbereiteter Form verstanden. Die Aufbereitung geschieht dabei in der Regel durch die Visualisierung von Sachzusammenhängen in Diagrammen, um die Aufnahme der Information durch den Empfänger zu verbessern.

Die Erzeugung und Bereitstellung von Berichten wird unter dem Begriff des *betrieblichen Berichtswesens* zusammengefasst (Horváth 2003, S. 606). Eine gängige Unterteilung orientiert sich an den Adressaten der Berichte. Im Rahmen des *externen Rechnungswesens* (*Financial Accounting*) ist das Berichtswesen vor allem für börsennotierte Unternehmen wichtig und publiziert in periodischen Abständen die von den Kapitalmärkten geforderten Jahres- und Quartalsberichte. Im Folgenden wird lediglich das *interne Berichtswesen* als Teilbereich des internen Rechnungswesens (*Management Accounting*) betrachtet, dessen Aufgabe die Versorgung des Managements mit steuerungsrelevanten Informationen zu deren Arbeitsbereichen ist.

Klassifizierung betrieblicher Berichtssysteme

Das betriebliche Berichtswesen setzt sich aus mehreren Prozessen zusammen, die in unterschiedlicher Art und Weise von BI-Werkzeugen unterstützt werden (vgl. Abb. 3.19).

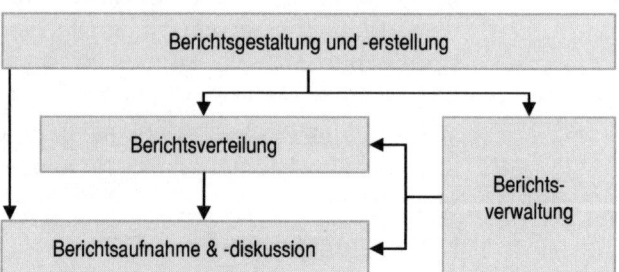

Abb. 3.19: Prozesse des betrieblichen Berichtswesens (modifiziert übernommen aus Leßweng 2003, S. 336)

Im Rahmen der *Berichtsgestaltung* werden das Layout und die empfängerorientierten Inhalte eines Berichts festgelegt. Diese werden bei der *Erstellung* mit den zeitpunkt- oder periodenbezogenen Daten ausgefüllt und zu dem letztendlichen Bericht zusammengefasst.

Das Ergebnis wird an den jeweiligen Empfänger *verteilt* und falls notwendig durch zusätzliche erläuternde Maßnahmen präsentiert. Die einmal verfügbaren Berichte werden für eine spätere Nutzung in der *Berichtsverwaltung* aufgenommen und katalogisiert. Der jeweilige Adressat kann somit direkt nach der Generierung oder auch nachträglich den Bericht einsehen und die Informationen entsprechend *aufnehmen*. Bei Bedarf kann sich daran eine *Diskussion* der Inhalte oder Ergebnisse mit Experten aus dem berichteten Fachgebiet anschließen (Leßweng 2003, S. 337).

Klassifizierung Die Berichtssysteme bieten von allen vorgestellten Analysesystemen die größte Erscheinungsvielfalt. Gluchowski unterscheidet in einer ersten Grobklassifikation die aktiven und passiven Berichtssysteme (vgl. Abb. 3.20).

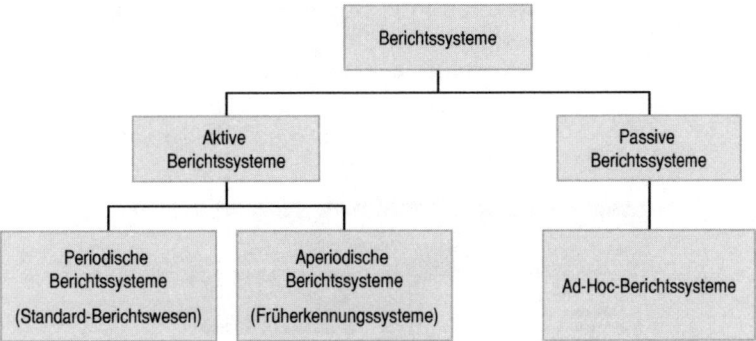

Abb. 3.20: Klassifizierung der Berichtssysteme (in Anlehnung an Gluchowski 1998, S. 1178)

Als primäres Unterscheidungskriterium gilt der Auslöser für die Generierung eines Berichts. *Aktive Berichtssysteme* erstellen nach einer einmaligen Spezifikation der Berichtsinhalte und -formate selbstständig die Berichte nach einem festen Muster und stellen sie den Adressaten zu. Dies kann je nach Zeitbezug in zwei Ausprägungen geschehen.

Periodische Berichtssysteme *Periodische Berichtssysteme* generieren in festen Zeitabständen – in der Regel monatlich – die Berichte. Als älteste und etablierteste Form werden sie auch unter dem Begriff des *Standard-Berichtswesens* zusammengefasst.

Aperiodische Berichtssysteme In Ergänzung hierzu kommen *aperiodische Berichtssysteme* zum Einsatz, die bei Überschreitung von Grenzwerten automatisch eine Benachrichtigung generieren. Damit ist gewährleistet, dass wichtige Ereignisse, die ansonsten innerhalb des festen Zeitintervalls des Standard-Berichtswesens unberücksichtigt geblieben wären, zeitnah erkannt werden. Berichtssysteme dieser Art werden vor allem für die betriebliche *Früherkennung* zur Identifikation von strategischen Potenzialen und Gefahren eingesetzt (Schöder/Schiffer 2001).

Passive Berichtssysteme generieren nicht selbstständig Berichte, sondern nur auf konkrete Anforderung eines Benutzers hin. Mit Hilfe solcher *Ad-hoc-Berichtssysteme* werden individuelle und bedarfsspezifische Berichte generiert. Für die Zusammenstellung der Informationen und des Layouts werden beim Anwender umfassendere IT-Kenntnisse benötigt. Ad-hoc-Berichtssysteme werden in der Praxis auch oft mit OLAP-Werkzeugen umgesetzt.

Interaktive Reporting-Plattformen

Während die frühen Berichtssysteme in den 70er Jahren oft Individualentwicklungen waren, stehen heute für die konkrete Ausgestaltung vielfältige Entwicklungswerkzeuge zur Verfügung. Die umfassendste Form sind *Reporting-Plattformen*, die alle Prozesse unterstützen und eine Vereinheitlichung des Berichtswesens ermöglichen.

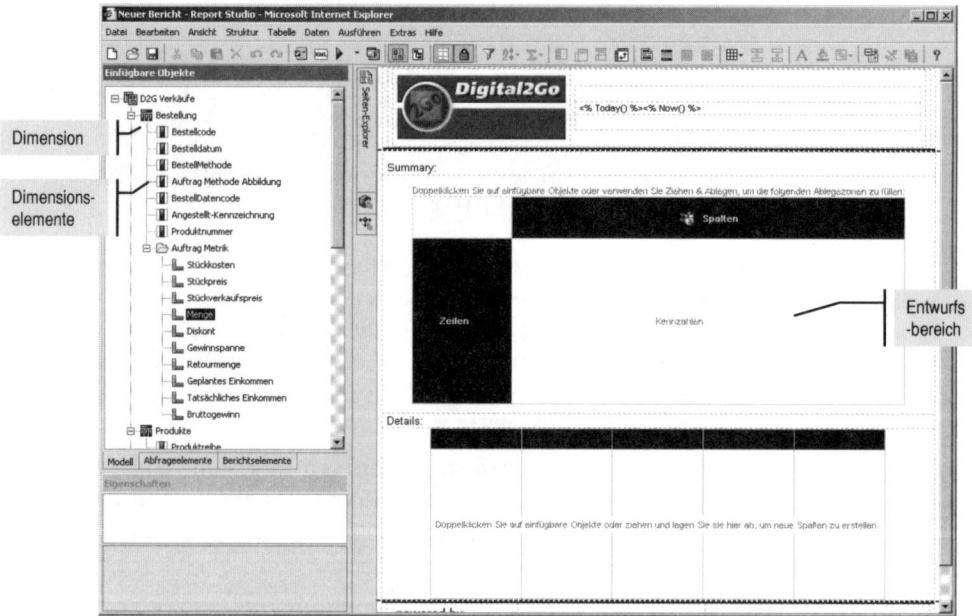

Abb. 3.21: Reportgenerator der Firma Cognos™

Für die *Berichtsgestaltung* wird eine Entwurfsumgebung angeboten, in der auch Endbenutzer intuitiv Berichte mit hohen inhaltlichen und grafischen Anforderungen erstellen können. Zu diesem Zweck können per Drag-and-drop-Technik abstrakte Schablonen erstellt werden. Die Datenauswahl erfolgt über OLAP-Operatoren oder freie Datenrecherchen (vgl. Kapitel 3.1.4). Darüber hinaus können Texte, Grafiken, Daten aus operativen Systemen und multimediale Elemente ergänzt werden. Ein Beispiel eines Berichtsgenerators der Firma Cognos™ ist in Abb. 3.21 dargestellt.

Das konkrete Berichtsergebnis bei der *Erstellung* ergibt sich aus der Befüllung der Schablone aus der dispositiven Datenhaltung. Neben periodischen, aperiodischen und Ad-hoc-Berichten können auch interaktive Berichte generiert werden. Diese Sonderform ermöglicht online die Auswahl einzelner Parameter, wie beispielsweise die Selektion einer Filiale, um einen Detailbericht zu generieren. Somit können noch zur Laufzeit Berichtsdetails angepasst werden. Darüber hinaus werden alle gängigen strukturierten Formate unterstützt (wie z. B. XML). Abb. 3.22 zeigt einen generierten Bericht.

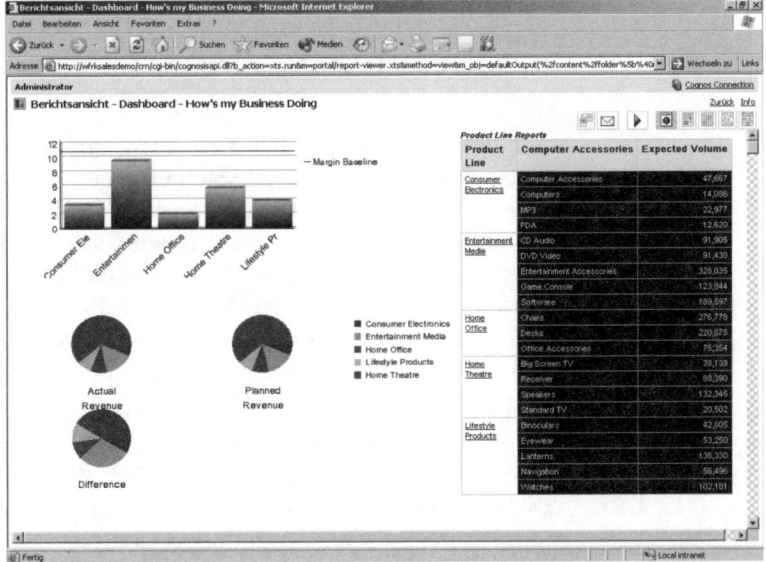

Abb. 3.22: Generierter Bericht unter Verwendung von Werkzeugen der Firma Cognos™

Für die *Berichtsverteilung, Berichtsdiskussion* und *Berichtsverwaltung* ist das Intranet die primäre Kommunikationsplattform. Mit Hilfe dieser Technologie werden beispielsweise Push-Ansätze der Berichtsverteilung per E-Mail umgesetzt, führungsorientierte Weiterverarbeitungsmöglichkeiten – wie etwa Kommentierung,

Wiedervorlage und Weiterleitung – eingebunden und portalba-
sierte Verwaltungssysteme umgesetzt (vgl. auch die Einbindung
in das BI-Portal in Kapitel 3.3.2).

MIS und EIS

Das Management benötigt zur erfolgreichen Führung einer Unternehmung sowohl unternehmensinterne als auch -externe Informationen, deren adäquate Präsentation mit Hilfe von Berichten ermöglicht wird. Wie oben beschrieben, kommen für diese
Zwecke verschiedene Werkzeuge oder Plattformen zum Einsatz.
Versierte Power-User können diese Instrumente selbstständig
und eigenverantwortlich einsetzen. Die meisten Mitarbeiter erwarten jedoch spezifisch entwickelte, komfortable Zugangssysteme, die es Endbenutzern erlauben, die generierten Berichte
eines Anwendungsbereiches auf einfache Weise aufzurufen, zu
erweitern oder auszudrucken.

In der Praxis werden die Systeme häufig mit Bezeichnungen
belegt, aus denen ihre jeweilige Verwendung deutlich wird. *VIS*
für *Vertriebs-Informations-System* oder *ISOM* für *Informationssysteme Oberes Management* (Bayer AG) sollen hier nur als Beispiele dienen.

In der Wissenschaft hat sich auch für diese Kategorie von IT-
basierten Unterstützungssystemen kein einheitlicher Oberbegriff
etablieren können. Einige Autoren fassen beispielsweise diese
Systeme als *Data Support Systems* zusammen (Mertens/Griese
2002, S. 12). Geläufiger – aber ebenfalls nicht außerhalb der
Kritik – sind die im vorliegenden Buch verwendeten Begriffe
Management Information Systems (MIS) und
Executive Information Systems (EIS).

*Management
Information
Systems*
Die Wurzeln des Begriffs *Management Information Systems* reichen bis in die 60er Jahre zurück. MIS verstand sich damals als
total-integrierter Gesamtansatz der Managementunterstützung,
scheiterte jedoch schnell aufgrund von technischen Restriktionen
und unrealistischen Annahmen über die Steuerungsmöglichkei-
ten von Unternehmen. Im amerikanischen Raum etablierte sich
der Begriff daraufhin als Sammelbegriff für alle partiellen IT-
Systeme zur Unterstützung des Managements (Laudon/Laudon
2004, S. 16).

Im deutschsprachigen Bereich setzte sich eine engere, hier präferierte Abgrenzung durch. MIS werden hierbei als berichtsorientierte Analysesysteme verstanden, die sich primär interner, operativer Daten bedienen und vor allem auf die Planung, Steuerung

und Kontrolle der operativen Wertschöpfungskette ausgerichtet sind. Die Benutzergruppen sind daher insbesondere das Middle- und Lower-Management.

Executive Information Systems

Die Executive Information Systems (EIS), im Deutschen auch als Führungsinformationssysteme (FIS) bekannt, besitzen eine konsequente Ausrichtung auf das Top-Management. Ein EIS kann definiert werden als ein „unternehmensspezifisches und bereichsübergreifendes [...] integratives und dynamisches Informationssystem zur informationellen Unterstützung der obersten Managementebene, das über ein großes Maß an Flexibilität und einen hohen Bedienungskomfort verfügt" (Ballensiefen 2000, S. 54).

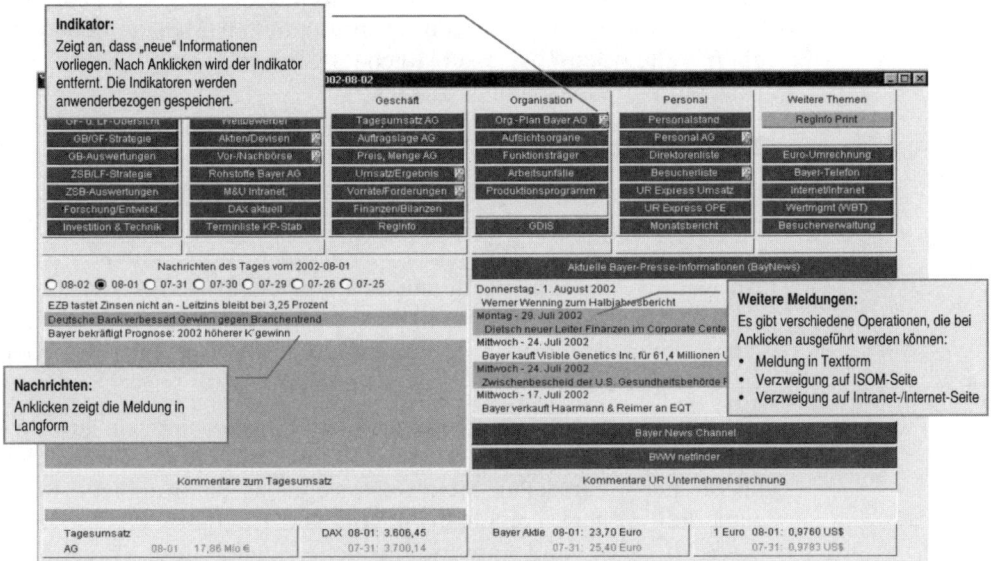

Abb. 3.23: ISOM-Startseite (Bayer AG, modifiziert übernommen aus Kaiser 2002, S. 123)

Moderne MIS und EIS ähneln sich häufig im äußeren Erscheinungsbild, also in der Form der Präsentation und der Benutzungsoberfläche. In Abgrenzung zum MIS präsentieren EIS jedoch primär hoch verdichtete, steuerungsrelevante interne Daten sowie unternehmensexterne Informationen, wobei auch unstrukturierte Informationen – sog. weiche Informationen – integrierbar sein sollten. Abb. 3.23 verdeutlicht die Benutzeroberfläche eines Informationssystems für das obere Management – ISOM – der Firma Bayer.

3.1.8 Konzeptorientierte Systeme

Konzeptorientierte Systeme unterscheiden sich zu den o. a. generischen Basissystemen insbesondere durch die IT-basierte Umsetzung eines umfangreicheren, betriebswirtschaftlichen Verfahrens. Sie sind demnach implementierungsfähige, sinnvoll konstruierte Standardlösungen, die sich durchaus in weiten Teilen der beschriebenen Basissysteme bedienen können. Wie auch Standardlösungen in operativen Kontexten – z. B. in den ERP-Systemen – sind sie jedoch stets unternehmensindividuell anzupassen, also auf die konkreten Anforderungen der Organisationen auszurichten (*customization*).

Im Folgenden werden mit der Balanced Scorecard, der Planung, der Konsolidierung und dem wertorientierten Management vier anerkannte betriebswirtschaftliche Konzepte und deren IT-Unterstützung beispielhaft diskutiert.

Balanced Scorecard

Seit der ersten Veröffentlichung 1992 durch Kaplan und Norton hat sich die Balanced Scorecard (BSC) zu einem etablierten Managementkonzept entwickelt (Kaplan/Norton 1992; Kaplan/Norton 2001). In der heutigen Form dient die BSC der Operationalisierung der Unternehmensstrategie durch eine systematische Erarbeitung, Kommunikation und Kontrolle der Unternehmensziele.

Um eine ausgeglichene Steuerung der Organisation zu gewährleisten, werden mehrere Blickwinkel berücksichtigt. Neben der klassischen finanziellen Sichtweise sieht das ursprüngliche Konzept drei weitere Perspektiven vor: Die Kunden-, die Prozesssowie die Lern- und Entwicklungsperspektive. Diese Vorgabe ist allerdings nur als bewährtes Basisgerüst zu verstehen und kann durch unternehmensindividuelle Perspektiven ergänzt oder ersetzt werden.

Für jede der Perspektiven werden strategische Ziele definiert. Jedes Ziel wird mit mindestens einer Kennzahl versehen, die als Indikator für die Zielerreichung gilt. Um eine Kontrolle zu ermöglichen, werden Vorgaben für Zielwerte der Kennzahlen festgelegt. Für die Erreichung der Ziele werden konkrete Maßnahmen definiert und in die BSC aufgenommen. Die Abb. 3.24 zeigt die Grundidee der Balanced Scorecard.

Strategy Maps   Um eine anschauliche Beschreibung der Strategie zu ermöglichen, werden die mutmaßlichen Ursache-Wirkungs-Beziehungen zwischen den Zielen grafisch abgebildet. Diese „Strategy Maps" sind demnach nicht als mathematische Abbildung der Zusammenhänge gedacht, sondern haben ihren Fokus auf der Schaffung eines gemeinsamen Verständnisses der Strategie (Kaplan/Norton 2004).

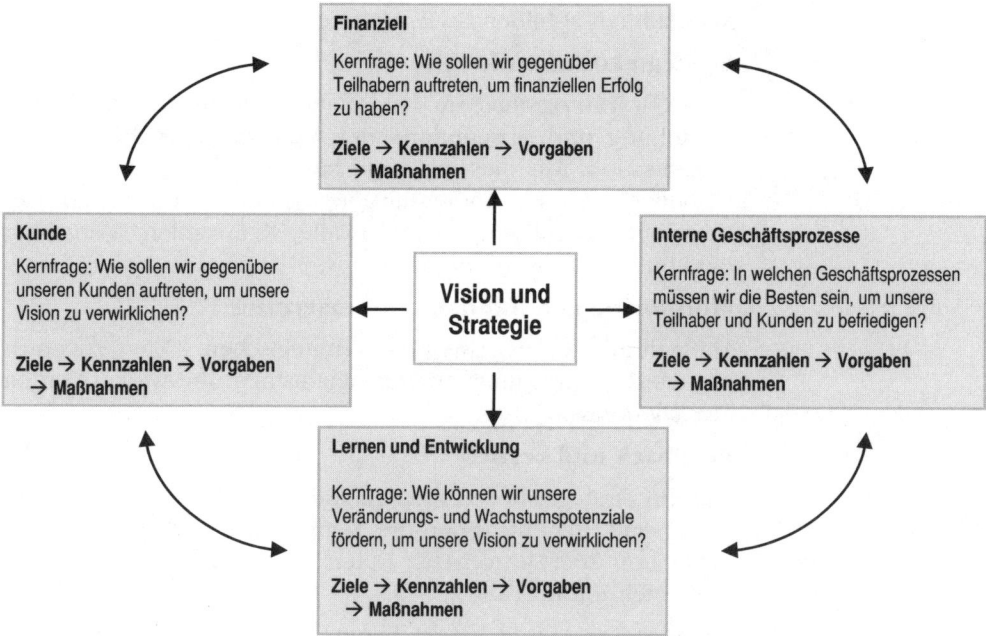

Abb. 3.24: Perspektiven der Balanced Scorecard (modifiziert übernommen aus Kaplan/Norton 1996, S. 76)

BSC-Hierarchie (Kaskade)

Eine unternehmensweite Balanced Scorecard wird in der Regel Top-Down auf nachgelagerte Organisationseinheiten übertragen, so dass eine BSC-Kaskade entsteht. Neben dieser hierarchischen Verknüpfung werden auch Funktionsbereiche wie das Personalwesen (Grötzinger/Uepping 2001) und die IT (Bernhard/Blomer 2002) über eigene BSCs in das Managementsystem eingebunden.

Spezielle BSC-Software vs. Eigenentwicklung

Selbstverständlich lässt sich der BSC-Ansatz mit Hilfe unternehmensspezifischer Eigenentwicklungen auf Basis von allgemeinen BI-Werkzeugen (z. B. Wehrle/Heinzelmann 2004) erarbeiten, meist wird jedoch die Nutzung spezieller BSC-Software (Marr/Neely 2003; Bange et al. 2004) präferiert.

Die Balanced Scorecard Collaborative, eine Initiative der BSC-Erfinder Kaplan und Norton, bietet für die letzte Kategorie eine

Zertifizierung an, die bestimmte funktionale Mindeststandards voraussetzt (BSCol 2000):

1. Balanced Scorecard Design

Das Werkzeug kann die Grundlogik einer BSC mit ihren Perspektiven, strategischen Zielen, Kennzahlen, Vorgaben (Zielwerten), Ursache-Wirkungs-Beziehungen und strategischen Maßnahmen abbilden (z. B. Meier et al. 2003, S. 115 ff.).

2. Strategiekommunikation

Eine der Hauptaufgaben der Balanced Scorecard ist die Beschreibung und Abstimmung der Strategie über die gesamte Organisation. Aus diesem Grund muss werkzeugseitig die Dokumentation und Kommunikation einer ausführlichen Beschreibung der BSC-Elemente (Ziele, Kennzahlen, Vorgaben, etc.) unterstützt werden.

3. Monitoring der Maßnahmenumsetzung

Maßnahmen können mehreren strategischen Zielen zugeordnet werden und durch Warnmechanismen überwacht werden (*Exception Reporting*).

4. Feedback und Lernen

Um ein strategisches Lernen für den Entscheider zu ermöglichen, sind Berichte über die Kennzahlen und Analysemöglichkeiten über historische Daten zur Verfügung zu stellen (vgl. auch Kapitel 3.1.7).

Ein weiterer Aspekt ist ein benutzerbestimmtes *Color Coding* mit der Möglichkeit einer Kommentierung. Damit kann ein Manager eine Abweichung, die durch eine einmalige Ausnahmesituation bedingt ist, im Status korrigieren und somit eine fälschliche Interpretation vermeiden (Kemper 1999, S. 245). Um eine schnelle Aufnahme des Status zu ermöglichen, sollen die Zustände der Zielerfüllung durch Ampelfunktionen oder Piktogramme visualisiert werden.

Phasen der BSC-Erstellung

Die Rolle und der Umfang der eingesetzten Werkzeuge sind stark von der jeweiligen Phase der BSC-Einführung abhängig. Hierbei können die drei Phasen der BSC-Erstellung, BSC-Implementierung und die dauerhafte Nutzung der BSC als Managementsystem unterschieden werden (Horváth & Partner 2004, S. 421).

Integrationsstufe: BSC-Erstellung

Im Rahmen der *BSC-Erstellung* stehen die Dokumentation der Elemente und die prinzipielle Abbildung der Balanced Scorecard im Vordergrund. Da in dieser frühen Phase lediglich ein kleiner

Benutzerkreis involviert ist, wird i. d. R. noch keine Anbindung an die Datenbereitstellungsebene benötigt.

Integrationsstufe: BSC-Implementierung

Nach erfolgreicher Erstellung folgt die Phase der *BSC-Implementierung*, in der die BSC-Nutzung im betrieblichen Ablauf etabliert wird. Hierfür wird bereits eine verteilte Anwendung benötigt, die eine *Verknüpfung mehrerer Scorecards* ermöglicht. Um die Zielerreichung überprüfen zu können, werden in periodischen Abständen die *aktuellen Werte der Kennzahlen* benötigt. Im Idealfall werden diese über einen Data Mart bezogen. Da die BSC aber auch qualitative Ziele enthält, muss die Möglichkeit der *manuellen Eingabe von Werten* gegeben sein. Die grafische Darstellung einer *Strategy Map* gehört ebenfalls zu den Anforderungen dieser Integrationsstufe.

Integrationsstufe: Etablierung der BSC als Managementsystem

In der dritten und letzten Phase steht die *dauerhafte Nutzung der BSC als Managementsystem* im Vordergrund. Hierbei ist vor allen Dingen die flächendeckende Verfügbarkeit der BSC im Unternehmen wichtig, die i. d. R. über eine Portal-Integration realisiert wird.

Planung

Planung und Budgetierung sind etablierte betriebswirtschaftliche Führungsinstrumente, mit deren Hilfe kurz- und langfristige Ziele definiert und innerhalb der Organisation koordiniert werden. Die Planung versteht sich dabei als systematische Auseinandersetzung mit der Zukunft und dient der Erfolgssicherung des Unternehmens. Dies geschieht durch die Festlegung eines Handlungsrahmens, der auf die Umsetzung der Unternehmensstrategie ausgerichtet und auf die erwartete Umwelt abgestimmt ist. Die Operationalisierung erfolgt in Budgets, die einen in Geldeinheiten bewerteten Plan aller Einnahmen und Ausgaben der voraussichtlichen Aktivitäten für eine bestimmte Organisationseinheit und einen definierten Zeitraum darstellen.

Planungshorizonte

Die Unternehmensplanung lässt sich über mehrere Kriterien differenzieren (z. B. Horváth 2003, S. 187 f.), wobei die geläufigste Unterscheidung die Aufteilung nach *Planungshorizonten* in strategische, taktische und operative Planung ist. Im Rahmen der *strategischen Planung* wird die grundsätzliche Ausrichtung des Unternehmens festgelegt und ein Zeithorizont von mehr als fünf Jahren betrachtet (Bea/Haas 2001, S. 49 ff.). Die *taktische Planung* erarbeitet konkrete operationale Ziele für das Gesamtunternehmen und legt Ressourcen und Maßnahmen zur Zielerreichung in den nächsten zwei bis fünf Jahren fest. Die *operative*

Planung fokussiert den Zeitraum bis zu einem Jahr und beschäftigt sich mit der konkreten quantitativen Planung der wertschöpfenden Prozesse.

Planungsarten

Jeder dieser Planungshorizonte besteht aus mehreren Detailplanungen, die als *Planungsarten* bezeichnet werden (Hahn/Hungenberg 2001, S. 360 ff.; S. 462 ff.). Die operative Planung orientiert sich dabei an den Funktionsbereichen und führt beispielsweise eine Absatzplanung für das Marketing und den Vertrieb oder eine Beschaffungsplanung für den Einkauf durch (Mertens et al. 2003a, S. 297 ff.).

Planungsebenen

Je nach Planungsart können einzelne *Planungsebenen* unterschieden werden. Bei einer Bilanzplanung im Konzern werden z. B. Planungen über die Ebenen der Gesellschaften, Geschäftsbereiche und des Gesamtunternehmens durchgeführt. Eine Absatzplanung hingegen kann über Sparten, Produktgruppen oder einzelne Produkte erstellt werden.

Metaplanung

Im Rahmen der *Metaplanung* werden unternehmensindividuell die einzelnen Planungshorizonte, -arten und -ebenen inklusive deren Interdependenzen in Form einer Planungsstruktur festgelegt. Dadurch ergibt sich für jedes Unternehmen ein individuelles *Planungssystem*, das aus miteinander vernetzten Teilplanungen besteht. So gehen beispielsweise die Umsatz-, Erfolgs- und Investitionsplanungen in die langfristige Finanzplanung ein (Reichmann 2001, S. 259).

Standardwerkzeuge & Planungsplattformen

Planungswerkzeuge haben die Aufgabe, das Planungssystem abzubilden und die Prozesse zur Planungsdurchführung zu unterstützen. Je nach Ausrichtung und Leistungsumfang können sie in Standardwerkzeuge und Planungsplattformen unterschieden werden (Dahnken et al. 2002, S. 54 ff.). *Standardwerkzeuge* sind hochgradig normiert und werden bereits mit konkreten Planungsvorlagen ausgeliefert. Dadurch können sie schnell im Unternehmen eingesetzt werden, sind aber in ihrer Flexibilität eingeschränkt. *Planungsplattformen* hingegen bieten eine offene Entwicklungsumgebung für komplexe unternehmensindividuelle Planungsmodelle. Klassische Planungsarten werden als Vorlage zur Verfügung gestellt, können aber beliebig angepasst und ergänzt werden (Meier et al. 2003, S. 90 ff.).

Funktionsumfang

Der Funktionsumfang von Planungswerkzeugen kann je nach Produktphilosophie sehr unterschiedlich ausfallen. Basisfunktionalitäten sind die *Erfassung und Speicherung der Planungsdaten*, die Unterstützung durch *Planungsfunktionen*, eine *Integration und Abgleichen der Teilpläne* und die Unterstützung des *Pla-*

nungsprozesses bei verteilter Planung. Darüber hinaus können *Simulationen* die Planungserstellung unterstützen.

Erfassung und Speicherung der Planungsdaten

Wichtige Grundlage für die Planung ist die *Erfassung und Speicherung der Plandaten.* Hierzu kommen in aller Regel Benutzungsoberflächen zum Einsatz, die sich an gängigen Tabellenkalkulationsprogrammen wie MS-Excel™ orientieren oder auf ihnen aufbauen. Alternativ bietet sich bei einer verteilten Planung – z. B. in einem Konzern – die Nutzung einer webbasierten Oberfläche an. Die Speicherung erfolgt in der Datenbereitstellungsebene je nach Umfang der Planungsanwendung in einem Data Mart, DWH oder ODS.

Planungsfunktionen

Planungsfunktionen sind allgemeine Verfahren zur Eingabe, Änderung und Generierung von Plandaten. Beispielsweise können durch eine *Kopierfunktion* Plan-Werte als Vorlage für Ist-Werte übertragen werden oder durch eine *Prognosefunktion* aus den Ist-Zahlen der Vorperiode eine Vorlage für die Plan-Zahlen der aktuellen Periode erstellt werden (Meier et al. 2003, S. 100 f.).

Integration und Abgleichen der Teilpläne

Nachdem die Daten der einzelnen Teilpläne erfasst wurden, erfolgt eine *Integration* der Ergebnisse. Durch den *Abgleich* der Daten werden Inkonsistenzen und Widersprüche aufgedeckt, die zu einer Korrektur einzelner Teilpläne führen können. Damit wird gewährleistet, dass die Gesamtunternehmensziele erreichbar sind und jede Detailplanung darauf abgestimmt ist.

Bei Teilplanungen, die zentral durchgeführt werden, kann eine Konsistenzprüfung bereits bei der Dateneingabe durchgeführt werden. Bei mehrstufigen Planungen mit mehreren Planern kann ein Abgleich erst am Ende der Planungsrunde durchgeführt werden und kann somit in einem neuen Planungsdurchlauf resultieren.

Planungsprozess

Die Durchführung der Planung orientiert sich an einem *Planungsprozess* (Dahnken et al. 2002, S. 8 ff.; Horváth 2003, S. 175 ff.). Die *Planungsrichtung* kann vom Top-Management ausgehen (top-down) oder sich an der Zusammenführung der Teilpläne der untergeordneten Einheiten orientieren (bottom-up). In der Praxis ist vor allem die Kombination beider Ansätze im Gegenstrom-Verfahren gängig, wobei im Dialog die endgültigen Zahlen in mehreren Planungszyklen ausgehandelt werden (Horváth 2003, S. 198 f.). Bei solch umfangreichen Planungen unterstützen Planungswerkzeuge die Koordination innerhalb der einzelnen Phasen der Datenerfassung, Validierung und Integration durch eine Überwachung des Bearbeitungsfortschritts. Hierbei kommen

z. B. Status- und Trackingsysteme mit automatischen Benachrichtigungen zum Einsatz (Meier et al. 2003, S. 104 f.).

Simulation

Um die Ziel- und Entscheidungsfindung im Rahmen der Planung zu verbessern, können verschiedene Arten der *Simulation* eingesetzt werden (Mertens et al. 2003b). Unter Annahme bestimmter Wirkungszusammenhänge werden einzelne Faktoren und deren Auswirkungen auf Planungswerte durchgerechnet. Im Rahmen von *statischen Simulationen* werden vor allem What-if- und How-to-achieve-Simulationen unterschieden. Bei der ersten Fragestellung steht die Auswirkung eines Ereignisses oder einer Maßnahme im Vordergrund, während die zweite Fragestellung sich mit der Erreichung eines Ziels beschäftigt. Für *komplexe dynamische Simulationen* existieren weitergehende Ansätze wie z. B. *Systems Dynamics* (Sterman 2000).

Konsolidierung

Ein Konzern fasst mehrere abhängige Unternehmen unter einer einheitlichen Leitung zusammen. Um einen wahrheitsgemäßen Überblick der Vermögens-, Finanz- und Ertragslage des Konzerns zu gewährleisten, werden umfangreiche gesetzliche Anforderungen an einen Konzernabschluss gestellt. Im Rahmen der Konsolidierung werden die Abschlüsse der Konzernunternehmen verdichtet und konzerninterne Vorgänge aufgerechnet. Zur Vermeidung von Doppelzählungen werden eine Kapital-, Schulden- und Aufwands- und Ertragskonsolidierung sowie eine Zwischenergebniseliminierung durchgeführt (Wöhe/Döring 2002, S. 1022 ff.). Das Resultat ist ein bereinigter Konzernabschluss, der aus Bilanz, Gewinn- und Verlustrechnung (GuV) und Anhang besteht. Ist ein Konzern international an mehreren Börsen gelistet, ist in aller Regel die Erstellung mehrerer Konzernabschlüsse nach verschiedenen Rechnungslegungsstandards erforderlich. Neben dem deutschen Handelsgesetzbuch (HGB) spielen vor allem die „International Accounting Standards/International Financial Reporting Standards" (IAS/IFRS, ab 2005 für alle börsennotierten europäischen Unternehmen verpflichtend) und die U.S. Generally Accepted Accounting Principles (US-GAAP, U.S.A.) eine wichtige Rolle.

Neben der gesetzlichen Konsolidierung kann auch eine Managementkonsolidierung durchgeführt werden, deren Aufgabe die Aggregation von steuerungsrelevanten Informationen ist.

Konzeptorientierte BI-Systeme unterstützen meist sowohl die gesetzliche als auch die Managementkonsolidierung, wobei

– wie auch bei der BSC – nicht Eigenentwicklungen dominieren, sondern primär am Markt erwerbbare Standardwerkzeuge zum Einsatz kommen (Dahnken et al. 2003).

Hierbei müssen die Werkzeuge insbesondere die folgenden Phasen der Konsolidierungsprozesse wirksam unterstützen können (Meier et al. 2003, S. 107 ff.):

1. Modellierung der Konsolidierungsstrukturen

Die Grundlage für die Konsolidierung bildet die Abgrenzung der einzubeziehenden Unternehmen in einem Konsolidierungskreis. Hierbei ist es wichtig, vor allem die Beteiligungsstrukturen korrekt abzubilden.

2. Erfassung, Monitoring und Aufbereitung der Meldedaten

Ein bedeutsamer Bestandteil von Konsolidierungssystemen ist die Strukturierung und Organisation des Meldeprozesses der Abschlussdaten der Konzernunternehmen. Das *Monitoring* des Status ermöglicht eine schnellere Reaktion auf verspätete Meldungen. Durch eine *Währungsumrechnung* kann die Umstellung auf Konzernwährung automatisch vorgenommen werden. Ebenso kann die Datenqualität durch die automatische Anwendung von *Validierungen* verbessert werden, in dem die Daten auf Plausibilität und Konsistenz überprüft werden.

3. Konsolidierung der Meldedaten

Nachdem alle Meldedaten bereinigt vorliegen, findet die eigentliche Konsolidierung im engeren Sinne statt. Darunter fallen Maßnahmen wie die Kapitalkonsolidierung, die Schuldenkonsolidierung und die Zwischenergebniseliminierung.

Wertorientiertes Management

Im wertorientierten Management (*Value Based Management, VBM*) steht eine Harmonisierung von Unternehmenssicht und Kapitalmarktsicht im Vordergrund. Die klassischen Kennzahlen zur Steuerung eines Unternehmens, wie z. B. Umsatzrentabilität oder Return on Investment, berücksichtigen nicht in ausreichendem Maße die Interessen der Anteilseigner eines Unternehmens. So kann die durchaus paradoxe Situation entstehen, dass in der Bilanz faktisch ein Gewinn ausgewiesen wird, nach Berücksichtigung der Kapitalkosten (im Sinne von Opportunitätskosten) aber keine Mindestrendite erwirtschaftet wurde. Diesen Sachverhalt illustrieren Copeland et al. 2002 in einer Gegenüberstellung der Sichtweisen des Managements und der Eigentümer bzw. Investoren (vgl. Abb. 3.25).

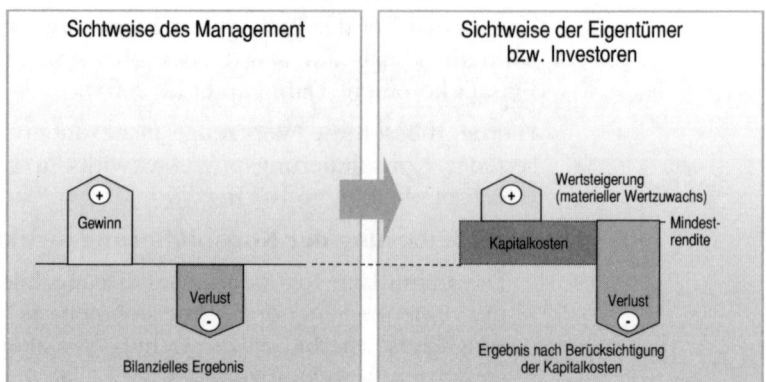

Abb. 3.25: Berücksichtung der Kapitalkosten (Copeland et al. 2002, S. 15)

Um diesen Missstand zu beheben, propagiert der Ansatz des „Shareholder Value" eine Unternehmenssteuerung, welche die Anforderungen der Anteilseigner berücksichtigt (Rappaport 1999). Als Grundlage hierfür dient die Berechnung eines Unternehmenswertes auf Basis von speziellen Kennzahlen:

- Discounted Cash Flow (DCF, Rappaport 1999)
- Economic Value Added™ (EVA™, Stewart 1999)
- Cash Value Added (CVA) & Cashflow Return on Investment (CFROI, Stelter 1999, S. 233 f.)

Während die zugrunde liegenden Basiselemente der Kennzahlen teilweise sehr unterschiedlich sind, weisen sie jedoch Strukturähnlichkeiten auf, die ihre Abbildung in Werttreiberbäumen erlauben (vgl. Abb. 3.26). In diesen Werttreiberbäumen stellen die *generischen Werttreiber* branchen- und betriebsunabhängige Größen dar. Die *geschäftsspezifischen Werttreiber* hingegen sind unternehmensindividuelle Größen, die erhoben und harmonisiert werden müssen (Mertens/Griese 2002, S. 212).

Konzeptorientierte BI-Systeme – meist entwickelt mit entsprechenden Standardwerkzeugen – unterstützen hierbei die Definition, Darstellung und Simulation der Werttreiberbäume, wobei die benötigten Daten aus der dispositiven Datenbereitstellungsebene bezogen oder manuell eingegeben werden.

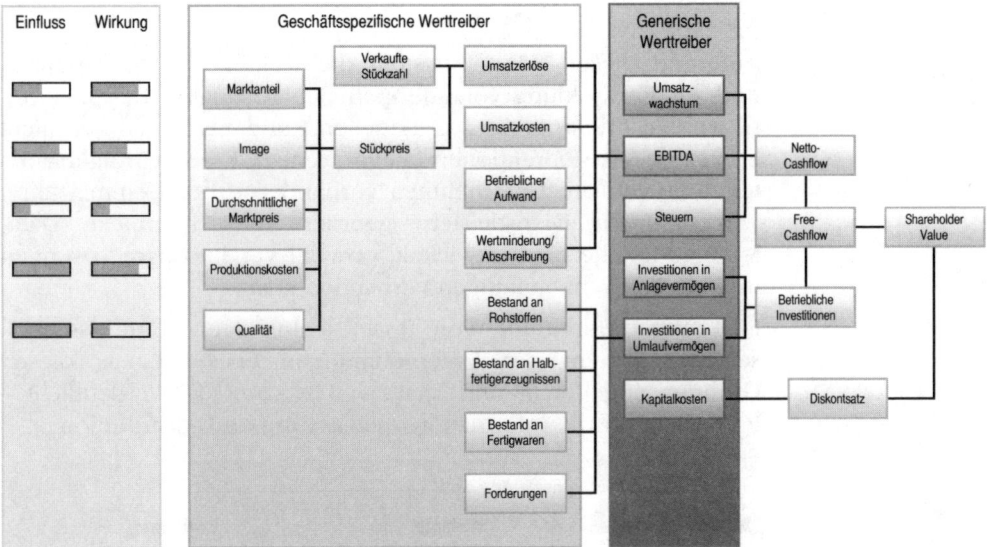

Abb. 3.26: Generische und geschäftsspezifische Wertetreiber (Meier et al. 2003, S. 22)

Das wertorientierte Management stellt einen innovativen, komplexen Ansatz dar, der sich zur Zeit in Wissenschaft und Praxis großer Aufmerksamkeit erfreut. Zur Vertiefung der Thematik sei an dieser Stelle auf die einschlägige Literatur verwiesen (Copeland et al. 2002; Rappaport 1999; Meier et al. 2003, S. 19 ff. u. 124 ff.).

3.2 Informationsspeicherung und -distribution: Wissensmanagementsysteme

Die Ergebnisse der BI-Analysen und auch die Analysemodelle selbst liefern häufig wertvolle Erkenntnisse, die in vielen Unternehmen nicht ausreichend genutzt werden. So wird in der Regel lediglich ein kleiner Teil dieser Erkenntnisse automatisch weiterverarbeitet, beispielsweise im Rahmen des Closed-Loop Data Warehousing (vgl. Kapitel 3.1.3).

Der Großteil der Analysen und der Ergebnisse hingegen wird ausschließlich von einem eingeschränkten Benutzerkreis verwendet. Zwar ist es nicht selten, dass engagierte Mitarbeiter – meist in eigener Verantwortung – Extrakte aus Analysen oder aus Modellen informell befreundeten Kollegen zur freien Verfügung überlassen, ein technisch und organisatorisch verbindliches

Rahmenwerk existiert hierfür jedoch in den wenigsten Unternehmen.

Aufgrund dieser Mängel besteht die Gefahr von Ineffizienzen und zur Entwicklung von suboptimalen Lösungen. Beispielsweise werden Erkenntnisse aus aktuellen Kundenwertanalysen nicht in weitere Vertriebsaktionen integriert, neue Kreditwürdigkeitsdaten – obwohl im Unternehmen vorhanden – noch einmal teuer von externen Dienstleistern geordert oder komplexe Data-Mining-Modelle neu entwickelt, obwohl vergleichbare Lösungen in anderen Fachabteilungen vorhanden sind.

Eine enge Anbindung von Business Intelligence an das Wissensmanagement der Unternehmungen erscheint aus diesen Gründen angebracht und bietet – wie Abb. 3.27 verdeutlicht – Potenziale für die Informationsspeicherung und -distribution.

Analyseergebnisse	Variante	Bewertung
• Standardberichte • Ad-hoc-Berichte • Segmentierungen • Assoziationsanalysen • Klassifikationen • Entscheidungsmodelle • Balanced Scorecards • Jahresabschlüsse • Kennzahlendefinitionen • ...	→ Nutzung lediglich im Analysesystem.	Nachteil: Eingeschränkter Benutzerkreis.
	→ Manuelle Weitergabe von Extrakten (z. B. PDF, MS-Excel™ oder XML).	Nachteil: Subjektive Auswahl der Adressaten, keine einheitliche Strukturierung.
	→ Nutzung von Wissensmanagementtechnologien für die Informationsspeicherung & -distribution.	Vorteil: Unternehmensweit verfügbares, qualitätsgesichertes Wissen aus dem BI-Kontext.

Abb. 3.27: Weiterverwendung der Analyseergebnisse

Im Folgenden werden daher das Wissensmanagement und dessen Integration in den BI-Kontext diskutiert. Als konkrete Umsetzung werden Content-Management-Systeme und deren Anbindung an die Analysesysteme vorgestellt.

3.2.1 Integrationspotenziale

Begriffshierarchie Für den betrieblichen Kontext ist eine differenzierte Abgrenzung der Begrifflichkeiten erforderlich. Der Wissensbegriff ist aufgrund seiner umgangssprachlichen Verwendung und der Behandlung in verschiedenen wissenschaftlichen Disziplinen ein viel diskutierter und sehr unterschiedlich definierter Begriff (z. B. Krcmar 2003, S. 14 ff.). In der Wirtschaftsinformatik kommt häufig ein Ansatz aus der Semiotik[12] zum Einsatz. Die folgende Abbildung zeigt eine Hierarchisierung der Begriffe „Zeichen", „Daten", „Informationen" und „Wissen".

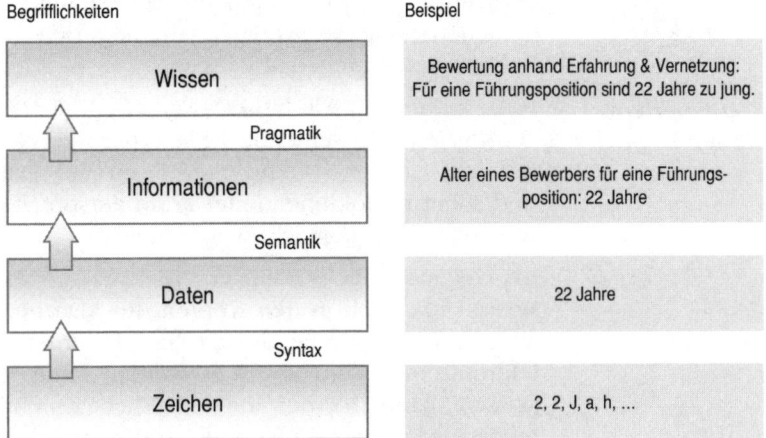

Abb. 3.28: Abgrenzung des Wissensbegriffs
(Kemper/Janke 2002, S. 3)

Definition Wissen　Wissen bildet die höchste Ebene und wird definiert als die „Gesamtheit der Kenntnisse und Fähigkeiten, die Individuen zur Lösung von Problemen einsetzen" (Probst et al. 2003, S. 46). Im Vergleich zur Information wird bei Wissen der übergeordnete Begründungszusammenhang miteinbezogen (Pragmatik). Informationen fehlt diese Eigenschaft. Sie besitzen zwar kontextabhängige Bedeutung (Semantik), fokussieren aber lediglich einzelne Aspekte eines Themenbereichs. Werden einzelne Zeichen lediglich aufgrund vorgegebener Regeln (Syntax) zusammengesetzt, spricht man von Daten.

Definition Wissensmanagement　Es liegt auf der Hand, dass Unternehmen generell daran interessiert sind, das betriebliche Wissen im Unternehmen zu dokumentieren, zu speichern und allen interessierten Mitarbeitern im Unternehmen verfügbar zu machen. In diesem Themenbereich hat

---

[12]　„Lehre von den Zeichensystemen (z. B. Verkehrszeichen, Bilderschrift, Formeln, Sprache) in ihren Beziehungen zu den dargestellten Gegenständen" (Wahrig/Wahrig-Burfeind 2002).

sich in den letzten Jahren unter dem Begriff *Wissensmanagement* (*Knowledge Management*) ein Konzept etabliert, das sich als Summe aller organisatorischen und technischen Maßnahmen zur Unterstützung der o. a. Aufgabenfelder versteht (Hansen/Neumann 2001, S. 448).

Wissensmanage-mentsysteme

Wissensmanagementsysteme liefern als technische Komponenten die IT-basierte Unterstützung für das betriebliche Wissensmanagement, wobei die konkreten Ausprägungen der Wissensmanagementsysteme maßgeblich von den unternehmensspezifischen Rahmenbedingungen abhängen.

Kodifizierbares Wissen

Insbesondere spielt hierbei der Grad der *Kodifizierbarkeit des Wissens* eine bedeutende Rolle. Hierunter wird das Wissen verstanden, das in strukturierter Form auf Datenträgern abgelegt und somit in dokumentierter Form entsprechenden Benutzerkreisen zugänglich gemacht werden kann.

Im Gegensatz zu kodifizierbarem Wissen existiert jedoch auch Wissen, das sich in den Köpfen der Mitarbeiter manifestiert und aufgrund seiner Komplexität und Unstrukturiertheit nicht in elektronischer Form abgelegt werden kann. Der Austausch von Wissen kann hierbei ausschließlich durch direkte zwischenmenschliche Kommunikation erreicht werden. Die Informationstechnologie kann hier lediglich die Suche nach geeigneten Gesprächspartnern erleichtern (z. B. mit Hilfe von Skill-Management-Systemen) bzw. den Kommunikationsprozess selbst unterstützen (z. B. mit Hilfe von Video-Konferenzsystemen).

Integration BI und Wissensma-nagement

Die Integration von Business-Intelligence-Ansätzen und Wissensmanagementkonzepten ist in der Praxis noch wenig verbreitet, findet jedoch in der Wissenschaft als innovatives Forschungsgebiet große Beachtung. Aktuelle Ansätze fokussieren neben strukturierten Daten insbesondere die Einbindung von qualitativen, semi- und unstrukturierten Inhalten, z. B. in Form von E-Mails, Dokumentationen oder Gesprächsprotokollen (Bange 2004; Becker et al. 2002; Klesse et al. 2003; Priebe/Pernul 2003).

Analysemodell und Anlyseergeb-nisse = Kodifizier-tes Wissen

Im Folgenden sollen diese Ansätze jedoch nicht weiter vertieft werden. Vielmehr stehen die *BI-Analysemodelle* und die *Ergebnisse aus diesen Analysen* im Vordergrund des hier dargestellten Integrationsansatzes. Ohne Frage stellen diese Artefakte kodifiziertes Wissen dar und sind z. B. als Modelle, Berichte oder Grafiken bereits in elektronischer Form verfügbar.

Für die Speicherung und Distribution dieser Daten kommen in Wissensmanagementkonzepten primär *Content-Management-Systeme* in Frage. Sie bilden daher im BI-Ordnungsrahmen – wie in Abb. 3.29 verdeutlicht – das Bindeglied zu einer umfassenderen Wissensmanagement-Architektur, auf deren Detaillierung in diesem Werk nicht eingegangen wird.[13]

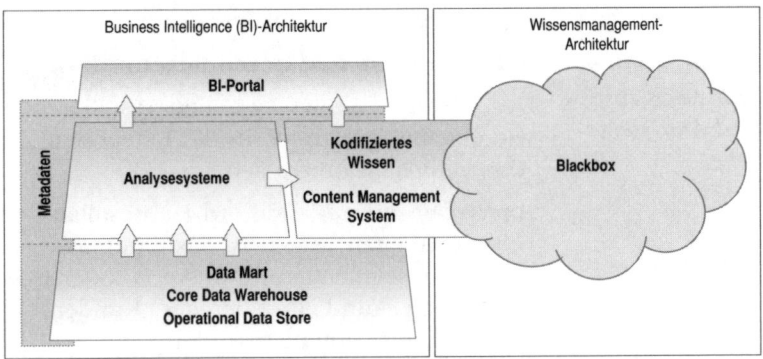

Abb. 3.29: Integration der Architekturen über Content-Management-Systeme

3.2.2 Nutzung kodifizierter BI-Wissensbestände

Content Management Systems

Content

Unter dem Begriff *Content* werden im Allgemeinen beliebige elektronische Darstellungsformen subsumiert, wie numerische Daten, Texte, Grafiken, Bilder, Audio- oder Videosequenzen.

Content Management System

Ein *Content Management System (CMS)* verwaltet demnach diese Medieninhalte, wobei für die Zwecke der Mehrfachverwendbarkeit der Beiträge eine strikte Trennung von Inhalt, Struktur und Layout erfolgt. CMS unterstützen insbesondere das Einfügen, Aktualisieren, Archivieren von Beiträgen sowie deren Aufbereitung und die inhaltliche Zusammenstellung im Verwendungsfalle. Für diese Zwecke verfügen sie u. a. über Verfahren der Versionskontrolle, der Berechtigungsvergabe sowie der Qualitätssicherung (Hansen/Neumann 2001, 452 f.).

---

[13] Zu Vertiefung des Themenbereiches Wissensmanagement sei auf die einschlägige Fachliteratur verwiesen (z. B. Maier 2002; Probst et al. 2003; Riempp 2004).

CMS-Integration

Durch den Einsatz von Content-Management-Systemen im Bereich von Business-Intelligence-Ansätzen können – wie oben erwähnt – die erarbeiteten Ergebnisse interessierten Mitarbeitern im Unternehmen zugänglich gemacht werden. Im Weiteren werden potenzielle BI-Inhalte sowie die hierfür nutzbaren Beschreibungssprachen, Aspekte der Metadatenverwaltung sowie Rollen und Berechtigungskonzepte erörtert.

Art der Inhalte: Analyseergebnisse und Analysemodelle

• **BI-Contents und deren Beschreibung**

Der aus den Analysesystemen resultierende Content lässt sich wie erwähnt prinzipiell in die Kategorien *Analyseergebnisse* und *Analysemodelle* unterteilen.

Analyseergebnisse sind die Resultate durchgeführter BI-Untersuchungen, wie z. B. das Ergebnis einer umsatzorientierten Lieferantensegmentierung in A-, B- oder C-Lieferanten oder eine Aufstellung kündigungsbereiter Kunden, die mit Hilfe einer Churn-Analyse ermittelt wurden.

Bei den *Analysemodellen* stehen hingegen nicht die Resultate, sondern die Modelle selbst im Vordergrund des Interesses. Bei den o. a. Beispielen wären demnach das Segmentierungsmodell und der Aufbau der Churn-Analyse als wertvoller Content in das CMS zu integrieren.

Analyseergebnisse und -modelle können mit Hilfe verschiedener Beschreibungsformen dokumentiert werden. Die Abb. 3.30 illustriert den Zusammenhang, wobei hier lediglich exemplarisch einige gängige standardisierte Formate aufgeführt werden.

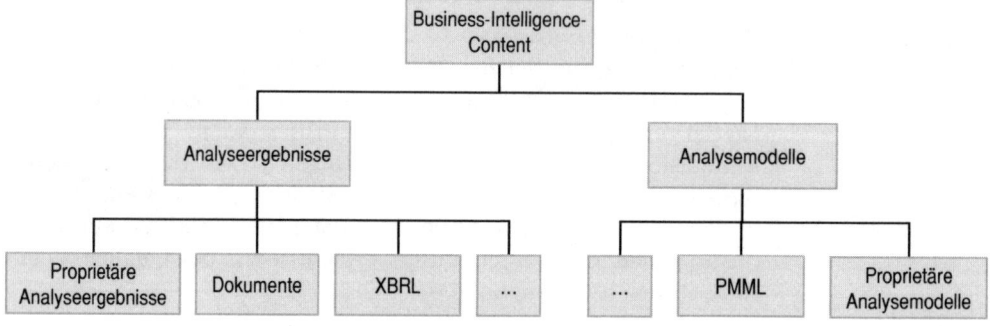

Abb. 3.30: Kategorisierung von Business-Intelligence-Content

Dokumente

Die einfachste Form von Analyseergebnissen sind inhaltlich fixe *Dokumente,* wie z. B. formatierte Standardberichte in

Adobe PDF™ oder Microsoft Excel™. Die automatische Weiterverarbeitbarkeit ist dabei aufgrund der niedrigen Strukturierung nur bedingt gegeben.

Eine bessere Handhabung innerhalb von Anwendungen bieten Auszeichnungssprachen, wie sie meist auf Basis der Extensible Markup Language (XML) zum Einsatz kommen (W3C 2004). Durch die Verwendung von Dokumenttypdefinitionen (*Document Type Definition, DTD*) oder XML Schemata werden Semantiken definiert, die den Dokumenten eine feste Struktur geben.

XBRL

Die *Extensible Business Reporting Language (XBRL)* dient dem Austausch von Geschäftsdaten eines Unternehmens (Engel et al. 2004). Dadurch können Abschlussdaten für eine Geschäftsperiode für bestimmte Rechnungslegungsstandards definiert und im Rahmen des externen Berichtswesens veröffentlicht werden (Nutz/Strauß 2002; Kranich/Schmitz 2003). Adressaten sind Wirtschaftsprüfer, Anteilseigner, Analysten und die staatlichen Stellen, die für die Prüfung des Jahresabschlusses zuständig sind. Darüber hinaus kann XBRL aber auch für den Austausch zwischen Anwendungssystemen im Unternehmen und für das interne Reporting eingesetzt werden.

PMML

Die *Predictive Model Mining Language (PMML)* dient der Beschreibung und dem Austausch von Data-Mining-Modellen. Als Initiator steht auch hier wieder ein Herstellerkonsortium im Vordergrund (DMG 2004). Die prinzipielle Struktur eines PMML-Dokuments besteht aus drei Elementen: Einer Beschreibung der *Datenquelle*, die vorbereitenden *Transformationen* des Datenbestands und die *Parameter* des verwendeten Modells. Durch den Einsatz von PMML können Analysen zwischen verschiedenen Data-Mining-Anwendungen ausgetauscht werden. Die PMML-Modelle können ebenfalls in relationale Datenbanken oder auch Anwendungen wie CRM-Systeme integriert werden (vgl. auch Kapitel 3.1.2; Schwalm/Bange 2004, S. 9).

Proprietäre Analyseergebnisse und -modelle

Neben den sich zunehmend etablierenden XML-basierten Standards benutzen die Hersteller von Ad-hoc- und modellgestützten Analysesystemen eine Reihe von eigenen Dateiformaten zur Speicherung von Analyseergebnissen und -modellen. Falls die im Unternehmen eingesetzten Analysesysteme kompatibel sind, können diese *proprietären Analyseergebnisse und -modelle* ebenfalls als BI-Content verwendet werden.

- **Metadaten**

Um eine Zuordnung und Verwaltung von Business-Intelligence-Contents zu ermöglichen, werden auch im CMS beschreibende Metadaten benötigt. Ein Teil dieser Metadaten kann *automatisch* aus den Metadaten-Repositories übernommen werden (vgl. Kapitel 2.3.4) oder aus der Struktur der zugrunde liegenden BI-Analyse abgeleitet werden. So kann beispielsweise das abgefragte Dimensionselement (etwa eine bestimmte Filiale) für eine Klassifizierung des Contents hinzugezogen werden (Becker et al. 2002).

Zusätzliche Metadaten, wie beispielsweise Autorenname, Gültigkeitsdauer oder Schlagworte können außerdem *manuell* eingegeben werden. Hierdurch wird die Steuerung eines *Content Lifecycle* ermöglicht, da veraltete Berichte aus dem System entfernt oder für eine Aktualisierung vorgemerkt werden.

- **Rollen- und Berechtigungskonzept**

Neben der reinen Bereitstellung des Anwendungssystems ist auch die Etablierung eines Content-Management-Prozesses und eines klaren *Rollenkonzeptes* mit Verantwortlichkeiten wie Autor, Content-Manager und Qualitätsmanager notwendig (Riempp 2004, S. 98). Diese organisatorischen Verantwortlichkeiten sind wichtige Voraussetzungen für die Aktualität und Qualität der Business-Intelligence-Inhalte im CMS.

Ein weiterer wichtiger Aspekt ist die Sicherstellung eines einheitlichen *Berechtigungskonzeptes* über alle Anwendungssysteme hinweg (vgl. auch Kapitel 2.3.5; Gerhardt et al. 2000). Dabei verwendet das CMS die Berechtigungsverwaltung der dispositiven Datenhaltung und stellt somit sicher, dass die definierten Zugriffskontrollen nicht umgangen werden.

3.3 Informationszugriff: Business-Intelligence-Portal

Zur komfortablen Nutzung der vielfältigen Informationsquellen können den Endbenutzern sog. *Business-Intelligence-Portale* zur Verfügung gestellt werden. Der Begriff des Portals leitet sich aus dem lateinischen „porta" für Pforte ab und bezeichnet eine einheitliche und individualisierte Zugriffsmöglichkeit auf Inhalte und Applikationen.

Im Folgenden wird das BI-Portal als Teil eines Unternehmensportals vorgestellt und die Kernfunktionalitäten der Integration und der Benutzerorientierung diskutiert.

3.3.1   Einordnung

Web-Portale

Öffentliche Portale

Der Portalbegriff hat seinen Ursprung im Internet. Durch die Fülle an Informationsangeboten im World Wide Web entstand die Notwendigkeit einer inhaltlichen Ordnung und Navigationsunterstützung für thematisch abgrenzbare Teilbereiche des Internets. Als *Web-Portal* wird dementsprechend eine Website bezeichnet, die „strukturierte Informationen über im Web abrufbare Dokumente anbietet" (Hansen/Neumann 2001, S. 588). Sie soll durch die Strukturierung der Inhalte einen Überblick schaffen und als zentrale Anlaufstelle für Informationssuchende dienen. Klassische Anbieter von öffentlichen Portalen sind z. B. Yahoo! oder im deutschsprachigen Raum web.de.

Portalklassen nach Davydov

Aus dem ursprünglichen Portalkonzept sind zahlreiche Adaptionen hervorgegangen. Davydov unterscheidet mehrere Portalklassen nach Einsatzgebieten und Adressaten (vgl. Abb. 3.31).

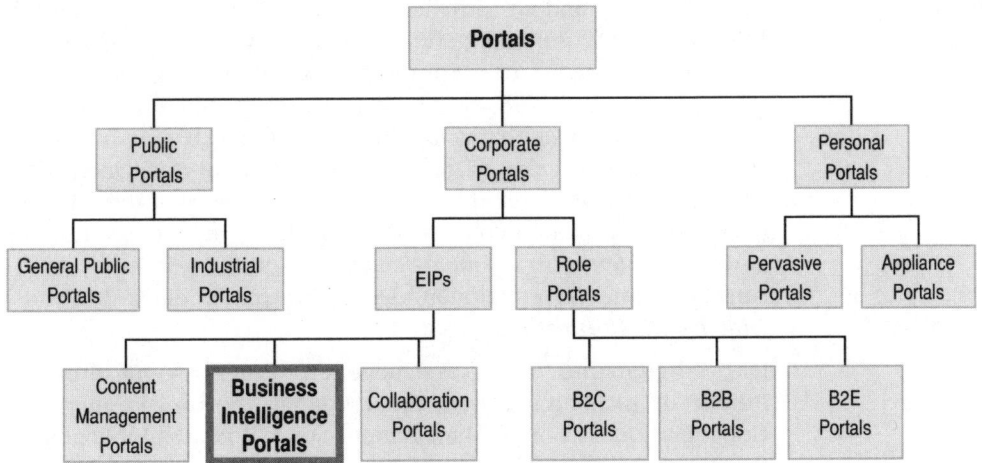

Abb. 3.31: Portalklassen (Davydov 2001, S. 138, Hervorhebungen durch die Autoren)

Öffentliche Portale

Öffentliche Portale (*Public Portals*) sind klassische Web-Portale, die im Internet allgemein verfügbar sind und eine große Bandbreite an Informationsdiensten, wie Katalog-, Such- und Nachrichtendienste anbieten (Hansen/Neumann 2001, S. 593 ff.).

Persönliche Portale

Persönliche Portale (*Personal Portals*) sind ebenfalls allgemein zugänglich. Sie richten ihr Angebot jedoch auf mobile Endgeräte wie Handys oder PDAs (*Personal Digital Assistants*) aus und müssen aufgrund der technischen Restriktionen – insbesondere

im Bereich der Darstellung – ausgeprägte Personalisierungsfähig-
keiten aufweisen.

Unternehmens-
portale

Unternehmensportale (Corporate Portals) stellen internen und
externen Anspruchsgruppen Informationen eines Unternehmens
zur Verfügung und unterstützen Geschäftsabwicklungen. Eine
weitere Detaillierung erfolgt anhand der Zielgruppe in sog. *Role
Portals* (Amberg et al. 2003, S. 1396; vgl. auch Kapitel 1.3):

- Business-to-Consumer (B2C):
  Kundenprozessbezogene Portale.

- Business-to-Business (B2B):
  Portale zur überbetrieblichen Geschäftsabwicklung.

- Business-to-Employee (B2E):
  Portale zur innerbetrieblichen Geschäftsabwicklung.

Enterprise-
Information-
Portal

Ein *Enterprise-Information-Portal (EIP)* dient der Entscheidungsunterstützung, indem geschäftsrelevante interne und externe
Informationen zusammengeführt und dem Benutzer in aggregierter und personalisierter Form zur Verfügung gestellt werden
(Shilakes/Tylman 1998, S. 1). Steht die Unterstützung der Zusammenarbeit eines Teams im Vordergrund – z. B. durch Diskus-
sionsforen, Chats oder Workflows – spricht man von einem *Col-
laboration-Portal*. Unstrukturierte oder semi-strukturierte Daten
in Form von Dokumenten oder digitalen Inhalten werden in
einem *Content-Management-Portal* gehalten, während steuerungsrelevante Informationen der Schwerpunkt eines *Business-
Intelligence-Portals* sind.

Die Abgrenzung der verschiedenen Enterprise-Information-
Portale ist nicht trennscharf. Zwar können die drei Formen des
Collaboration-, Content-Management- und Business-Intelligence-
Portals durchaus isoliert auftreten, jedoch sind in der Wissenschaft und Praxis Entwicklungstendenzen zur Integration von
strukturierten und unstrukturierten Inhalten sowie Kommunikati-
ons- und Kooperationsdiensten in umfassende Portale erkennbar.

3.3.2   Integration von Inhalten

Die Zusammenführung von unterschiedlichen Inhalten und Anwendungen unter einer gemeinsamen Oberfläche ist eine Kern-
funktionalität des Portalansatzes. Die IT-basierte Managementunterstützung erhält dadurch einen zentralisierten und strukturierten Zugriff auf die verfügbaren Informationsangebote.

Portlets

Ein Portal setzt sich aus mehreren aggregierten Elementen zusammen. Die einzelnen Portalbausteine werden als *Portlets* bezeichnet und basieren beispielsweise auf der Java-Spezifikation 168 (Java Community Process 2004). Sie regeln in dem Zusammenspiel mit dem Portal für einzelne Teilbereiche die Auswahl der angezeigten Inhalte, deren Darstellung und die Überprüfung der Berechtigungen. Die Abb. 3.32 zeigt exemplarisch den schematischen Aufbau eines Portals, in dem unterschiedliche Portlets zum Einsatz kommen.

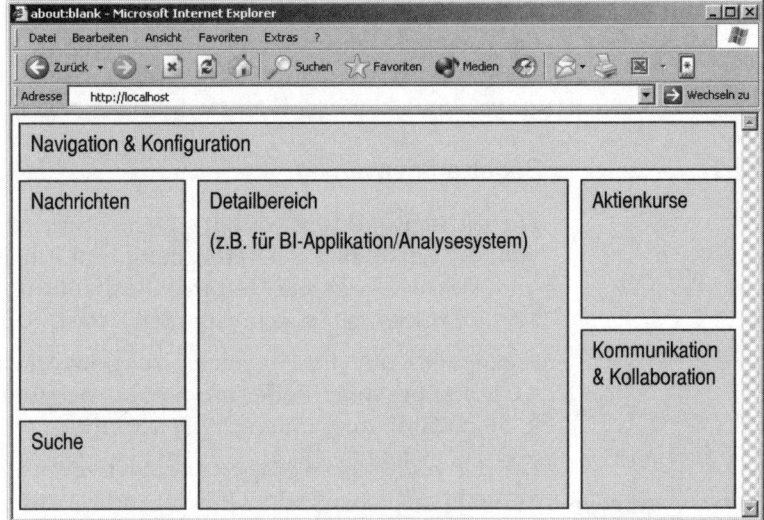

Abb. 3.32: Beispielhafter schematischer Aufbau eines Portals

Herkunft:
Intern / Extern

Je nach Herkunft lassen sich interne und externe Inhalte unterscheiden. *Interne Inhalte* werden aus unternehmenseigenen Informationssystemen bezogen und umfassen z. B. eigene Pressemitteilungen oder Managementberichte. *Externe Inhalte* hingegen stammen von Drittanbietern und umfassen wettbewerbsrelevante Daten wie Aktienkurse, Analysen oder Nachrichten.

Integration von
Anwendungen

Klassische Portalinhalte sind in der Regel statisch. Erst durch die *Integration von Anwendungen* wird die reine Darstellung von Inhalten durch weitergehende Verarbeitungs- und Analysefunktionen ergänzt (Bange 2004, S. 149). Im BI-Portal werden die webbasierten Analysesysteme integriert und stehen somit ohne zusätzliche Installation von Client-Software beim Benutzer zur Verfügung.

*Kommunikations-
und Kollaborati-
onsmöglichkeiten*

Ergänzt wird das BI-Portal durch Kommunikations- und Kollabo-
rationsmöglichkeiten, die von klassischen Anwendungen wie E-
Mail und Kalender bis hin zu umfangreichen Kommunikationssystemen wie Voice-over-IP reichen. Chats und Foren eignen
sich ebenfalls für den Austausch von Wissen, benötigen aber für
einen erfolgreichen Einsatz in der Regel eine entsprechende
Betreuung (Kaiser 2002, S. 135 f.).

*Integration im BI-
Portal*

Im BI-Portal werden die Integrationsmöglichkeiten für einen
zentralen Zugriff auf die Analysesysteme und die Inhalte in dem
Content-Management-System genutzt. Dem Anwender steht somit
ein zentraler Einstiegspunkt zur Verfügung, in dem alle entscheidungsunterstützenden Systeme unter einer einheitlichen Benutzungsoberfläche und Benutzerführung zusammengefasst sind.

3.3.3 Benutzerorientierung

Ein wichtiges konstituierendes Element für ein Portal ist die individuelle Anpassung der Darstellung und Inhalte an den Benutzer
und dessen konkrete Informationsbedürfnisse in Form einer
Personalisierung (Schackmann/Schü 2001, S. 623 ff.).

Prinzipiell kann die Personalisierung im Hinblick auf die Reich-
weite in eine rollen- oder gruppenbezogene und eine individuelle Personalisierung unterschieden werden.

*Rollen- oder
gruppenbezogene
Personalisierung*

Bei der *rollen- oder gruppenbezogenen Personalisierung* werden
Einstellungen bzgl. der Inhalte und Anwendungen aufgrund
einer zentralen Vorgabe vorgenommen. Ein Benutzer kann dabei
mehrere Rollen innehaben und mehreren Gruppen, wie z. B.
einem Bereich, einem Standort und einer Managementebene,
zugehörig sein. Gängig sind z. B. bereichsspezifische Startseiten,
die vom Benutzer dann entsprechend weiter detailliert werden
können (Kaiser 2002, S. 133).

*Individuelle Per-
sonalisierung*

Die *individuelle Personalisierung* ist benutzerspezifisch und
kann explizit oder implizit erfolgen. Bei der *expliziten Personalisierung* kann der Benutzer aktiv verschiedene Elemente der Darstellung (Layout des Portals, Farben, Grafiken) und der Inhalte
(Auswahl von Channeln und Anwendungen) festlegen. Diese Art
der Anpassung wird auch als Pull-Personalisierung (Bange 2004,
S. 149; Schackmann/Schü 2001, S. 624) bezeichnet.

*Implizite Persona-
lisierung*

Die *implizite Personalisierung* greift auf das gespeicherte Benut-
zerprofil und auf die anfallenden Nutzungsdaten zurück und
leitet daraus selbstständig Empfehlungen für interessante und
relevante Inhalte für den Benutzer ab. Das Portal spielt hierbei

eine aktive Rolle, indem die auftretenden Nutzungsmuster in einem Personalisierungssystem gespeichert und ausgewertet werden. Der technische Aufwand hierfür ist höher als bei der expliziten Personalisierung, wobei teilweise Data-Mining-Methoden für die Auswertung der Nutzungsdaten zum Einsatz kommen. Verschiedene Personalisierungstechniken und deren Umsetzung werden in Bange 2004, S. 151 ff. diskutiert.

Single Sign On   Ein weiterer wichtiger Punkt im Rahmen der Benutzerorientierung ist die Unterstützung eines *Single Sign On*. Dadurch wird gewährleistet, dass der Benutzer entsprechend seines Berechtigungsprofils durch eine einmalige Anmeldung Zugriff auf alle benötigten Inhalte und Anwendungen erhält. Als Grundlage dient ein Verzeichnisdienst – z. B. auf Basis von LDAP (*Lightweight Directory Access Protocol)* – in dem alle Benutzerdaten applikationsneutral gespeichert werden (Wahl et al. 1997). Die Berechtigungsverwaltung wird anwendungsübergreifend im Metadaten-Repository vorgenommen (vgl. Kapitel 2.3.4).

Benutzerorientie-rung im BI-Portal   Durch die verschiedenen Personalisierungsmöglichkeiten und den Single Sign On ermöglicht das BI-Portal eine hoch individualisierte und optimierte Arbeitsoberfläche für den Endbenutzer. Die Auswahl der einzelnen Analysesysteme und Inhalte des CMS können automatisch an dem tatsächlichen Bedarf des Anwenders ausgerichtet werden und ermöglichen so ein effektiveres Arbeiten.

3.4 Zusammenfassung

Im Rahmen der *Informationsgenerierung* werden aus den Daten der dispositiven Datenbereitstellung mit Hilfe von *Analysesystemen* Informationen zur Unterstützung der Unternehmenssteuerung gewonnen.

Analysesysteme werden aufgrund ihrer funktionalen Ausrichtungen differenziert, wobei auf der Basis der datenseitigen Anbindung an die dispositive Datenhaltung neben dem *traditionellen Data Warehousing* neuere Implementierungsformen wie das *Closed-Loop-*, das *Real-Time-* und das *Active Data Warehousing* unterschieden werden können.

Zu den *generischen Basissystemen* gehören die *freien Datenrecherchen*, die *Ad-hoc-Analysesysteme*, die *modellorientierten Analysesysteme* und die *Berichtssysteme*, die sich primär aufgrund ihrer jeweiligen Funktionalität und der Form der Benutzerführung unterscheiden lassen.

Konzeptorientierte Systeme zeichnen sich durch die Integration betriebswirtschaftlich fundierter Verfahren aus, können in weiten Teilen auch generische Basissysteme beinhalten und werden in aller Regel mit Hilfe von Standardwerkzeugen entwickelt.

Ziel der *Informationsspeicherung und -distribution* ist es, die BI-Erkenntnisse unternehmensweit nutzbar zu machen. Für diese Zwecke sind die *Analyseergebnisse* und die *Analysemodelle* abzulegen, zu dokumentieren und in adäquater Form interessierten Mitarbeitern anzubieten. Aus diesem Grunde ist eine Integration von *Business-Intelligence-* und *Wissensmanagementkonzepten* durchzuführen, wobei *Content-Management-Systeme* als Bindeglieder zwischen beiden Ansätzen eingesetzt werden können.

Für den zentralen *Informationszugriff* kommt ein *Business-Intelligence-Portal* zum Einsatz, in dem sämtliche Analysesysteme und Informationen mit Hilfe einer einheitlichen Benutzungsoberfläche zugänglich gemacht werden. Um die umfangreichen Informationsquellen handhabbar und komfortabel bedienbar zu gestalten, wird das Portal benutzerindividuell *personalisiert*.

4   Entwicklung integrierter BI-Anwendungssysteme

Das folgende Kapitel behandelt die *lebenszyklusorientierte Entwicklung* von integrierten BI-Anwendungssystemen. Zunächst werden traditionelle und iterative Vorgehensweisen zur Entwicklung von BI-Anwendungssystemen kurz erläutert und kritisch diskutiert. Anschließend wird ein Vorgehensmodell präsentiert, das gezielt auf die Belange der Entwicklung und des Einsatzes von BI-Anwendungssystemen ausgerichtet ist.

4.1   Sequentielle und iterative Vorgehensmodelle

Lebenszyklusorientierte Ansätze

Lebenszyklusorientierte Ansätze der Systementwicklung berücksichtigen sämtliche Entwicklungs- und Reengineering-Aktivitäten von der Initiierung eines Anwendungssystems bis zu seiner Außerdienststellung.

Software Engineering

Das Forschungsgebiet, das sich mit diesen Themen befasst, wird üblicherweise als *Software Engineering* bezeichnet und meint „[...] das ingenieurmäßige Entwerfen, Herstellen und Implementieren von Software [...]" (Brockhaus-Enzyklopädie nach Balzert 2000, S. 35). Es entstand in den Zeiten der sog. *Softwarekrise* in den 60er Jahren, die primär durch eine unreglementierte, personenbezogene Systementwicklung verursacht wurde. Obwohl Software Engineering als Forschungsbereich bereits auf eine 40-jährige Tradition zurückblicken kann, fügen sich die Erkenntnisse auch heute noch nicht zu einem einheitlichen Bild zusammen. Vielmehr stellen sie sich „[...] als heterogenes Konglomerat von Vorgehensweisen, Techniken, Methoden und Softwarewerkzeugen dar." (Wirtz K. 2001, S. 417).

Trotz der teilweise divergierenden Auffassungen haben sich jedoch auch allgemein anerkannte Ansätze etabliert, die das Forschungsgebiet nachhaltig prägten. Im Folgenden werden diese Konzepte des Software Engineering sowie neuere, aufgrund praktischer Erfahrungen entstandene Überlegungen der letzten Jahre skizziert, die sich in Form verschiedener Vorgehensmodelle durchgesetzt haben.

Vorgehensmodell

Wesentliche Voraussetzung für einen arbeitsteiligen, einheitlichen, nachvollziehbaren Prozessablauf der Systementwicklung ist die exakte Festlegung der Rahmenbedingungen. Für diese Zwecke werden üblicherweise *Vorgehensmodelle* herangezogen. Ein *Vorgehensmodell* – auch häufig als *Prozessmodell* bezeichnet – determiniert hierbei (Balzert 2000, S. 54)

- die durchzuführenden Aktivitäten,

- die abzuarbeitende Reihenfolge der Aktivitäten,

- die Zuordnung der Aktivitäten zu Rollen, die von Mitarbeitern zu übernehmen sind,

- die Ergebnisse der Aktivitäten *(Artefakte)*.

Zur Beherrschung der Komplexität werden die durchzuführenden Aktivitäten mit Hilfe sog. *Meilensteine* (*milestones*) überprüft und sinnvoll zu *Phasen* gebündelt. Für jede Phase sind zu dokumentieren (Balzert 2000, S. 55):

- Bestimmung der Phasenziele.

- Nennung der Aktivitäten und ihrer jeweiligen Rollenzuordnung.

- Beschreibung der Ergebnistypen (Artefakte) anhand von Mustern.

- Vorgabe von Methoden, Verfahren, Richtlinien und Werkzeugen.

In der Wissenschaft und in der Praxis existiert eine kaum überschaubare Anzahl von Vorgehensmodellen zur Systementwicklung. So werden in vielen Publikationen autorenspezifische Derivate etablierter Vorgehensmodelle vorgestellt und auch in den Unternehmen existieren viele spezifische Ableitungen tradierter Ansätze. Meist unterscheiden sie sich im Hinblick auf die Abgrenzung von Phasen, die Durchführung von Korrekturmaßnahmen während der Entwicklung bzw. des Einsatzes und die Schwerpunktbildung innerhalb der Lebenszyklusbetrachtung.

4.1.1 Sequentielle Vorgehensmodelle

Sequentielle Vorgehensmodelle – auch als *traditionelle Vorgehensmodelle* bezeichnet – sind durch eine determinierte zeitliche Ablauffolge der einzelnen Phasen gekennzeichnet. Frühe Konzepte dieser Form reichen bis in die 60er Jahre zurück und ermöglichten erstmalig die Darstellung eines klar definierten Entwicklungsprozesses. Jedoch wurde schnell deutlich, dass eine zu strenge Auslegung der Sequenz unrealistisch ist, da die Interdependenzen zwischen den Einzelphasen in der Praxis erheblich komplexer sind und daher Rücksprünge in Vorphasen häufig erforderlich werden. Aus diesem Grunde wurden die frühen Ansätze erweitert und verändert. Der bekannteste Vertreter dieser Kategorie – das erste auf breiter Basis einsatzfähige Vorgehensmodell – ist das *Wasserfall-Modell* (Royce 1970). Es erlaubt im Gegensatz zu früheren Ansätzen einen gewissen Grad der Auflösung der streng sequentiell abzuarbeitenden Phasen. So kann nach Abschluss jeder Phase aufgrund von Mängeln, die durch Abnahmepunkte erkennbar werden, ein Rücksprung in die entsprechende Vor-Phase vorgenommen werden. Abb. 4.1 zeigt beispielhaft eine Darstellung des Wasserfallmodells.

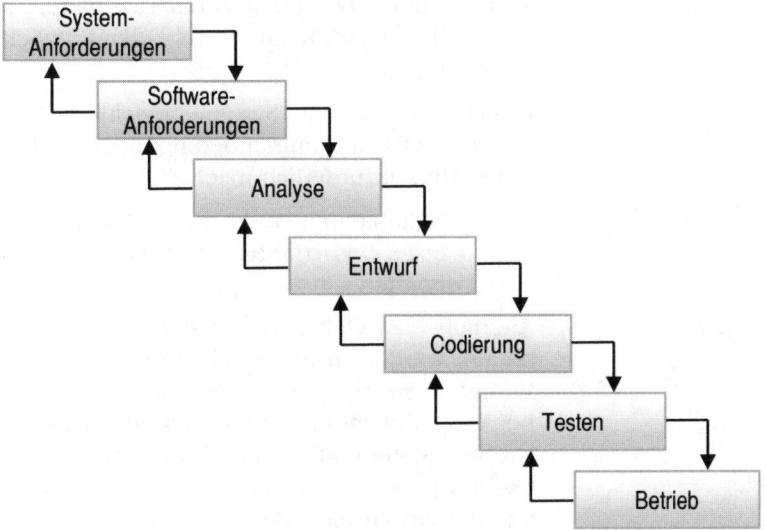

Abb. 4.1: Beispielhafte Darstellung eines Wasserfallmodells (Balzert 1998, S. 99)

Das Wasserfallmodell kann durchaus als Ursprungsmodell der sequentiellen Vorgehensmodelle bezeichnet werden. Es stand Pate für verschiedenste unternehmensspezifische Vorgehensmodelle und Neuentwicklungen, wie z. B. für das ursprünglich für die Bundeswehr konzipierte, heute auch in den Unternehmen weit verbreitete V-Modell.

Allen sequentiellen Vorgehensmodellen liegt die implizite Annahme zugrunde, dass Anforderungen an IT-Systeme im Vorfeld vollständig spezifizierbar sind und – einmal entwickelt – relativ veränderungsstabil im Unternehmen eingesetzt werden können. Diese Thesen über Spezifizierbarkeit und Veränderungsstabilität waren lange Zeit zutreffend und sind in operativen Kontexten – wie z. B. bei Systemen der Lohn- und Gehaltsabrechnungen – auch heute durchaus noch stimmig.

In vielen Anwendungsgebieten sind diese Voraussetzungen jedoch nicht mehr gegeben, so dass der Einsatz neuerer Konzepte hier dringend angeraten werden muss.

4.1.2 Iterative Vorgehensmodelle

In komplexen und dynamischen Anwendungsgebieten ist es nicht selten, dass

- die Endbenutzer nicht in der Lage sind, die Anforderungen an das (Teil-)System im Vorfeld der Entwicklung vollständig zu artikulieren,

- sich während der Systementwicklung technische und benutzerspezifische Rahmenbedingungen ändern, die eine situative Reaktion erforderlich machen,

- die Fachabteilungen an zeitnahen Lösungen interessiert sind und erste einsatzfähige (Teil-)Lösungen innerhalb von Monaten erwarten.

Alternative Modelle, die diesen Rahmenbedingungen Rechnung tragen, werden in der Praxis und Wissenschaft häufig unter dem Begriff *iterative Vorgehensmodelle* subsumiert. Generelles Ziel bei der Verwendung dieser Vorgehensmodelle ist es, ein angestrebtes System sukzessive – also Modul für Modul – zu entwickeln und in den operativen Einsatz zu geben. Sie zeichnen sich aus diesem Grunde durch die Integration wiederkehrender Entwicklungsabschnitte und durch eine konsequente Einbindung der Methode des *explorativen Prototyping* aus, die insbesondere als Kommunikationsmethodik zwischen den Systementwicklern und den späteren Systembenutzern dient.[14]

Abb. 4.2 zeigt das Grundschema der iterativen Vorgehensmodelle. Deutlich wird, dass die zu entwickelnden Systeme in mehreren Ausbaustufen erstellt werden. Hierbei beginnt die Entwick-

---

[14] *Prototypen* sind ablauffähige Modelle, welche die Umsetzung von Anforderungen und Entwürfen dokumentieren. In der Systementwicklung werden in neueren Entwicklungskonzepten – aber auch zur Vitalisierung älterer Ansätze – verschiedenste Formen des Prototypings – also der Prototyp-Erstellung – unterschieden (Balzert 1998, 114 ff. und Kemper 1999, S 273 ff.).

lung jeweils mit einem ersten Teilsystem, das in der Regel lediglich Kernfunktionen beinhaltet. In der nächsten Ausbaustufe werden weitere Funktionen hinzugefügt. Somit wird ein neues System erzeugt, das aus dem ersten und dem zweiten Teilsystem besteht (Balzert 2000, S. 55 f. und S. 58).

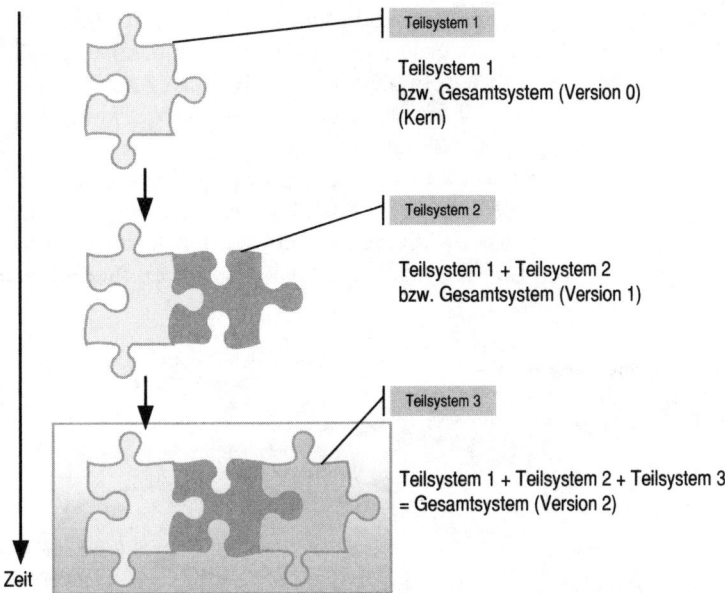

Teilsystem 1
bzw. Gesamtsystem (Version 0)
(Kern)

Teilsystem 1 + Teilsystem 2
bzw. Gesamtsystem (Version 1)

Teilsystem 1 + Teilsystem 2 + Teilsystem 3
= Gesamtsystem (Version 2)

Zeit

Abb. 4.2:   Ausbaustufen   einer   iterativen   Systementwicklung
(modifiziert übernommen aus Balzert 2000, S. 56)

Die Grundidee der iterativen Systementwicklung liegt demnach in der Auflösung der strikten Trennung zwischen Entwicklungsphasen und den nachfolgenden Pflege- und Wartungsabschnitten traditioneller Vorgehensmodelle. An die Stelle der üblichen sequentiellen Phasenstruktur tritt vielmehr eine zyklisch zu durchlaufende Kombination aus Entwurfs-, Realisierungs- und Evaluationsabschnitten (Schwarze 1995, S. 60), deren jeweiliges Ziel die Bereitstellung einer neuen Version des Systems ist. Mit anderen Worten handelt es sich bei der iterativen Systementwicklung um jeweils eigenständige Erstellungsprozesse von neuen Systemversionen, bei denen die jeweiligen Vorgängersysteme von Fehlern bereinigt, von nicht länger erforderlichen Funktionen befreit bzw. um zusätzlich verlangte Funktionen in Form neuer Module bereichert werden.

Aufgrund verschiedener Charakteristika lassen sich iterative Vorgehensmodelle in *evolutionäre* und *inkrementelle Modelle* unterteilen.

Evolutionäre Modelle

Bei der Systementwicklung mit Hilfe der *evolutionären Modelle* wird auf eine vollständige Definition der Benutzeranforderungen verzichtet. Lediglich die Anforderungen an das nächste Teilsystem werden erhoben und im nächsten Schritt umgesetzt, wobei mit jedem Zyklus eine weitere Ausbaustufe bzw. Produktversion erstellt wird (vgl. Abb. 4.3). Die Systementwicklung beginnt in aller Regel mit der Umsetzung von Kern- bzw. Muss-Anforderungen des Auftraggebers. Das dabei entstehende Kernsystem wird anschließend von den Endbenutzern eingesetzt, so dass die daraus resultierenden Erfahrungen in die Anforderungen für die nächste Ausbaustufe einfließen können (Balzert 1998, S. 120).

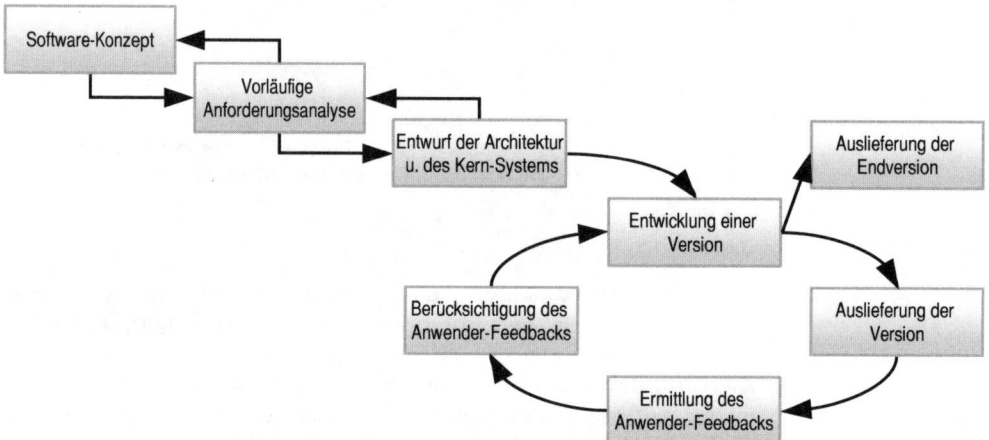

Abb. 4.3: Die evolutionäre Systementwicklung (modifiziert übernommen aus McConnell 1996, S. 427)

Die Anwendung der evolutionären Software-Entwicklung ist sinnvoll, wenn sich die Anforderungen an das Produkt häufig ändern oder noch nicht vollständig bekannt sind. Der Ansatz darf jedoch nicht mit einer unstrukturierten „Code and Fix"-Vorgehensweise verwechselt werden, da jede Ausbaustufe eine vollständige Anforderungsanalyse, einen vollständigen Entwurf und die Erstellung wartbaren Programmcodes beinhaltet.

Vorteil

Ein wesentlicher Vorteil der Anwendung des evolutionären Ansatzes liegt im kurzen Auslieferungsrhythmus einsatzfähiger Produkte. Die Erfahrungen aus der frühzeitigen praktischen Anwendung einer Version können neue Leistungsmerkmale prägen, die als geänderte Anforderungen in die nächste Version einfließen. Da die Software-Produktion in eine Anzahl kleiner, überschaubarer Arbeitsschritte eingeteilt wird, existieren mögliche Korrekturpunkte im Entwicklungsprozess, die zur Anpassung oder Neudefinition der Anforderungen genutzt werden können (Balzert 2000, S. 57).

Nachteil

Bei der Verwendung evolutionärer Entwicklungsmodelle besteht die Gefahr, dass aufgrund mangelnder Kenntnis der Anforderungen an das Gesamtsystem eine optimierte Architektur nicht erstellt werden kann. So schränken die frühzeitig festgelegten Funktionen der ersten Versionen die Freiräume für nachfolgende Versionen häufig stark ein und bedingen somit nicht selten eine Neuentwicklung des gesamten Systems (Chroust 1992, S. 166).

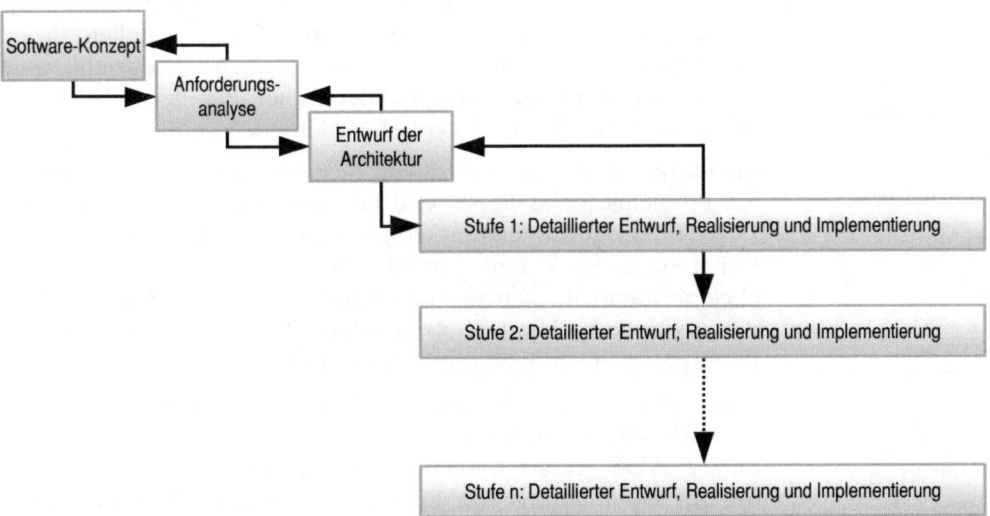

Abb. 4.4:   Die inkrementelle Systementwicklung (modifiziert übernommen aus McConnell 1996, S. 550)

Inkrementelle Modelle

Die Nutzung *inkrementeller Modelle* eliminiert diese Gefahr, da hier im Gegensatz zur evolutionären Vorgehensweise die Anforderungen an das Gesamtsystem schon zu Beginn der Entwicklung vollständig erfasst und modelliert werden (Balzert 1998, S. 122). Auf dieser Basis kann somit im Vorfeld der Systementwicklung eine Gesamtarchitektur des zu entwickelnden Systems generiert werden, das die Grundlage für die sukzessive Entwicklung der einzelnen Module bildet. Da die weitere Vorgehensweise im Großen und Ganzen der Systementwicklung des evolutionären Ansatzes entspricht, sei hier auf die o. a. Ausführungen verwiesen.

Die Abb. 4.4 verdeutlicht die Systementwicklung auf der Grundlage des inkrementellen Modells.

Einsatzgebiet Das inkrementelle Modell ist jedoch lediglich dann einsetzbar, wenn der gesamte Entwicklungsprozess antizipierbar ist, d. h. nicht von gravierenden Unwägbarkeiten technischer Entwicklungen und/oder stark variierenden Benutzeranforderungen geprägt ist.

4.1.3 Eignung etablierter Modelle – Eine kritische Betrachtung

Ohne Frage sind in den letzten Jahrzehnten wertvolle Ansätze zur Professionalisierung der Systementwicklung erstellt und validiert worden. Es wäre daher vollkommen unangebracht, die Eignung dieser Konzepte grundsätzlich in Frage zu stellen, da sie zu technischer Exzellenz, intersubjektiver Nachvollziehbarkeit des Entwicklungsprozesses und zu hoher Benutzerbeteiligung/ -akzeptanz mit Hilfe prototypischer Methoden geführt haben.

Allerdings gelten diese positiven Resultate lediglich in bestimmten Problemkontexten. So wird bei den meisten Ansätzen implizit davon ausgegangen, dass abgrenzbare Einzelsysteme oder ein Konglomerat im Voraus eindeutig bestimmbarer Systeme entwickelt werden, die sich in ihren Spezifikationen und Interdependenzen weitestgehend vorab definieren lassen bzw. mit Hilfe des Prototypings leicht kommunizierbar sind.

Die Entwicklung integrierter Business-Intelligence-Lösungen unterscheidet sich jedoch erheblich von den dargestellten Szenarien. Ziel des Ansatzes ist nicht die Entwicklung isolierter Systeme zur Optimierung von Einzelfunktionen, sondern die Schaffung einer zeitbeständigen BI-Infrastruktur, in deren Kontext Einzelsysteme hoch-integriert interagieren.

Leider existieren bislang kaum eigenständige Vorgehensmodelle für den speziellen Gestaltungsprozess von BI-Ansätzen. Einigkeit besteht lediglich darüber, dass traditionelle sequentielle Vorgehensmodelle dieser Problemstellung nicht gerecht werden können und auch iterative Modelle nur bedingt einsatzfähig sind.

„think big – start small" Häufig beschränken sich die Fachvertreter jedoch auf diese Aussagen und empfehlen lapidar, Rahmenkonzepte zu generieren und die einzelnen BI-Systeme mit Hilfe prototypischer Ansätze zu entwickeln. Eine konkrete Ausgestaltung eines lebenszyklus-

orientierten Entwicklungsansatzes ist meist nicht erkennbar, sondern wird mit Hilfe der plakativen Empfehlung „think big, start small" lediglich angedeutet.

Um einen Beitrag zur Lösung dieses Problembereiches zu leisten, wird im Folgenden ein generisches Vorgehensmodell zur Schaffung integrierter BI-Konzepte präsentiert.

4.2 Business Intelligence – Ein Vorgehensmodell

Nachfolgend wird eine Variante eines inkrementell ausgerichteten generischen Vorgehensmodells vorgestellt, das speziell auf die Anforderungen der IT-basierten Managementunterstützung ausgerichtet ist, wobei die Ausführungen sich primär auf die dispositive Datenbereitstellung, die Informationsgenerierung und den Informationszugriff konzentrieren.[15]

Wie Abb. 4.5 verdeutlicht, unterscheidet das Vorgehensmodell explizit eine *Makro-Ebene* und eine *Mikro-Ebene*.

Makro-Ebene

Die *Makro-Ebene* determiniert das *Rahmenkonzept* des integrierten BI-Ansatzes. Auf dieser Ebene sind grundlegende konzeptionelle Entscheidungen zu treffen, die eine enge Verbindung zum Aufgabenfeld des strategischen Managements aufweisen. Die Rahmenbedingungen sind durch institutionalisierte Gruppen zu erarbeiten, im Zeitverlauf zu prüfen und im Bedarfsfall den sich wandelnden Umweltbedingungen anzupassen.

Mikro-Ebene

Die *Mikro-Ebene* dagegen beinhaltet die eigentlichen – in *Projektform* durchgeführten – Entwicklungs- und Reengineering-Prozesse der einzelnen BI-Anwendungssysteme über deren gesamten Lebenszyklus hinweg. Diese Gestaltungsprozesse orientieren sich eng an den Vorgaben der Makro-Ebene. Sie werden unter starker Beteiligung der Endbenutzer mit Hilfe explorativ ausgerichteter Prototypen entwickelt und von Vertretern der Makro-Ebene überwacht.

---

[15] Zweifellos stellen die harmonisierte Bereitstellung dispositiver Daten und die Anbindung der Analysesysteme für die Praxis zur Zeit die größten Herausforderungen dar. Die Integration von Business Intelligence und Wissensmanagement ist zwar als innovatives Forschungsgebiet relevant, in der Praxis jedoch erst in Ansätzen erkennbar. Bei der Darstellung des Vorgehensmodells wird dieser Themenkomplex daher lediglich skizziert.

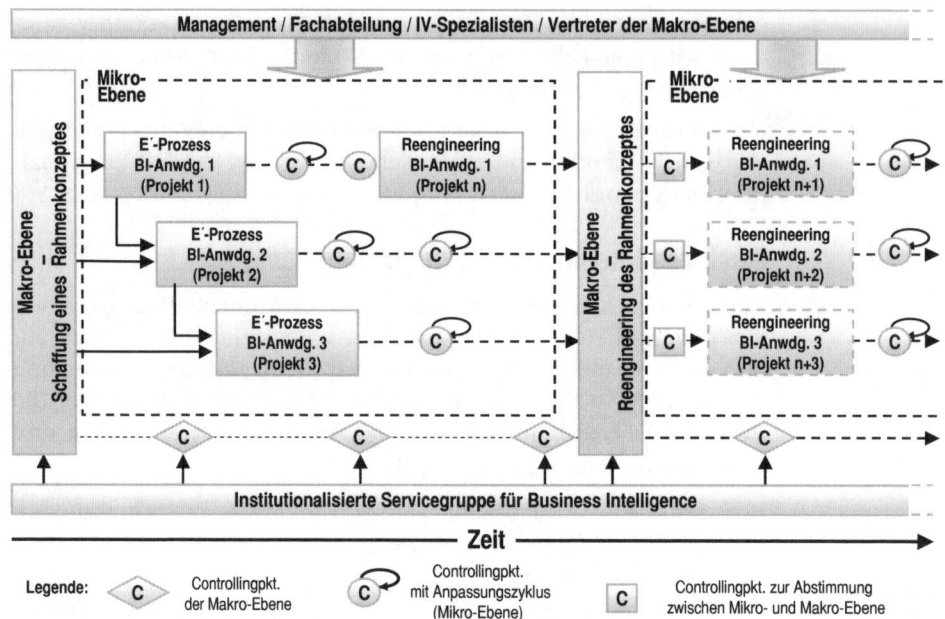

Abb. 4.5: BI-Vorgehensmodell (modifiziert übernommen aus Kemper 1999, S. 287)

Controllingaktivitäten

Den im Modell integrierten Controllingaktivitäten kommt eine hohe Bedeutung zu. Es können insgesamt drei verschiedene Bereiche des Controllings identifiziert werden:

- Die Rahmenbedingungen der Makro-Ebene werden periodischen Prüfungen – den sog. *Controllingpunkten* – unterzogen. Im Bedarfsfall führt dies zur Modifikation der Rahmenvorgabe und somit zur Überarbeitung der Makro-Ebene.

- Innerhalb der Mikro-Ebene existieren zwei unterschiedliche Typen von Controllingaktivitäten. Zum einen sind Controllingpunkte zu etablieren, mit deren Hilfe die Kongruenz zwischen den Funktionalitäten eines BI-Anwendungssystems und den sich wandelnden betriebswirtschaftlichen Anforderungen sichergestellt werden kann. Im Falle von marginalen Änderungen können Anpassungen im Rahmen von *Anpassungszyklen* sofort umgesetzt werden.

- Zum anderen sind nach einem abgeschlossenen Reengineering der Makro-Ebene zusätzlich sämtliche BI-Anwendungssysteme zu analysieren, um die Abstimmung zwischen Mikro- und Makro-Ebene zu gewährleisten. Solche Abstimmungen sind beispielsweise durchzuführen, wenn Veränderungen der

Rahmenbedingungen Architekturmodifikationen der BI-Anwendungssysteme erforderlich machen.

Im Folgenden werden die Aufgaben der Makro- und Mikro-Ebene konkretisiert.

4.3 Makro-Ebene

Der Makro-Ebene kommt innerhalb des BI-Vorgehensmodells die Aufgabe zu, ein stabiles Rahmenkonzept für die jeweiligen Entwicklungsprozesse der Mikro-Ebene zu entwerfen. Die einzelnen Schichten werden in Abb. 4.6 verdeutlicht und im Weiteren detailliert.

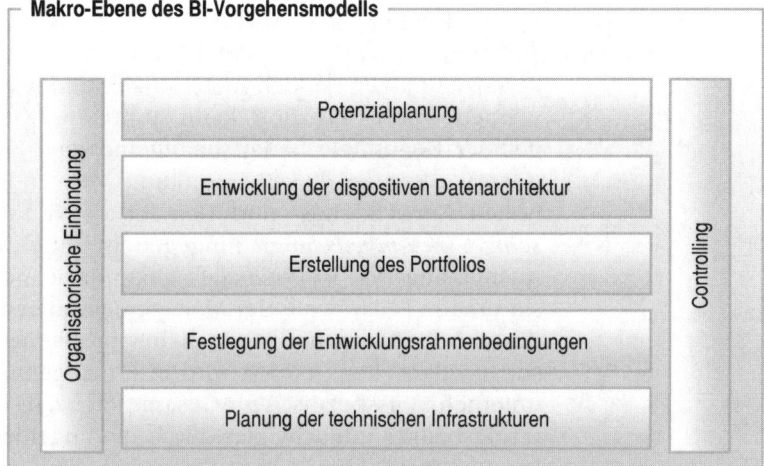

Abb. 4.6:   Aufgaben der Makro-Ebene des BI-Vorgehensmodells

4.3.1 Potenzialplanung

Die Informations- und Kommunikationstechnologie kann direkt oder indirekt sämtliche Erfolgsfaktoren eines Unternehmens beeinflussen, wie z. B. Faktoren zur Erringung von Marktanteilen oder zur Kostensenkung. Um positive Effekte auf die Unternehmenstätigkeit nutzen zu können, muss sich der Technologieeinsatz jedoch an den individuellen Rahmenbedingungen des Unternehmens ausrichten. Diese heute allgemein als gesichert geltende Erkenntnis betont im besonderen Maße die Bedeutung, die dem Aufbau eines Rahmenkonzepts integrierter BI-Anwendungssysteme zukommt. Ungenaue oder fehlende Potenzialschätzungen können zu erheblichen Missverhältnissen zwischen Kosten- und Nutzengrößen der angestrebten Systeme führen.

Wirtschaftlichkeit und Wirksamkeit

Die an Heinrich angelehnte Abb. 4.7 verdeutlicht diesen Sachverhalt. Sie repräsentiert in Form einer Vierfelder-Matrix die generellen Positionierungsmöglichkeiten von BI-Anwendungssystemen und basiert auf den beiden Größen der *Wirtschaftlichkeit* und der *Wirksamkeit*.[16] Wie die Abbildung verdeutlicht, existiert lediglich *ein* anzustrebender Gleichgewichtszustand, der – hier als *strategisches Gleichgewicht* bezeichnet – eine optimale Ausnutzung der Wirksamkeit bei einer hohen Wirtschaftlichkeit repräsentiert. Alle anderen Positionierungen können als Ungleichgewichtssituationen bezeichnet werden.

So wird unter dem *Strategischen Wirtschaftlichkeitsdefizit* die Situation verstanden, in der BI-Anwendungssysteme effektiv das Potenzial nutzen, jedoch nicht effizient entwickelt und umgesetzt werden. Diese Situation kann auftreten, wenn aufgrund mangelnder Kenntnisse bedarfsunangemessene Konzepte, Methoden oder Werkzeuge der BI-Gestaltung Verwendung finden, die zu hohen Entwicklungs- und Betriebskosten führen. Das *Strategische Wirksamkeitsdefizit* hingegen ist durch die unzureichende Ausnutzung des BI-Potenzials gekennzeichnet. In diesen Fällen sind meist Teilsysteme der Managementunterstützung vorhanden, die – isoliert gesehen – durchaus problemangemessene Teillösungen darstellen. Jedoch wird in Ermangelung der Kenntnis des unternehmensspezifischen Gesamtpotenzials nicht der gesamte Erfolgsbeitrag erbracht, der durch ein angemessenes BI-Rahmenkonzept erreichbar wäre. Unter der *Strategischen Insuffizienz* wird hingegen eine völlige Fehleinschätzung des gesamten Komplexes verstanden. Hier erfolgt aufgrund der Unkenntnis des unternehmensindividuellen Potenzials meist eine Überschätzung der Möglichkeiten, die gepaart mit mangelndem Wissen über Konzepte, Methoden und Werkzeuge zu nicht zufrieden stellenden BI-Entwicklungen führen.

---

[16] Unter *Wirksamkeit* wird hierbei der Grad der individuellen Potenzialnutzung verstanden, den BI-Anwendungssysteme im Unternehmen leisten können. Die *Wirtschaftlichkeit* fokussiert dagegen die monetäre Dimension und präzisiert die Effizienz von BI-Anwendungssystemen bei einer gegebenen Wirksamkeit (Heinrich 2002, S. 99).

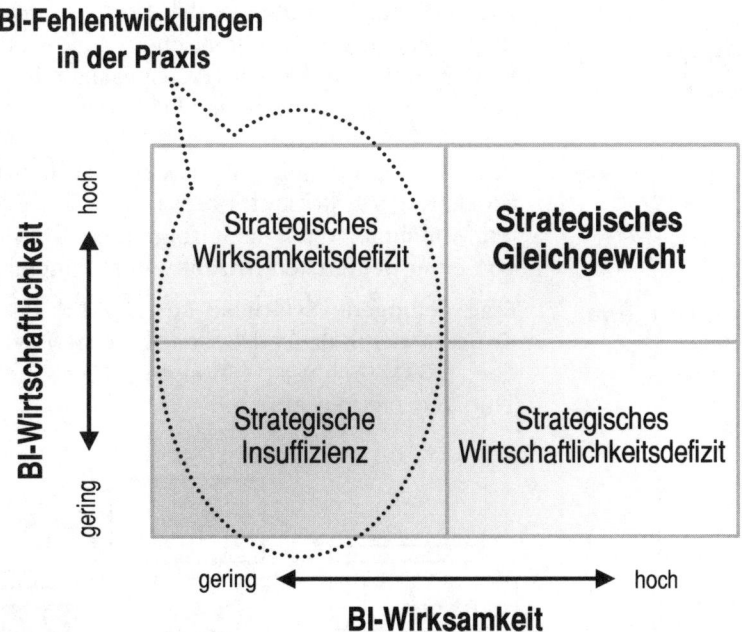

Abb. 4.7: BI-Wirksamkeit und BI-Wirtschaftlichkeit (modifiziert übernommen aus Heinrich 2002, S. 84)

Fehlentwicklungen in der Praxis

In der Praxis hat sich gezeigt, dass Mängel häufig durch eine fehlende oder ungenügende Ausschöpfung des Leistungspotenzials der BI-Anwendungssysteme verursacht werden. Daher sind sie in diesem Fall den Bereichen des *Strategischen Wirksamkeitsdefizits* sowie der *Strategischen Insuffizienz* zuzuordnen. Häufig sind diese Mängel feststellbar, wenn Unternehmen ausschließlich einen Medienwechsel von papiergebundenen zu elektronischen Berichten vorgenommen haben oder während des Einsatzes der BI-Lösungen mit nicht antizipierten Veränderungen – primär im Bereich der Ablauforganisation – konfrontiert wurden (Kemper 1999, S. 291).

Abstimmung des Informationsbedarfs

Der Hauptgrund für Mängel liegt in der fehlenden oder unzureichenden Abstimmung der BI-Konzepte mit dem strategischen Management des Unternehmens. Es ist einsichtig, dass das Potenzial von BI-Anwendungssystemen nur vor dem Hintergrund der langfristigen Unternehmensintention – der sog. *Mission* (Ward/Peppard 2003, S. 189) – und der daraus abgeleiteten Geschäftsziele bestimmt werden kann.

Methode der kritischen Erfolgsfaktoren

Die wesentliche Aufgabe der BI-Potenzialplanung ist demnach, die Umsetzung der strategischen Ziele optimal zu unterstützen. In der Praxis und in der Wissenschaft hat für diesen Komplex vor allem die *Methode der kritischen Erfolgsfaktoren (KEF bzw. critcal success factors, CSF)* auf breiter Basis Beachtung gefunden. Diese auf John F. Rockart zurückzuführende Methodik (Rockart 1979; Rockart 1982) basiert auf der empirisch evaluierten Annahme, dass die erfolgreiche Umsetzung von Strategien von einer begrenzten Anzahl von Parametern bestimmt wird.

KEF, BSC und SWOT

Eine gelungene Symbiose aus der Erfolgsfaktorenanalyse, dem Konzept der Balanced Scorecard (BSC) (vgl. Kapitel 3.1.8) und der SWOT-Analyse (Strengths, Weaknesses, Opportunities, Threats) zeigt die Abb. 4.8.

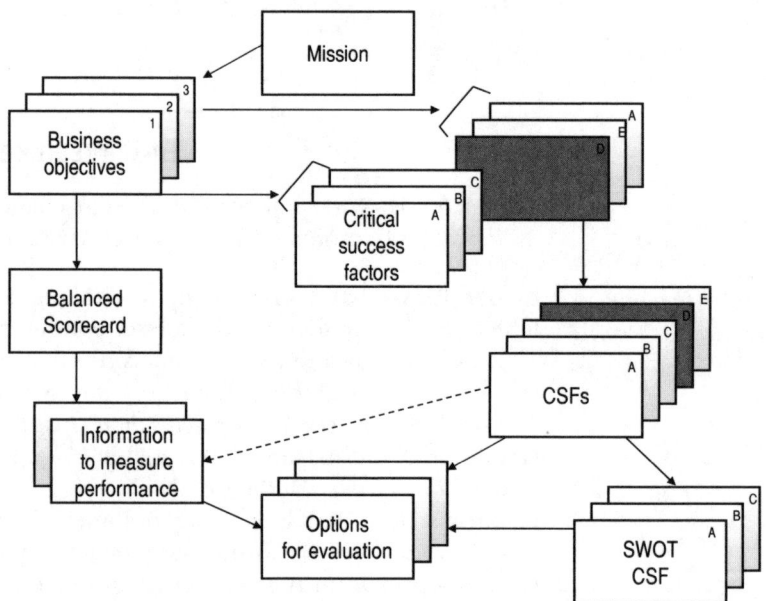

Abb. 4.8:   Kritische Erfolgsfaktoren zur SWOT-Bestimmung (Ward/Peppard 2003, S. 211)

Wie deutlich wird, können aus der langfristig angelegten Mission konkrete Unternehmensziele (*business objectives*) abgeleitet werden, wobei die Balanced Scorecard die Funktion der operativen Messung der Zielerreichung übernimmt. Eine positive Beeinflussung der Erfüllungsgrade der Ziele kann jeweils mit Hilfe kritischer Erfolgsfaktoren (*critical success factors, CSF*) erfolgen. Da ein Erfolgsfaktor mehrere Unternehmensziele in verschiedener Intensität beeinflussen kann, erfolgt anschließend eine Priorisierung der Erfolgsfaktoren aus Unternehmensgesamtsicht. Erst an dieser Stelle sollte mit Hilfe einer SWOT-Analyse festgehalten werden, inwieweit die existierenden Systeme der Managementunterstützung eine positive Beeinflussung der Erfolgsfaktoren ermöglichen und welche Potenziale in Zukunft mit Hilfe integrierter BI-Anwendungen genutzt werden können.

Abb. 4.9 zeigt beispielhaft das Zusammenspiel von Unternehmenszielen, der Messung der Zielerreichung sowie der zugehörigen kritischen Erfolgsfaktoren, deren Planung, Steuerung und Überwachung durch BI-Systeme verbessert werden kann.

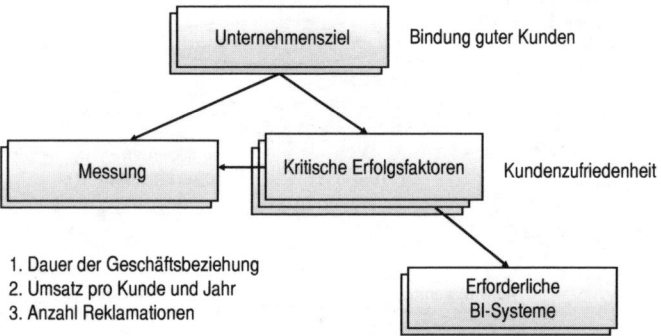

Abb. 4.9:   Beispiel aus dem CRM-Umfeld
(angelehnt an Ward/Peppard 2003, S. 215)

4.3.2   Entwicklung der dispositiven Datenarchitektur

Datenarchitektur   Eine der komplexesten und anspruchsvollsten Aufgaben der Makro-Ebene ist die Entwicklung der unternehmensumfassenden dispositiven Datenarchitektur, welche die Rahmenbedingungen für den gesamten Bereich der Informationsversorgung des Managements beschreibt. Der Begriff *Datenarchitektur* steht im Kontext der Datenmodellierung für den Aufbau eines globalen Bauplans zur Abbildung der grundlegenden Informationsobjekte und deren Beziehungen untereinander (Reindl 1991, S. 281; Rhefus 1992, S. 33).

Dispositive Datenarchitektur

Unter der *dispositiven Datenarchitektur* ist somit der konzeptionelle Bauplan führungsrelevanter dispositiver Daten auf einer hohen Abstraktionsebene zu verstehen. Bei den folgenden projektspezifischen Datenmodellierungen dient sie als Referenzstruktur, an der sich sämtliche BI-Entwicklungen auszurichten haben. Durch die projektspezifischen Konkretisierungen und Verfeinerung entsteht im Zeitverlauf ein konkretes dispositives Datenmodell, das weitestgehend applikationsklassenneutral – also nahe der 3NF (vgl. Kapitel 2.4.1) – in den dispositiven Basisdatenhaltungssystemen umgesetzt werden sollte. Abb. 4.10 zeigt den Zusammenhang.

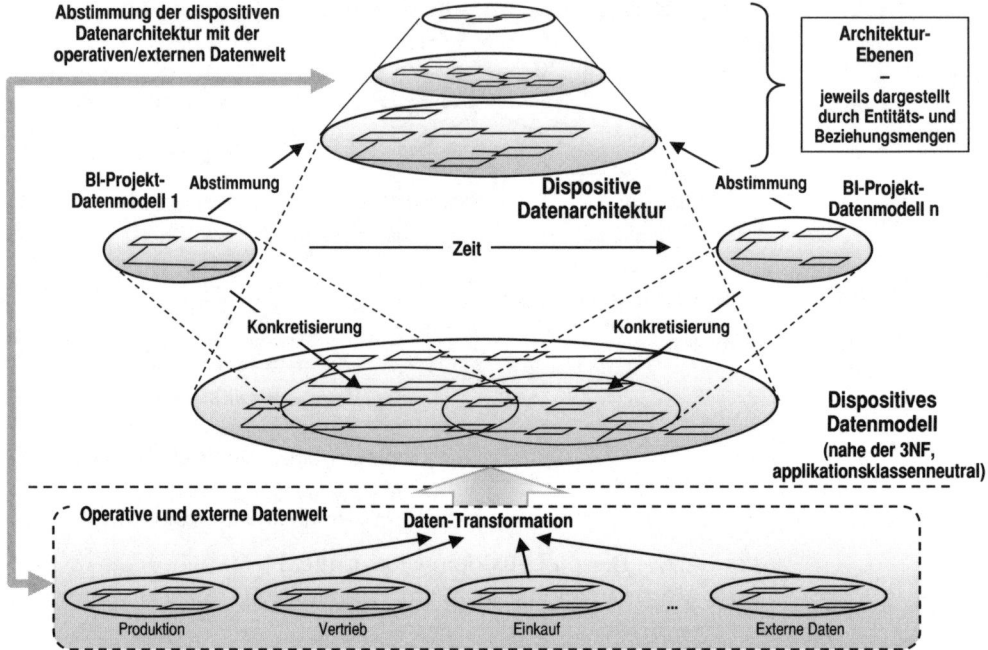

Abb. 4.10: Dispositive Datenarchitektur und dispositives Datenmodell (modifiziert übernommen aus Kemper 1999, S. 298)

Dekomposition

Deutlich wird, dass die Datenarchitektur über mehrere Ebenen verfügt, wobei die Entwicklung auf der höchsten Ebene beginnt und mit Hilfe einer sukzessiven Dekomposition in die gewünschte Detaillierung überführt wird.

Auf diese Weise werden die relevanten *Entitäts- und Beziehungsmengen (-typen)*, die grundlegenden *Hierarchisierungsformen* und die betriebswirtschaftlich harmonisierten *Attributtie-*

rungen modelltechnisch abgebildet, die auf der Basis der *Potenzialplanung* (vgl. hierzu Kapitel 4.3.1) in intensiver und anspruchsvoller Arbeit abzuleiten und als Vorgaben zu konkretisieren sind.

Es sei an dieser Stelle darauf hingewiesen, dass in jedem Falle eine Prüfung erforderlich ist, ob die gewünschten Strukturen sich aus den operativen/externen Datenbeständen bilden lassen, da ansonsten eine spätere datenspezifische Konkretisierung unmöglich ist.

Die negativen Konsequenzen einer unterlassenen Abstimmung mit den operativen/externen Datenbeständen seien im Weiteren an einem konkreten Anwendungsfall demonstriert: So ist in einem realen Anwendungsfall aus dem Bereich des Versicherungswesens das „Versicherte Objekt" in der dispositiven Datenarchitektur als wünschenswerter Kern-Entitätstyp identifiziert worden. Anschließend wurden auf der Basis der Datenarchitektur BI-Prototypen mit generierten Daten erzeugt, die Geschäftsanalysen auf der Basis der versicherten Objekte ermöglichten. Beispielsweise wurden dem Vorstand in diesem Zusammenhang Demo-Analysen präsentiert, bei denen mit Hilfe einer Objektselektion sämtliche korrespondierenden Versicherungsverträge des Unternehmens dargestellt wurden. Erst im Nachhinein wurde jedoch deutlich, dass dieser Typ von Auswertungen nicht mit den realen operativen Daten des Unternehmens durchführbar war, da das „Versicherte Objekt" im operativen Kontext keine identifizierbare Entität darstellte, sondern lediglich in Form von Attributen mit unterschiedlichen Kodierungen in diversen spartenspezifischen Entitätsmengen des Typs „Vertrag" eingebunden war.

4.3.3   Erstellung des Portfolios

Beeinflussung kritischer Erfolgsfaktoren

In der Makro-Ebene sind abgrenzbare BI-Anwendungssysteme zu identifizieren und zu priorisieren, um auf Basis dieser Informationen ein BI-Projektportfolio zu entwickeln. Hierbei ist es nahe liegend, dass vor allem die Systeme, die in hohem Maße einen oder mehrere relevante *kritische Erfolgsfaktoren positiv beeinflussen* und im Rahmen der *SWOT-Analyse* identifiziert wurden (vgl. Kapitel 4.3.1), eine hohe Umsetzungspriorität besitzen.

Allerdings sind für eine endgültige Entscheidung auch andere Kriterien einzubeziehen, die eine Wahl der zu entwickelnden BI-

Systeme ebenfalls determinieren. Hier sind insbesondere zu nennen:

- *Notwendiger Integrationsgrad*
  Komplexe Projekte, für die heterogene technische und/oder organisatorische Komponenten zusammengeführt werden müssen, sind naturgemäß mit einem hohen Risiko des Scheiterns behaftet.

- *Fehlendes betriebliches Know-how*
  Ähnliches gilt für Projekte, für deren Umsetzung im eigenen Unternehmen bislang kaum Erfahrungswissen existiert. Meist werden Mitarbeiter dieser Projekte im Entwicklungsprozess mit nicht antizipierten Problemen konfrontiert, die den Projekterfolg gefährden und nicht selten die Einbindung externer Dienstleister erforderlich machen.

- *Hoher Aufwand*
  Selbstverständlich sind betriebliche Projekte stets unter ökonomischen Gesichtspunkten zu bewerten. Sämtliche Projekte – auch Projekte strategischer Natur – haben sich aus diesem Grund im Vorfeld Kosten-/Nutzenbetrachtungen zu unterziehen, wobei je nach Projektcharakteristika neben quantitativen auch qualitative Aspekte Berücksichtigung finden können.

- *Betriebliche Reihenfolge*
  In der Praxis ist es nicht selten, dass Projekte lediglich dann sinnvoll durchgeführt werden können, wenn andere Vorhaben bereits abgeschlossen sind. So ist es denkbar, dass die Entwicklung eines speziellen BI-Anwendungssystems erst nach erfolgreicher Implementierung spezifischer operativer Vorsysteme erfolgen kann.

Besonderheiten bei Pilotsystemen

Ohne Frage hat sich auch die Wahl eines BI-Pilotsystems – also einer ersten BI-Anwendung des integrierten Ansatzes – diesen Kriterien zu stellen. Jedoch spielen gerade hier auch andere Aspekte eine bedeutende Rolle, da das Pilotprojekt den Startpunkt der Entwicklung des integrierten Ansatzes markiert und sämtliche Entscheidungen innerhalb des ersten Entwicklungsprozesses als erfolgskritisch für das Gesamtkonzept angesehen werden müssen.

So sollte angestrebt werden, bereits mit der ersten Systementwicklung weite Teile der dispositiven Datenarchitektur zu konkretisieren und eine große Zahl von Endbenutzern funktional zu unterstützen. Die Auswahl eines umfangreichen Pilot-Anwendungsbereiches birgt zwar ein höheres Risikopotenzial, einen erheblichen Mehraufwand für die Lösung schlecht antizipierbarer Probleme leisten zu müssen. Insgesamt überwiegen jedoch die Vorteile eines solchen Vorgehens. Zum einen kann mit Hilfe von umfangreichen Pilot-Projekten das Rahmenkonzept der Makro-Ebene bereits frühzeitig iterativ umgesetzt, angepasst und auf seine Tauglichkeit hin überprüft werden. Zum anderen kann die erfolgreiche Entwicklung eines umfangreicheren BI-Teilsystems als Katalysator für spätere Systementwicklungen dienen, da sich deren Aufwand aufgrund der dann bereits in großen Teilen durchgeführten Konkretisierung der dispositiven Datenarchitektur und der gewonnenen Entwicklungserfahrungen in hohem Maße verringern lässt.

4.3.4 Festlegung der Entwicklungsrahmenbedingungen

In der Makroebene sind Gestaltungsvorgaben für die Mikro-Ebene festzulegen. Die Aufgabe dieses Gestaltungsrahmens liegt in der Professionalisierung der Entwicklungs- und Reengineering-Prozesse durch eindeutige Vorgaben.

Richtlinien sind für die folgenden Bereiche zu entwickeln und zu dokumentieren:

- Aktivitäten, Phasen, Artefakte, Methoden, Werkzeuge und Rollen für die Systementwicklung bzw. das Reengineering.
- Kulturkonforme Sicherheits- und Zugriffskonzepte.
- Wissensmanagementintegration.
- Benutzungsoberflächen und Portalintegration

Diese Punkte werden im Folgenden näher ausgeführt:

- **Aktivitäten, Phasen, Artefakte, Methoden, Werkzeuge und Rollen für die Systementwicklung bzw. das Reengineering**

Mikro-Vorgehensmodell

Verbindliche Vorgaben für die reale Ausgestaltung des Mikro-Vorgehensmodells betreffen die exakte Beschreibung der durchzuführenden *Aktivitäten* und ihre Bündelung zu *Phasen*. Des Weiteren werden die zu entwickelnden *Artefakte* der einzelnen Phasen – also die zu erstellenden Ergebnistypen – exakt in ihrer Struktur mit Hilfe von Mustern vorgegeben, damit der jeweilige Projektfortschritt anhand von *Meilensteinen* leicht überprüft werden kann.

Methoden und *Werkzeuge* werden einzelnen *Aktivitäten* oder *Phasen* verbindlich zugeordnet, um eine intersubjektive Nachvollziehbarkeit und hohe Produktivität der Entwicklungs-/Reengineering-Prozesse sicherzustellen. Mit Hilfe von *Rollen* werden erforderliche Erfahrungen und Kenntnisse dokumentiert, die Mitarbeiter als Rollenträger aufweisen müssen, um erfolgreich spezifische Aktivitäten(-bündel) durchführen zu können.

- **Unternehmungskulturkonforme Sicherheits- und Zugriffskonzepte**

Das Sicherheitskonzept für BI-Anwendungssysteme betrifft zum einen die grundsätzlich für alle betrieblichen Informationssysteme relevanten Aufgabenstellungen wie etwa Schutz vor unternehmensexternem und -internem Missbrauch, Zerstörung oder Manipulation sowie vor der Gefahr der Systembeschädigung oder des Systemausfalls durch technisch bedingte Probleme bzw. umweltbedingte Faktoren.

Kulturelle Aspekte Zum anderen sind jedoch für integrierte BI-Systeme vor allem die Aspekte von besonderer Relevanz, die sich aus der unternehmensumfassenden dispositiven Datenhaltung ergeben. Mit dieser logisch zentralisierten, konsistenten Datenhaltung wird erstmalig in den Unternehmungen die Möglichkeit geschaffen, sämtliche führungsrelevanten Daten mit Hilfe einer integrierten Systemlandschaft zu recherchieren und auszuwerten. Diese Fähigkeit, die sicherlich für die Durchführung aperiodischer, ereignisorientierter Analysen der Gesamtunternehmung sinnvoll zu nutzen ist, kann jedoch im Rahmen der Abwicklung des Tagesgeschäftes erhebliche Probleme bereiten. Dieses ist vor allem dann der Fall, wenn – wie empirisch belegt – die Nutzung der dispositiven Datenhaltung zu Kompetenzüberschreitungen, Delegationsdurchgriffen oder Verletzungen von Verantwortungsbereichen führt (Kemper 1999, S. 308).

Innerhalb der Makro-Ebene ist daher die Aufgabe zu lösen, die Datenzugriffsberechtigungen der Benutzerrollen so zu gestalten, dass zum einen das der Technik inhärente Potenzial genutzt wird und zum anderen ein Konflikt mit der Unternehmenskultur vermieden wird.

- **Wissensmanagementintegration**

Modell- und Ergebnisintegration Eng verbunden mit den o. a. kulturkonformen Aspekten sind auch die Themengebiete der Integration von Analysemodellen und Analyseergebnissen in die Wissensmanagementsysteme des Unternehmens zu beurteilen. So ist auf der Makroebene neben den technischen Vorgaben, welche die IT-basierte Umsetzung der Modell- und Ergebnisintegration determinieren, vor allem die kulturkonforme Integration des kodifizierten Wissens sicherzustellen. Organisatorische und sozialpsychologische Aspekte wie Zugriffsberechtigungen, Anreizstrukturen, Qualitätssicherungen, sollen hier lediglich als Beispiele herangezogen werden, um das komplexe, noch junge Gestaltungsgebiet zu umreißen.

• Benutzungsoberflächen und Portalintegration

Corporate Identity und Style Guides
Mit Hilfe der Benutzungsoberflächen und der Portalintegration werden die BI-Teilsysteme zu einem aus Benutzersicht logisch einheitlichen System integriert und die Funktionalitäten in situationsspezifischer, rollenabhängiger und benutzerindividueller Form präsentiert. Daher sind bereits in der Makro-Ebene verbindliche Vorgaben für die generelle äußere Erscheinungsform und funktionale Struktur der Mensch-Maschine-Schnittstelle festzulegen. Hierbei müssen sowohl die Aspekte der *Corporate Identity* – wie etwa die Einbindung von Logos oder die Verwendung von Farben – als auch die grundsätzlichen *Style Guides* in Bezug auf die Benutzerfreundlichkeit der Bedienungselemente – wie z. B. Bildschirmaufbau, Tastenbelegung, Ausnahmebehandlung, Design der Berichte und Geschäftsgrafiken usw. – berücksichtigt werden.

4.3.5   Planung der technischen Infrastrukturen

Die Makro-Ebene hat sich explizit mit der langfristigen Planung des Technikeinsatzes zur Umsetzung des Gesamtkonzeptes zu befassen. Hierbei sind sowohl Netzinfrastrukturen als auch Hard- und Softwarekomponenten von Relevanz, da diese Infrastrukturen dem im Zeitverlauf *starken Wachstum* des Datenvolumens gerecht werden müssen und aufgrund der hohen Veränderungsdynamik der Technik ständigen *Anpassungsprozessen* unterliegen.

• Skalierbarkeit technischer Infrastrukturen

Die gravierende Datenzunahme ergibt sich bereits aufgrund der Besonderheiten von Data Warehouses. Laut Definition (vgl. Kapitel 2.2) werden die Daten in diesen Systemen *historienbildend* abgelegt. Sie werden demnach nicht gelöscht oder überschrieben, sondern stets durch periodisch durchgeführte ETL-Prozesse um neue Daten ergänzt. Des Weiteren bedingen auch die bei der Umsetzung eines BI-Konzeptes zeitlich verschachtelten Entwicklungen integrierter BI-Systeme eine ständige Ausweitung der dispositiven Datenhaltungskomponente.

So ist es nicht unrealistisch, dass zu Beginn des Entwicklungsprozesses aufgrund des eingeschränkten Abbildungsbereiches und der noch geringen Historientiefe lediglich einige hundert Megabyte an dispositiven Daten verwaltet werden müssen, während im Verlaufe der Zeit aufgrund der sukzessiven Erweiterung des BI-Konzeptes und der sich bildenden Datenhistorie das Datenvolumen bis in den Terabyte-Bereich wachsen kann.

Die auf der Makro-Ebene des Vorgehensmodells zu installierende Planung der technischen Infrastrukturen hat sich daher der herausfordernden Aufgabe zu stellen, eine adaptive Skalierbarkeit der notwendigen Technikausstattung über den Zeitverlauf zu gewährleisten.

• Wandel technischer Infrastrukturen

Technologie-
management

Die Pflege der Rahmenkonzepte integrierter BI-Lösungen ist keiner zeitlichen Restriktion unterworfen. Daher ist die Beobachtung und Einschätzung *technologischer Innovationsprozesse* von entscheidender Relevanz, um erforderliche Migrationsprozesse in den technischen Infrastrukturen initiieren zu können. In der Makro-Ebene sind demnach *Planungsgrundlagen* zu erarbeiten und konkrete *Planungen* zu entwickeln, die eine optimierte, auf das Unternehmen ausgerichtete Technikmigration über den Zeitverlauf ermöglichen.[17]

Zur Präzisierung des Technologieverständnisses werden in der Wissenschaft meist die Begriffe *Basis-, Schlüssel-, Schrittmacher-* und *Zukunftstechnologien* unterschieden (Heinrich 2002, S. 151 f.) Unter *Basistechnologien* werden in diesem Zusammenhang existierende Technologien verstanden, die sich etabliert und bewährt haben, von denen jedoch kaum weiteres Veränderungspotenzial zu erwarten ist. *Schlüsseltechnologien* hingegen sind neuere, am Markt verfügbare Technologien, deren Veränderungspotenzial in den Unternehmungen bislang nicht voll ausgeschöpft worden ist. Ihr Einsatz ist daher jedoch auch meist noch mit nicht antizipierbaren Einsatzproblemen verbunden. *Schrittmacher-* und *Zukunftstechnologien* sind im Entwicklungsstadium befindliche oder sich abzeichnende Technologien, von denen erhebliches Veränderungspotential erwartet wird, die aber bis

---

[17] Z. B. haben in den letzten Jahren viele Unternehmen ihre proprietären Benutzungsoberflächen durch Web-Frontends ersetzt, nachdem diese nach längerer Entwicklungszeit erstmalig wirkungsvoll einsetzbar waren.

dato noch keine Relevanz im Rahmen der organisatorischen Gestaltung besitzen (Kemper 2003, S. 233).

Beispiele Ein Beispiel für eine *Basistechnologie* im BI-Kontext ist der Einsatz von relationalen Datenbank-Systemen. Der mobile Zugriff auf dispositive Daten über leistungsstarke Netze wie UMTS (Universal Mobile Telecommunications System) oder die Nutzung objektorientierter Datenhaltungssysteme können als *Schlüsseltechnologien* angesehen werden. Als Beispiel für *Schrittmacher*- oder *Zukunftstechnologien* kann die Authentifizierung der Endbenutzer über biometrische Verfahren wie etwa die Gesichtserkennung angeführt werden.

Schalenmodell Eine Visualisierung des Zusammenhangs in Form eines Schalenmodells erfolgt in der Abb. 4.11.

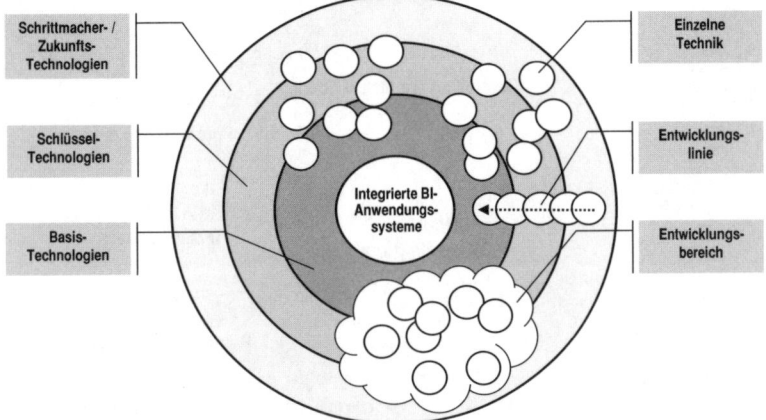

Abb. 4.11: Schalenmodell (modifiziert übernommen aus Steinbock 1994, S. 33)

Im Mittelpunkt des Modells befindet sich das betriebliche Anwendungsfeld, hier im Beispiel „Integrierte BI-Anwendungssysteme". Die umschließenden Schalen repräsentieren die Räume, in denen die relevanten Schrittmacher-/Zukunftstechnologien, Schlüssel- und Basistechnologien für die Umsetzung des gewählten Anwendungsbereiches zu positionieren sind. Die kleineren Kreise stellen die einzelnen Techniken dar, wobei der augenblickliche Entwicklungsstand dieser einzelnen Techniken aufgrund der Positionierung innerhalb des Schalenmodells deutlich wird. Eine Entwicklungslinie repräsentiert den mutmaßlichen Entwicklungsverlauf einer neuen Technologie. Entwicklungsbereiche – in der Abbildung als „Wolke" dargestellt – stehen für zusammengehörende Gestaltungskomplexe, die durch ein Set von Techniken unterstützt werden können.

4.3.6 Controlling

Ein umfassendes Controlling beinhaltet eine erfolgsorientierte Planung, Überwachung und Steuerung des gesamten Makro-Bereiches, wobei vor allem die Kompatibilität der einzelnen Komponenten über den Zeitverlauf sichergestellt werden soll. Die Abb. 4.12 verdeutlicht diese Zusammenhänge.

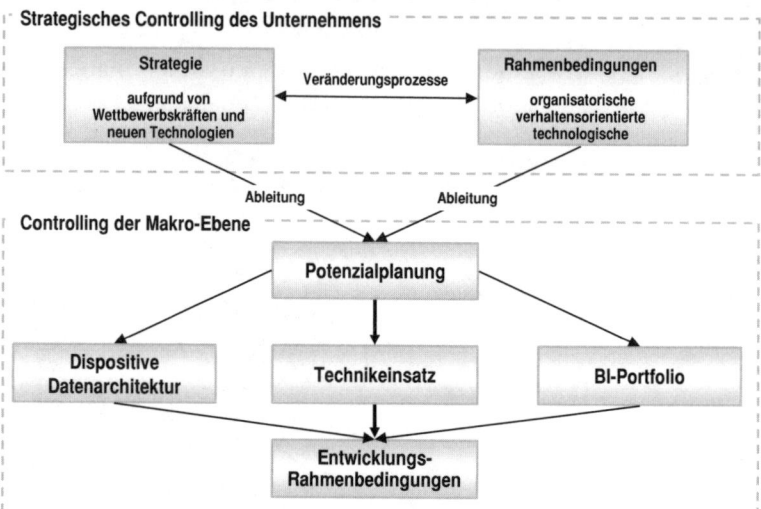

Abb. 4.12: Controlling der Makro-Ebene

Wie ersichtlich ist, besteht eine enge Verzahnung zwischen dem strategischen Controlling des Unternehmens und dem Controlling der Makro-Ebene.

Im Bereich der Makro-Ebene existieren Interdependenzen zwischen der Potenzialplanung und der sich daraus ableitenden Aktivitäten zur Gestaltung der dispositiven Datenarchitektur, des adäquaten Technikeinsatzes und der Abgrenzung eines BI-Portfolios, deren jeweilige Ausprägungen wiederum die Entwicklungsrahmenbedingungen beeinflussen.

Reengineering der Makro-Ebene Die Controlling-Aktivitäten der Makro-Ebene werden zu definierten Zeitpunkten oder bei außergewöhnlichen Anlässen in Form sog. *Controllingpunkte* durchgeführt (vgl. Abb. 4.5). Im Falle relevanter Abweichungen zwischen der existierenden und der anzustrebenden Ausgestaltung der Rahmenplanung wird eine

Entscheidung über ein *Reengineering der Makro-Ebene* getroffen. In der Folge von Änderungen sind ebenfalls Verträglichkeitsanalysen zwischen den bereits realisierten BI-Anwendungssystemen und der überarbeiteten Rahmenplanung durchzuführen. Diese werden in Abb. 4.5 als *Controllingpunkte zur Abstimmung zwischen Mikro- und Makro-Ebene* bezeichnet. Im Bedarfsfalle initiieren die Ergebnisse dieser Controllinganalysen einen Reengineering-Prozess der existierenden BI-Systeme, um die Kompatibilität zwischen der neu gestalteten Makro-Ebene und der Mikro-Ebene wieder herzustellen.[18]

4.3.7   **Organisatorische Einbindung**

Das Aufgabenbündel der Makro-Ebene besitzt folgende Charakteristika:

- *Endgültige, zeitstabile Lösungen werden nicht erarbeitet:*
  Sämtliche Aufgaben der Makro-Ebene sind zeitlich unbeschränkte Daueraufgaben. Sie sind kontinuierlich durchzuführen, da alle Komponenten im Zeitverlauf aufgrund der Veränderungen innerbetrieblicher Realitäten und unternehmensexterner Rahmenbedingungen ständig überprüft und angepasst werden müssen.

- *Aufgabenbündel besitzen strategische Bedeutung:*
  Aufgrund der Ausrichtung auf den Komplex der gesamten Managementunterstützung besitzen die Aufgaben elementare Bedeutung für den Unternehmenserfolg.

- *Aufgabenlösungen verlangen ausgeprägte Koordination:*
  Für die Lösung der Aufgaben ist eine enge Abstimmung zwischen Management, Fachbereichen und IT-Abteilung erforderlich.

- *Aufgaben verlangen interdisziplinäre Kompetenzen:*
  Für eine erfolgreiche Aufgabenumsetzung im Bereich der Makro-Ebene sind Mitarbeiter erforderlich, die fundierte Kenntnissen in den Bereichen Betriebswirtschaft und Informationstechnologie besitzen und zusätzlich eine hohe Sozialkompetenz aufweisen.

---

[18] So würde z. B. eine Revision der Makro-Ebene bzgl. des Einsatzes von Frontend-Systemen (Ablösung proprietärer Frontends zu Gunsten von Web-Frontends) zu einer entsprechenden Überprüfung und ggf. auch Anpassung der Altsysteme führen.

Diese Merkmale verdeutlichen, dass zur Umsetzung des Aufgabenbündels entweder eine bestehende Organisationseinheit mit der Durchführung dieser Aktivitäten zu betrauen ist oder eine eigenständige Organisationseinheit *Business-Intelligence-Systeme* gegründet werden muss. Die existierenden Organisationseinheiten *IT-Abteilung* oder *Unternehmensführung* sind jedoch aufgrund der Aufgabenvielfalt und -komplexiät der Makro-Ebene sowie der Notwendigkeit zu interdisziplinären Lösungsansätzen in der Regel nur sehr bedingt geeignet, insbesondere wegen der für den Anwendungsbereich meist zu hohen Spezialisierung des Know-hows dieser Mitarbeiter.

Aus diesem Grunde wird hier die Variante einer institutionalisierten, eigenständigen Organisationseinheit favorisiert. Diese Organisationseinheit sollte aus Mitarbeitern verschiedener betriebswirtschaftlicher und IT-orientierter Fachrichtungen bestehen und auf einer hohen hierarchischen Ebene angesiedelt sein, damit sie als kompetente Moderatoren zwischen den Entwicklungsbeteiligten der Mikro-Ebene (Manager, betriebswirtschaftliche Fachbereiche, IT-Bereich) auftreten kann und auch aufgrund ihrer Kompetenz und Verantwortung Vorgaben für die einzelnen Entwicklungsprojekte definieren und durchsetzen kann.

4.4 Mikro-Ebene

Die Mikro-Ebene beinhaltet in ihrer Rolle als *Projektebene* die Entwicklungs- sowie die einsatzbegleitenden Reengineering-Aktivitäten der in der Makro-Ebene abgegrenzten BI-Teilsysteme. Sie konkretisiert somit die in der Makro-Ebene vorgegebenen Strukturen und hat sich an den verbindlichen Rahmenbedingungen dieser Ebene auszurichten, wobei selbstverständlich aufgrund von Erfahrungen auch Revisionsaktivitäten für die Makro-Ebene angestoßen werden können.[19]

Makro-Ebene

Wie die Abb. 4.13 verdeutlicht, stehen die Vorgaben der Makro-Ebene im Zentrum der Entwicklungs- und Reengineering-Aktivitäten und dienen zum einen der Durchführung von Qualitätssicherungsmaßnahmen. Zum anderen determinieren sie auf der Basis der in der Makro-Ebene durchgeführten Portfoliobildung – wie der breite Pfeil in der Abbildung andeutet – das jeweils zu realisierende BI-System.

---

[19] Zu Besonderheiten des ersten Projektes – des sog. Pilotprojektes – vgl. Kap. 4.3.3.

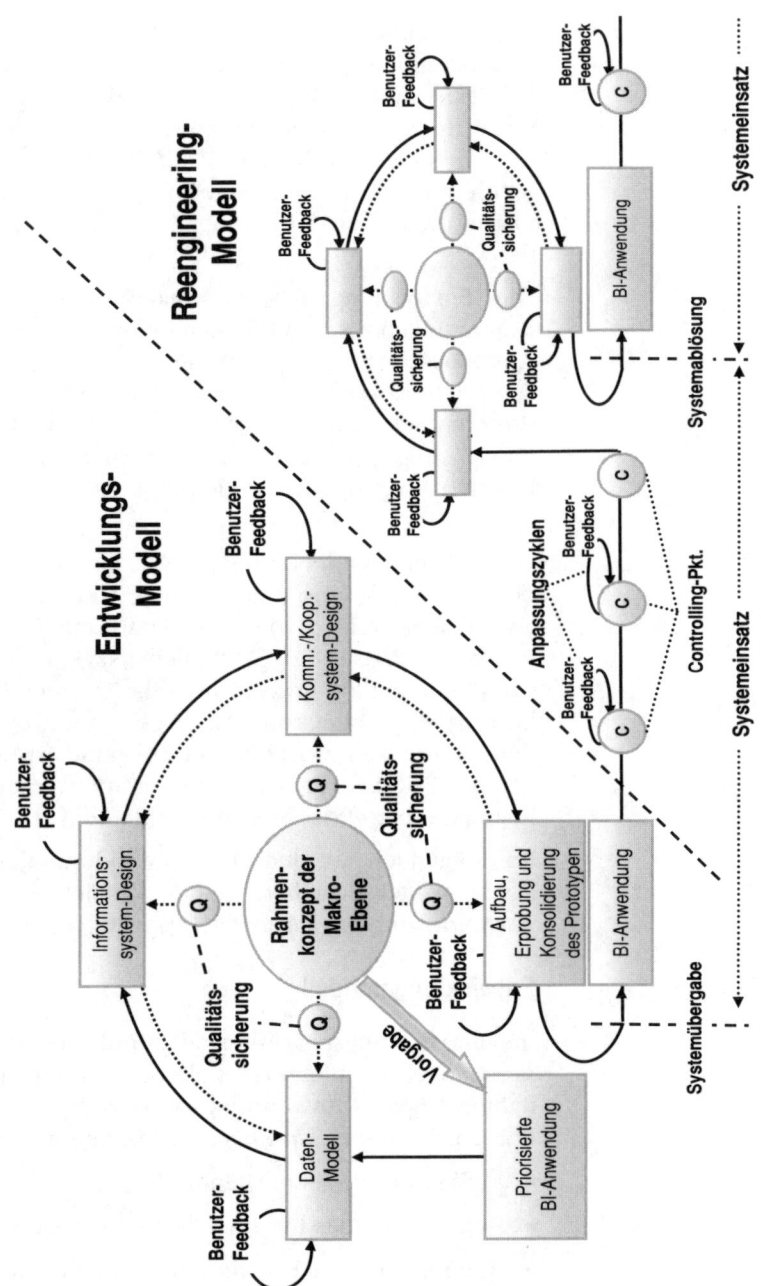

Abb. 4.13: Entwicklungs- und Reengineering-Modell (modifiziert übernommen aus Kemper 1999, S. 322)

Mikro-Ebene

Das gesamte Vorgehen auf der Mikro-Ebene ist datenakzentuiert und iterativ ausgerichtet. So wird zu Beginn das relevante Projekt-Datenmodell abgegrenzt und dokumentiert. Diese Aktivitäten werden – ebenso wie die nachfolgenden Entwicklungsschritte – in enger Kooperation mit den späteren Endbenutzern in mehreren Zyklen durchlaufen und an den Vorgaben der Makro-Ebene orientiert (in der Abbildung durch Rekursionen repräsentiert).

Die Entwicklung des Informationssystem-Designs sowie des Kommunikations- und Kooperations-System-Designs erfolgt im Anschluss an die Projekt-Datenmodellierung in äquivalenter Weise. Nach Abschluss sämtlicher Modellierungsphasen wird der Prototyp aufgebaut, erprobt und konsolidiert. Hier sind ebenfalls wieder Rücksprünge in bereits durchlaufene Phasen – sowohl zu direkten Vorgängern als auch zu weiter zurückliegenden – möglich.

Der abschließende Prototyp wird als BI-Anwendungssystem in den operativen Einsatz übergeben, wenn er nach mehreren Zyklen als ausgereift, stabil und bedarfsangemessen bewertet wird. In dieser Phase des Systemlebenszyklus werden engmaschig Controllingpunkte gesetzt. Im Falle geringfügiger Abweichungen können Anpassungsaktivitäten gestartet werden. Bei gravierenden Differenzen zwischen der Soll- und Ist-Konzeption ist dagegen ein Teil des Entwicklungskreislaufes erneut im Rahmen eines Reengineering-Prozesses zu durchlaufen.

Im Folgenden werden die Entwicklungsaktivitäten der Mikro-Ebene weiter detailliert in den Bereichen *Entwicklungsmodell*, *Reengineering-Modell* sowie *Organisatorische Implementierung*.

4.4.1 Entwicklungsmodell

Im Entwicklungsprozess sind sämtliche Aktivitätenbündel zusammengefasst, die zur Erstellung und zur operativen Inbetriebnahme eines BI-Anwendungssystems erforderlich sind. Folgende Phasen des *Entwicklungmodells* können unterschieden werden:

- Aufbau des Projekt-Datenmodells.
- Bestimmung des Informations-System-Designs.
- Bestimmung des Kommunikations- und Kooperations-System-Designs.
- Aufbau, Erprobung und Konsolidierung des Prototypen.

Projekt-Datenmodell

Im Rahmen der projektspezifischen Datenmodellierung sind anwendungsorientierte *Fakten, Granularitäten* und *Dimensionshierarchien* des zu entwickelnden BI-Anwendungssystems in enger Zusammenarbeit mit den späteren Endbenutzern festzulegen.[20]

Die *Fakten* stellen die relevanten Kennzahlen der zu entwickelnden Anwendung dar und bestehen aus internen und/oder externen Daten und hieraus berechneten Werten. Die Ermittlung und Abgrenzung dieser Fakten ist in direkter Abstimmung mit der dispositiven Datenarchitektur durchzuführen, um eine Harmonisierung und Architekturverträglichkeit sicherzustellen.

In einem weiteren Schritt ist die applikationsspezifische *Granularität* vorzugeben. Sie definiert den tiefsten Detaillierungsgrad der Fakten und legt auf diese Weise die *Auswertungsdimensionen* des zu entwickelnden Informationssystems fest, wobei die Dimensionen mit denen der dispositiven Datenarchitektur abgeglichen werden müssen. Die Dimensionen der dispositiven Datenarchitektur sind auf die Granularitätsebene aller geplanten BI-Anwendungssysteme ausgerichtet. Daher ist es durchaus möglich, dass die Applikationsgranularitäten sich nicht auf dem Dimensionsniveau der dispositiven Datenarchitektur befinden, sondern bereits Verdichtungen darstellen.[21]

Das Projekt-Datenmodell konkretisiert einen Ausschnitt der in der Makro-Ebene definierten dispositiven Datenarchitektur, determiniert im weiteren Verlauf Transformationsprozesse und physische Strukturen in der dispositiven Datenhaltungskomponente des Unternehmens (vgl. Abb. 4.10). Schwachstellen in der Aufbau- und Integrationsphase des Datenmodells – beispielsweise ein unzureichender Abgleich mit den Vorgaben des Rahmenkonzeptes – ziehen daher gravierende Folgen für den gesamten BI-Entwicklungsprozess nach sich und sind nachträglich lediglich mit erheblichen Aufwand zu bereinigen.

---

[20] Zur Vertiefung des Themenkomplexes vgl. Kap. 2.3.1.

[21] Beispielsweise kann die Dimension „Kunde" der dispositiven Datenarchitektur für die Applikationsgranularität zu „Kundengruppe" verdichtet sein.

Informationssystem-Design

Das Informationssystem-Design baut auf dem Projekt-Datenmodell auf. Es dient der Definition und Dokumentation der aus Benutzersicht notwendigen Anforderungen an das BI-Anwendungssystem. Folgende Sachverhalte sind zu bestimmen:

- *Funktionalitäten* für die applikationsspezifische Transformation der dispositiven Daten in Informationen (sofern nicht bereits im Datenmodell als betriebswirtschaftliche Anreicherungen definiert).[22]

- *Auswertungsflexibilität* des Informationssystems.

- *Darstellungsformen* für das BI-Anwendungssystem.

- *Datenberechtigungen* für Benutzerrollen.

Kommunikations-/Kooperationssystem-Design

Diese Phase des Entwicklungsprozesses dient der Analyse und Dokumentation der erforderlichen Kommunikations- und Kooperationsaktivitäten zwischen Benutzern und Benutzergruppen. Auf Basis dieser Erkenntnisse sind Funktionalitäten synchroner und asynchroner Kommunikations- und Kooperationskomponenten festzulegen (z. B. kontextsensitive E-Mail-Funktionen oder Audio-Video-Conferencing).

Prototypengestützte Entwicklung

Nach Abschluss der Definition des Projekt-Datenmodells sowie des Designs des Informations- und Kommunikations-/Kooperations-Systems, kann die *Erstellung, Erprobung und Konsolidierung des Prototypen* des zu entwickelnden BI-Teilsystems beginnen.

Prototypische Umsetzung des Projekt-Datenmodells

Hierbei kommt der prototypischen Umsetzung des Projektdatenmodells eine Schlüsselrolle zu, da sie die Komponente mit den größten Interdependenzen zu allen anderen Entwicklungsprozessen darstellt. Wie die Abb. 4.14 verdeutlicht, ist der Aufwand für diese Aktivitäten erheblich von dem unternehmensspezifischen Entwicklungsstand des integrierten BI-Ansatzes abhängig.

---

[22] Z. B. Festlegung konkreter Ausprägungsformen des Ausnahme-Berichtswesens, von Kennzahlen und Indikatoren der Datenanalyse oder statistischer Verfahren zur Unterstützung der Dateninterpretation.

*Altruistischer
Anteil der ersten
BI-Anwendung*

So sind im Falle des Pilot-Projektes, bei dem noch keine Konkretisierung durch Vorprojekte erfolgt ist, die umfassendsten Aktivitäten durchzuführen. Bei Nachfolgeprojekten können sich diese Aktivitäten erheblich reduzieren, da die dispositive Datenhaltung in diesen Fällen bereits durch die Entwicklungsprozesse vorgelagerter BI-Anwendungssysteme teilweise oder gänzlich konkretisiert sein kann und somit für das zu entwickelnde BI-Anwendungssystem nutzbar ist.

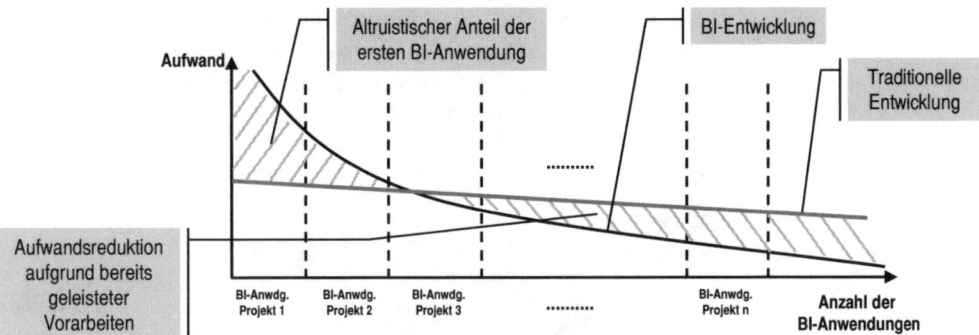

Abb. 4.14: Aufwandsdegression bei zunehmendem Reifegrad des BI-Ansatzes (modifiziert übernommen aus Kemper 1999, S. 327)

Existieren jedoch keine verwendbaren Vorleistungen, sind umfangreichere Arbeiten zur Übernahme der Daten in die dispositive Datenhaltung durchzuführen:

- Identifikation der geeigneten unternehmensinternen und -externen Datenquellen.

- Implementierung von ETL-Prozessen und deren metadatengestützter Dokumentation (vgl. Kapitel 2.3.1).

*Engerer Prozess
des Prototypings
und Systemübergabe*

Der engere Prozess des Prototypings beinhaltet den iterativen Entwicklungs-, Erprobungs- und Konsolidierungsprozess des BI-Anwendungssystems, der in mehreren Zyklen durchlaufen wird. Es werden erste Versionen des Teilsystems im Rahmen des *explorativen Prototypings* entwickelt und in sog. *Feedback-Runden* den Endbenutzern vorgestellt und mit ihnen diskutiert.

Wird nach mehreren Entwicklungszyklen der Prototyp von den späteren Systembenutzern als bedarfsangemessen und mängelfrei beurteilt, erfolgt in einem abschließenden Entwicklungsschritt die Vorbereitung der letzten Prototyp-Version für den operativen

Systembetrieb. In diesem Abschnitt des Entwicklungsprozesses werden die erforderlichen benutzerrollenspezifischen Berechtigungsstrukturen integriert und das BI-Anwendungssystem zu einem definierten Zeitpunkt in den operativen Betrieb übergeben.

4.4.2   **Reengineering-Modell**

Das Reengineering-Modell bestimmt die Aktivitäten, die während der Einsatzphase eines BI-Anwendungssystems anfallen. Die Abb. 4.15 zeigt die Zusammensetzung des Reengineering-Modells aus Controlling-Phasen und dem Reengineering-Zyklus, der sich durch einen strukturidentischen Aufbau im Vergleich zum Entwicklungsmodell auszeichnet (vgl. Abb. 4.13).

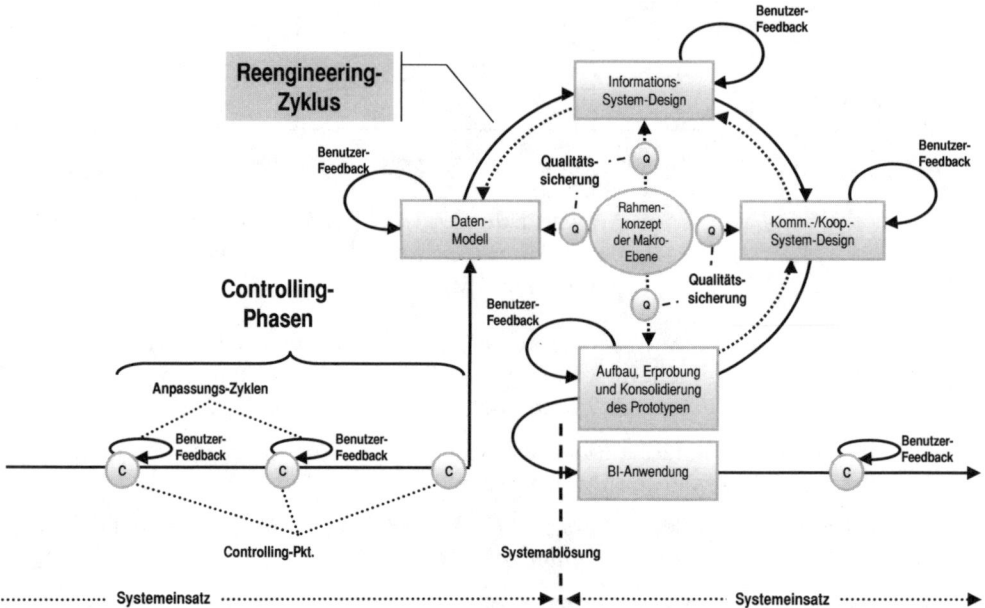

Abb. 4.15: Reengineering-Modell (modifiziert übernommen aus Kemper 1999, S. 330)

Controlling-Phasen

In die Phase des operativen Betriebs von BI-Anwendungssystemen sind regelmäßige *Controlling-Phasen* eingebettet. Sie werden genutzt, um das System zum einen mit den sich aus Endbenutzersicht wandelnden Anforderungen und zum anderen mit sich ändernden internen und externen Rahmenbedingungen abzugleichen. Diese Controlling-Phasen können – analog zu den Lebenszyklus-Modellen der klassischen Anwendungsentwicklung – periodisch oder im Bedarfsfall von Endbenutzern bzw. Endbenutzergruppen initiiert werden.

Bei kleineren Änderungen können mit Hilfe von *Anpassungszyklen* erforderliche Systemadaptionen über die definierten technischen und fachlichen Administrationsschnittstellen (vgl. Kapitel 2.3.6) durchgeführt werden, größere Veränderungen bedingen jedoch ein professionelles Reengineering.

Reengineering-Zyklus

Der Reengineering-Zyklus wird gestartet, wenn während der Einsatzphase eines BI-Anwendungssystems die in den Controlling-Phasen durchgeführten Adaptionsprozesse nicht mehr genügen, um die Systemadäquanz herzustellen. Es ist einsichtig, dass die Bearbeitungsintensität der einzelnen Phasen des Reengineering-Zyklus hierbei den jeweiligen Erfordernissen angepasst werden kann und nicht in jedem Falle alle Phasen vollständig umgesetzt werden müssen.

Um eine Versorgungslücke des Managements zu vermeiden, wird das BI-Altsystem während der Reengineering-Aktivitäten unverändert weiter betrieben. Erst nach dem Abschluss sämtlicher Aktivitäten erfolgen die Ablösung des Altsystems und der Einsatz des modifizierten bzw. erweiterten BI-Anwendungssystems. Auch dessen weiterer Einsatz wird wiederum durch Controllingphasen begleitet, die je nach Ergebnis Anpassungszyklen einleiten oder einen erneuten Reengineering-Prozess erforderlich machen. Auf diese Weise ist der Einsatz des BI-Anwendungssystems durch eine iterative Folge von Controllingphasen, Anpassungszyklen und Reengineering-Prozessen gekennzeichnet und endet erst mit seiner endgültigen Außerdienststellung.

4.4.3 Organisatorische Einbindung

Beteiligte Anspruchsgruppen

Die Entwicklungs- und Reengineering-Prozesse im BI-Kontext weisen die Charakteristika der Einmaligkeit, Zusammensetzung aus Teilaufgaben, Interdisziplinarität, Konkurrenz um Betriebsmittel, Bestimmung von Dauer und Aufwand sowie der zeitlichen Begrenzung auf. Daher ist für ihre Umsetzung die klassische Projektform geeignet. Sowohl Entwicklungs- als auch Reengineering-Prozesse sind durch stark prototypisch ausgerichtete Elemente gekennzeichnet. Die hierdurch erforderlichen, ständigen Rückkopplungen betonen die hohe Relevanz einer fundierten Auswahl der Projektbeteiligten. Die folgenden Anspruchsgruppen von BI-Anwendungssystemen sind daher angemessen zu berücksichtigen:

- *Manager* oder ihre unmittelbaren Vertreter, auf deren Anforderungen als spätere Systembenutzer die grundlegenden Funktionalitäten, Darstellungsformen und Datensichten ausgerichtet sein müssen.

- Fachbereiche, die als *Datenlieferanten* die semantische Qualität der in die dispositive Datenhaltung einfließenden Daten zu gewährleisten haben.

- *IT-Spezialisten*, welche die technische Implementierung sämtlicher Systemkomponenten durchführen.

- *Vertreter der Makro-Ebene*, welche die Koordination der Entwicklungs- und Reengineering-Aktivitäten mit den Vorgaben der Makro-Ebene verantworten.

4.5 Zusammenfassung

Die Gestaltung *integrierter BI-Anwendungssysteme* verlangt den Einsatz eines *Vorgehensmodells*, das weit über die Funktionalitäten der traditionellen Modelle der Systementwicklung hinausgeht. Dieses ist insbesondere deshalb erforderlich, da das Ziel der BI-Systementwicklung sich nicht auf die Erstellung eines isolierten Anwendungssystems bezieht, sondern den Aufbau einer abgestimmten BI-Systemlandschaft für den gesamten dispositiven Bereich eines Unternehmens fokussiert. Das im vorliegenden Kapitel entwickelte *Vorgehensmodell* gliedert sich aus diesem Grunde in eine *Makro-* und eine *Mikro-Ebene*, wobei die Makro-Ebene die grundlegenden *Rahmenbedingungen* festlegt, während die Mikro-Ebene die mit dem Rahmenkonzept abgestimmten *Entwicklungsprozesse* der BI-Teilsysteme beinhaltet.

Die *Makro-Ebene* detailliert sich in strategische Aufgabenbündel, welche die *Potenzialplanung*, die Entwicklung der *dispositiven Datenarchitektur*, die Erstellung des *Projektportfolios,* die *Festlegung der Entwicklungsrahmenbedingungen* sowie die Planung der *technischen Infrastruktur* umfassen. Da die Erstellung und die kontinuierliche Anpassung dieser Rahmenbedingungen keine zeitlich befristete Aufgabe, sondern einen permanenten *Prozess* darstellt, ist für die Umsetzung, das Controlling und die Anpassung dieser Ebene eine *dauerhafte Organisationseinheit* zu bilden und in hierarchisch hoher Positionierung in der Unternehmung zu implementieren.

Die einzelnen *Entwicklungs-* und *Reengineering-Prozesse,* die im Rahmen der *Mikro-Ebene* durchgeführt werden, sind hingegen in Form von *Projekten* umzusetzen, wobei die personelle Zusammensetzung der Projektteams aus Vertretern des Managements, der Daten liefernden Fachbereiche, der IT-Abteilung und der Makro-Ebene erfolgt. Das Vorgehensmodell der Mikro-Ebene ist bewusst *prototypisch* ausgerichtet und umfasst die iterativen Aktivitätenbündel der projektbezogenen *Datenmodellierung,* der Erstellung des *Informationssystems-* und *Kommunikations-/Kooperations-System-Designs* sowie der *Entwicklung, Erprobung und Konsolidierung von lauffähigen Prototypen.* Diese Prototypen werden nach Abnahme durch die Manager vervollständigt, indem sie um die Aspekte des Echtbetriebs erweitert und als operative BI-Teilsysteme in den Einsatz übergeben werden. Während dieser Einsatzzeit wird mit Hilfe engmaschiger *Controlling-Phasen* analysiert, inwieweit das Teilsystem noch den sich wandelnden Anforderungen genügt, wobei im Falle geringfügiger Abweichungen sofortige *Anpassungszyklen* eingeleitet werden können, während bei gravierenden Änderungen ein *Reengineering-Zyklus* angestoßen werden muss, der einen nahezu phasenidentischen Aufbau zum Entwicklungsmodell besitzt.

5 Praktische Anwendungen

Zur Verdeutlichung der dargestellten Themen werden im Folgenden Fallstudien vorgestellt. Sie sind nicht als „Best-Practice-Lösungen" zu interpretieren, sondern zeigen typische Systemimplementierungen und basieren auf realen Praxissystemen, die aus didaktischen Gründen modifiziert und anonymisiert wurden.

5.1 Data-Mart-basierte BI-Anwendung eines Finanzdienstleisters

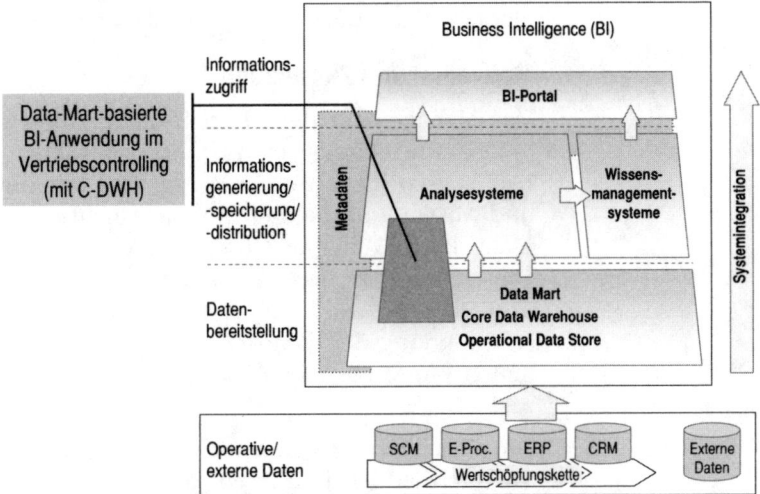

Abb. 5.1: Data-Mart-basierte BI-Anwendung im Vertriebscontrolling

Die BI-Anwendung dient der Optimierung des Vertriebs eines Dienstleistungsunternehmens im Allfinanzbereich. Das System sollte ursprünglich als isolierte Data-Mart-Lösung umgesetzt werden, d. h. direkt mit transformierten operativen Daten versorgt werden. Aufgrund einer strategischen Entscheidung des Vorstands wurden die Pläne jedoch revidiert und die Anwendung als erster Baustein eines umfassenden Data-Warehouse-Ansatzes gewertet. Die Systemumgebung besteht daher neben der proprietären Data-Mart-Lösung aus einer relationalen Core-Data-

Warehouse-Komponente. Die Einordnung in den Ordnungsrahmen verdeutlicht Abb. 5.1.

Unternehmen

Das Unternehmen ist ein Finanzdienstleister, der ursprünglich ausschließlich auf dem Markt der Baufinanzierung aktiv war, inzwischen jedoch seinen Handlungsspielraum ausgeweitet hat und seinen Kunden bundesweit individuell angepasste Finanzangebote unterbreitet. Die Hauptzielgruppe sind die ca. 1,5 Millionen Stammkunden, bei denen Cross-Selling-Potenziale erschlossen werden sollen. Sie werden von 7.000 Vertriebsmitarbeitern in einer einheitlichen Vertriebsorganisation für die Produktbereiche Bausparen, Baufinanzierung, Lebensversicherung und Bankprodukte betreut. Besonders die Lebensversicherungssparte hat im Rahmen dieser expansiven Marktstrategie einen stetigen Bedeutungszuwachs erfahren.

Motivation und Zielsetzung

Das Management der Vertriebsorganisation war Initiator für die Systementwicklung im Vertriebscontrolling. Ihrer Einschätzung nach waren die Vorsysteme bzgl. der Datenqualität, Performance und Auswertungsflexibilität völlig unzureichend und entsprachen nicht den geänderten Geschäftsbedingungen des Unternehmens. Die einsetzende Diskussion um die Neuentwicklung führte im Top-Management zu einer lebhaften Diskussion über die generelle Eignung der dispositiven Systeme des Hauses und bewirkte mittelfristig eine DWH-basierte Neukonzeption des Gesamtansatzes.

Die Beschreibung reduziert sich aus pragmatischen Gründen im Weiteren jedoch primär auf die Details des ersten Bausteins des Ansatzes, der Optimierung des Vertriebscontrollings.

Lösungskonzept

Systemanforde-rungen

Auf der Basis einer Anforderungsanalyse, die im ersten Schritt mit Hilfe von Interviews mit dem Vertriebsmanagement durchgeführt wurde, erarbeitete die Projektgruppe ein Lösungskonzept, das sowohl ein Basismodul zum Abruf vorgefertigter Standardberichte als auch ein Ad-hoc-Analysesystem (vgl. Kapitel 3.1.5) vorsah.

Insbesondere sollten hierbei die folgenden Anforderungen abgedeckt werden:

- Abbildung der Struktur der Vertriebsorganisation über fünf Hierarchieebenen (Vertriebsleitung, Regional-, Landes- und Bezirksdirektionen sowie Bezirksleitungen) mit performanten Drill-down-Funktionalitäten.

- Standard- und Ausnahmeberichtswesen.

- Ad-hoc-Analysen für Controlling-Mitarbeiter.

- Grafische Auswertungsmethoden wie z. B. Balkendiagramme, Trend-, Portfolio- und ABC-Analysen.

- Abbildung der unternehmensspezifischen Terminologie und Berichtsarten.

- Integrierte und kontextabhängige Hilfefunktion.

Dispositive Datenbasis

Bei der Speicherung der Daten entschied sich die Projektgruppe in Absprache mit der im IT-Bereich neu implementierten DWH-Betreuungseinheit für eine proprietäre, physikalisch-mehrdimensionale OLAP-Datenhaltung (vgl. Kapitel 3.1.5). Zum Zwecke der periodischen (wöchentlichen) Beladung des Data Marts wurden in enger Zusammenarbeit mit der DWH-Gruppe anschließend die geeigneten ETL-Programme implementiert und in den Einsatz übergeben. Mit Hilfe dieser Programme werden seitdem die entsprechenden operativen Daten aus Gründen der Mehrfachverwendbarkeit zunächst als *tagesaktuelle* Werte in das C-DWH übernommen. In wöchentlichen Abständen werden die tagesaktuellen Daten mit Hilfe weiterer ETL-Programme verdichtet und in der gewünschten Granularität (also *wöchentlich*) in den proprietären Data Mart des Vertriebscontrollings übermittelt.

Zur Bewältigung des Datenvolumens wurde die Historienbildung nach Absprache mit dem Management innerhalb des Data Marts auf drei Jahre festgelegt. Eine Steigerung der Performance wurde nach ersten Beschwerden der Endbenutzer durch Tuningmaßnahmen ermöglicht, wobei vor allem die „Vorab-Berechnung" von Kennzahlen und Summen während des Beladevorgangs eine Beschleunigung der Antwortzeiten ermöglichte.

Ad-hoc-Analysen des Controllings

Für typische Ad-hoc-Analysen des Controllings werden als Front-End-Systeme die bereits im Unternehmen etablierten Tabellenkalkulationsprogramme eingesetzt, die um spezifische Optionen zur multidimensionalen Datenrecherche erweitert worden sind. So können die Endbenutzer je nach Auswertungszweck entscheiden, welche Dimensionen (Zeiträume, Werteausprägungen (Plan, Ist), Produktgruppen, Produkte und Organisationseinheiten) analysiert und/oder mit anderen Datensichten zu kombinieren sind.

Briefing Book   Einmal definierte Informationssichten können in sog. *Briefing Books* logisch abgespeichert werden. Diese aktiven Berichtsdefinitionen können zu späteren Zeitpunkten mit dem dann jeweils aktuellen Datenbestand aufgerufen werden und mit Hilfe von *Drag-and-Drop-Techniken* in weiteren Programmen wie Textverarbeitung und Präsentations-Software integriert werden.

Entwicklung & Betrieb

Prototypisch orientierte Entwicklung   Das System wurde auf Basis einer prototypisch orientierten Entwicklungsmethodik mit kurzen Entwicklungszyklen und engmaschigen Feedback-Runden erstellt, um den schnell wechselnden Anforderungen und Informationsbedarfen der Führungskräfte und des Controllings gerecht werden zu können.

Ständiger Arbeitskreis   Zu diesem Zweck wurde ein Arbeitskreis gebildet, in dem sich Benutzer unterschiedlicher Ebenen – z. B. Regional- und Landesdirektoren sowie Controller – mit den Entwicklern austauschen können. Ein neuer Entwicklungszyklus, der in aller Regel aus dem Arbeitskreis initiiert wird, umfasst die folgenden Schritte:

- Anregung aus dem Arbeitskreis.

- Vorstudie durch das Entwicklungsteam.

- Präsentation und Diskussion der Ergebnisse der Vorstudie.

- Prototypenentwicklung.

- Präsentation des Prototyps.

- Testbetrieb der neuen Funktionalität unter realen Bedingungen.

- Konsolidierung und Feinanpassung.

- Betrieb mit laufender Akzeptanzüberprüfung.

Im Rahmen der Vorstudie und der Prototypenentwicklung werden neu entwickelte Funktionalitäten mit den Benutzern diskutiert und sukzessive an deren Anforderungen angeglichen. Die Prototypen sind dabei als real lauffähige Teilsysteme anzusehen, deren Nutzen im täglichen Einsatz schnell überprüft werden kann, wodurch Fehlentwicklungen vermieden werden.

Abschließende Bemerkungen

Teilautomatisierung der Analyseaufgaben

Die Entwicklung des Systems wird innerhalb des Vertriebsbereiches als Erfolg gewertet. Die Mitarbeiter bestätigen, dass sie seit dem Einsatz des Systems erheblich von operativen Datensammlungsaktivitäten entlastet sind und größere Freiräume besitzen, qualitative Aufgaben – wie etwa die Erstellung von differenzierten Analysen – durchführen zu können.

Auch von Seiten des Top-Managements wird die Entscheidung als richtig gewertet, mit der Entwicklung des Systems einen ersten Baustein für eine DWH-basierte Systemlandschaft geschaffen zu haben. Da im Bereich der Datenqualität und der organisatorischen Migration in prozessorientierte Strukturen erhebliche unerwartete Probleme aufgetreten sind, konnten nicht sämtliche Pläne zur Neugestaltung der dispositiven Systemlandschaft sofort umgesetzt werden.

Im Bereich des Marketings wurden jedoch kurz nach Einführung der neuen Vertriebslösung bereits weitere Systeme entwickelt, die sich zum großen Teil der bestehenden dispositiven Daten des C-DWHs bedienen und erfolgreich für Kundenwertanalysen und die Planung von Marketingkampagnen eingesetzt werden konnten.

5.2 ODS-erweiterter BI-Ansatz eines Telekommunikationsanbieters

Das vorgestellte System ist eine umfassende, unternehmensweite ODS-erweiterte Business-Intelligence-Lösung eines Telekommunikationsanbieters. Das System beinhaltet einen Operational Data Store, ein Core Data Warehouse, mehrere funktionsorientierte Data Marts sowie darauf aufbauende Analysesysteme und BI-Portal-Komponenten (vgl. Abb. 5.2).

Unternehmen

Das Telekommunikationsunternehmen ist ein Anbieter für Sprach- und Datendienstleistungen. Es besitzt ein eigenes flächendeckendes Netzwerk und betreut damit mehrere Millionen Kunden.

Der Wettbewerb auf dem Telekommunikationsmarkt hat sich seit der Liberalisierung Ende der 90er Jahre stark verschärft. Wesentliche Kennzeichen hierfür sind eine rückläufige Rentabilität, eine geringere Kundenloyalität sowie eine hohe Preissensitivität bei gleichzeitig hoher Markttransparenz. Es hat eine Wandlung zum

Käufermarkt stattgefunden. Dies ist mit hohen Kosten der Kundengewinnung, einer hohen Kundenfluktuation sowie einem intensiven Wettbewerb in den Bereichen Produktentwicklung und Dienstleistungen verbunden.

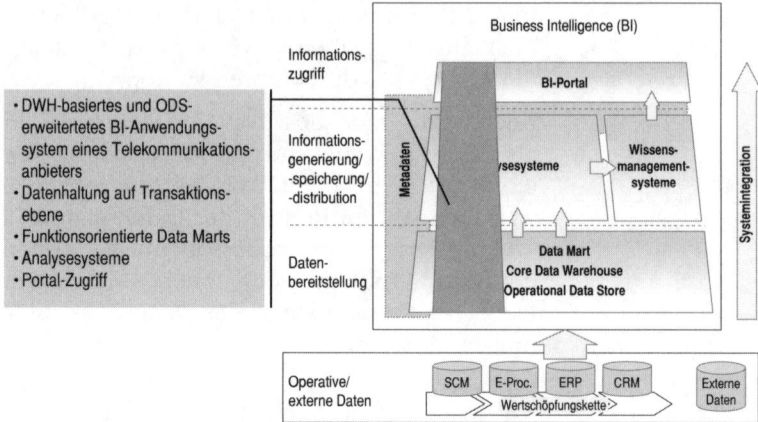

Abb. 5.2: ODS-erweitertes, unternehmensweites BI-System eines Telekommunikationsanbieters

Motivation und Zielsetzung

Ausgehend von den genannten Herausforderungen verfolgt das Unternehmen die Ziele einer offensiven Marktbearbeitung sowohl zur Gewinnung weiterer Marktanteile als auch zur Nutzung von Cross-Selling-Potenzialen. Eine schnelle Marktreife für neue Produkte und Dienstleistungen sowie eine hohe Kundenbindung werden als ebenso essenziell angesehen wie eine hohe Kundenprofitabilität. Zur Umsetzung dieser Ziele wurden BI-Applikationen entwickelt, die folgende Anwendungen unterstützen:

- Berichtswesen zum Umsatz- und Kosten-Monitoring.

- Produktentwicklung und Preisgestaltung.

- Steuerung von Werbemaßnahmen (Kampagnen-Management, Cross-Selling-Maßnahmen, Churn-Management usw.).

- Minimierung der Forderungsausfälle.

- Netzplanung und -ausbau.

- Controlling des Intercarrier-Managements (Rechnungsabwicklung mit anderen Netzbetreibern).

Lösungskonzept

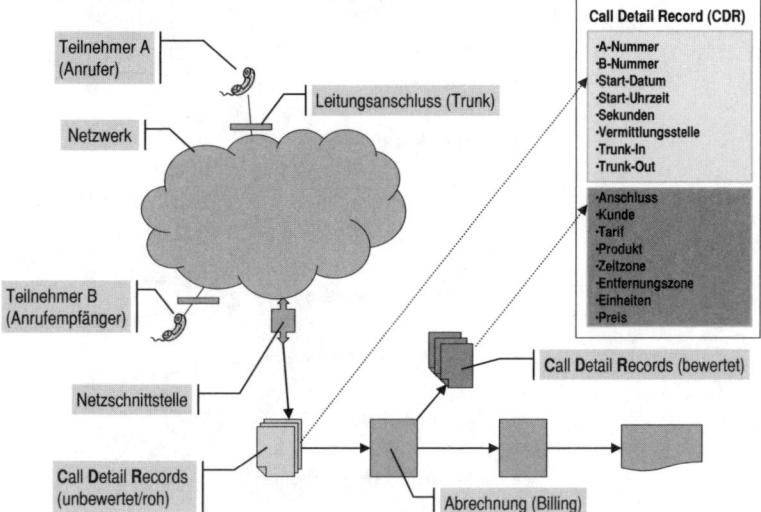

Abb. 5.3:   Unbewertete und bewertete Call Detail Records

Call Detail Re-
cords

Im Rahmen des Betriebs von Telekommunikationseinrichtungen fällt ein enormes Volumen sehr detaillierter Verbindungsdaten an. Beispielsweise wird für jede Sprachverbindung im Netzwerk ein sog. Call Detail Record (CDR) generiert. Ein *roher* bzw. *unbewerteter Call Detail Record* enthält neben den Daten zum Anrufer (A-Nummer) und zum Anrufempfänger (B-Nummer) auch Informationen zum Beginn und zur Dauer des Gesprächs sowie zu den beteiligten technischen Netzwerk-Komponenten. Ein *bewerteter Call Detail Record* ist dagegen aus anderen Datenquellsystemen um weitere Informationen angereichert worden (vgl. Abb. 5.3). Im Netz des hier dargestellten Telekom-Unternehmens fallen pro Tag mehr als 100 Millionen Call Detail Records an, die jeweils über einen Zeitraum von 80 Tagen gespeichert werden.

Um diese große Datenmenge bewältigen und für dispositive Zwecke nutzen zu können, hat sich das Unternehmen für die Implementierung eines umfassenden, unternehmensweiten Business-Intelligence-Ansatzes entschieden (vgl. Abb. 5.2).

Operational Data
Store und Core
Data Warehouse

Die Daten der unterschiedlichen Quellsysteme werden zu Dimensionen zusammengefasst und in einem hohen Detaillierungsgrad im Operational Data Store vorgehalten (vgl. Abb. 5.4).

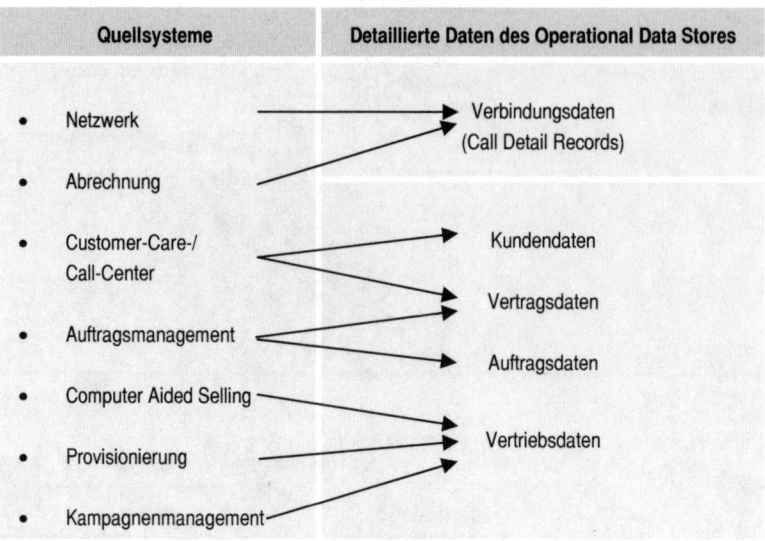

Abb. 5.4:   Detaillierte Datenhaltung des Operational Data Store

Operational Data Store und Core Data Warehouse sind logisch getrennt in relationalen, nahezu voll normalisierten Datenhaltungssystemen implementiert. Die ODS-Daten werden weitgehend untransformiert übernommen, da sie bereits in den operativen Quellsystemen in großen Teilen vereinheitlicht sind. Der ODS ist dem C-DWH vorgeschaltet und dient diesem als Datenquelle. Bei der Übernahme in das C-DWH durchlaufen die Daten einen vollständigen Transformationsprozess. Im C-DWH findet auch eine Historisierung nach fachlichen Gesichtspunkten statt. Hierzu wird eine Delta-Historisierung mit einer Current-Flag-Variante eingesetzt (vgl. Kapitel 2.4.4).

Die dispositive Datenhaltung des Unternehmens kann aufgrund des großen Umfangs seiner Nutzdaten in einer Größenordnung von mehr als zehn Terabyte in die Kategorie der sog. *großen Data Warehouses* („Large Data Warehouses") eingeordnet werden. Hierbei ergeben sich besondere Anforderungen an die System-Infrastruktur:

- **Recovery-Konzepte in den Beladungsprozessen**

Um die großen Datenmengen in den ODS und anschließend über Transformationsprozesse in das C-DWH zu laden, sind Batch-Prozesse im Nachtfenster nicht länger ausreichend. Vielmehr ist eine ganztägige Beladung erforderlich, so dass eine Qualitätssicherung der zu übernehmenden Daten nur in Ansätzen möglich ist. Mängel in den zu übernehmenden Daten – wie z. B. doppelte Zählung von Verbindungsdaten oder verspätete Pflege von Tarifierungsmodellen – können daher häufig nicht im Vorfeld erkannt und bereinigt werden. Aus diesem Grunde war es im vorliegenden Fall erforderlich, stabile Verfahren zu integrieren, die eine sichere Rücknahme der entsprechenden Beladungsvorgänge sowie der darauf basierenden Aggregationen ermöglichen.

• Partitionierte Datenhaltung

Eine weitere Möglichkeit, mit großen Datenvolumina sicher umzugehen, ist die Aufteilung von Tabellen in mehrere kleine physikalische Tabellen. Mit Hilfe dieser Technik, die nicht selten als *Partitionierung* bezeichnet wird, wurde im Unternehmen die Fakttabelle in mehrere überschneidungsfreie kleinere Tabellen bzw. Partitionen unterteilt. Hierbei erfolgte die Partitionierung auf der Basis geschäftlich relevanter Zeiträume (Anahory/Murray 1997, S. 63 f. und S. 111 ff). Dieses ermöglichte sehr gute Antwortzeiten, Zeitersparnisse bei Beladungsvorgängen sowie größere Flexibilitäten bei Backup- und Recovery-Vorgängen.

• Aggregationen

Um das Datenvolumen im Vergleich zur detailliertesten Granularitätsebene zu verringern, setzt das Unternehmen zusätzlich zu den Detaildaten Low-Level- und High-Level-Aggregate ein (vgl. Abb. 5.5). Die Low-Level-Aggregate stellen dabei eine erste Verdichtung der Detaildaten dar, weisen jedoch ansonsten noch einen hohen Detaillierungsgrad auf. Sie bilden die Grundlage der High-Level-Aggregate, die in Abhängigkeit von den fachlichen Anforderungen definiert werden.

Data Marts & Analysesysteme

Das Unternehmen betreibt Data Marts auf relationaler Basis (R-OLAP) mit darauf aufsetzenden Analysesystemen für die Fachbereiche Marketing, Vertrieb, Controlling und Unternehmenssicherheit. Im Marketing-Bereich werden die Aufgaben des Cross Selling, des Churn-Managements, des Kunden-Managements und der Produktentwicklung unterstützt. Der Vertrieb befasst sich mit dem Umsatz-Monitoring, dem Management der unterschiedlichen Vertriebskanäle sowie der Provisionierung. Der Controlling-Bereich behandelt die Themen Umsatz- und Kostencontrolling, Forderungsausfälle und Intercarrier-Management. Die Unternehmenssicherheitsabteilung schließlich ist für die Betrugserkennung (*fraud detection*) mit Hilfe von Analyse- und Data-Mining-Verfahren verantwortlich.

Aggregationsniveau	Daten
Call Detail Record (CDR)	• Kunde • A-Nummer • B-Nummer • Start-Datum • Start-Uhrzeit • Minuten • Zeitzone • Entfernungszone • Paket-ID • ...
CDR-Low-Level-Aggregat	• Kunde • B-Nummerngruppe • Datum • Stunde (0-23) • Minuten • Zeitzone • Entfernungszone • Paket-ID
CDR-High-Level-Aggregat	• Kunde • Jahr & Monat • Minuten • Entfernungszone • Zeitzone

Abb. 5.5:   Aggregationsniveaus der Call Detail Records

Operational Data Store und Core Data Warehouse

Auf den Operational Data Store und das Core Data Warehouse haben nur ca. 20 Power-User und Analysten direkten Zugriff. Die übrigen Endbenutzer arbeiten dagegen mit den interaktiven Analysesystemen oder erhalten Standardberichte, die mit Hilfe der BI-Anwendungssysteme generiert werden.

Entwicklung & Betrieb

Die Entwicklung der dispositiven Datenbasis und der Analysesysteme begann Ende der 90er Jahre. Das Vorgehen basierte auf einem Rahmenkonzept, in dem sowohl die Datenhaltungsinfrastruktur als auch die einzelnen BI-Anwendungssysteme vorab in einem Portfolio geplant und priorisiert wurden. Dieser „Masterplan" ist zwischenzeitlich vollständig abgearbeitet, so dass die wesentlichen Anforderungen an die Anwendungen erfüllt sind. Laufende Weiterentwicklungen werden auf der Basis aktueller Anforderungen der Fachbereiche durchgeführt, wobei für die Betreuung und Weiterentwicklung eine 10-köpfige Betreuungsgruppe im IT-Bereich installiert wurde.

Abschließende Bemerkungen

Die Erstellung des ODS-basierten DWH-Ansatzes wird im Unternehmen als richtiger Ansatz bewertet, da ohne diese Systeme eine erfolgreiche Steuerung des Geschäftes nach der Liberalisierung des Telekommunikationsmarktes nicht möglich sei. So konnten mit Hilfe der Systeme in den letzten Jahren Cross-Selling-Erfolge signifikant gesteigert und die Abwanderungsrate der Kunden mit Hilfe des Churn-Managements um 50 Prozent gesenkt werden.

Nach Angaben des IT-Bereiches hat sich vor allem auch die Entwicklung des ODS bewährt, da mit Hilfe dieses Systems eine operativ ausgerichtete, betriebswirtschaftlich und technisch harmonisierte Datenhaltung entstanden ist. BI-Neuentwicklungen bedienen sich in aller Regel ausschließlich dieses Quellsystems, so dass erhebliche Vereinfachungen aufgrund überflüssiger Schnittstellendefinitionen zu operativen Quellsystemen konstatiert werden können.

5.3 Data-Mart-basierte CRM-Anwendung im Einzelhandel

Einer der aktuell viel diskutierten Anwendungsbereiche für Business-Intelligence-Technologien ist das *Customer Relationship Management (CRM)* (z. B. Hippner/Wilde 2004). Im Folgenden wird eine BI-Anwendung für ein Kampagnenmanagement vorgestellt, wobei neben dem BI-spezifischen analytischen CRM auch die für die Lösung relevanten Teile des operativen CRM diskutiert werden (vgl. Abb. 5.6 und Kapitel 3.1.2).

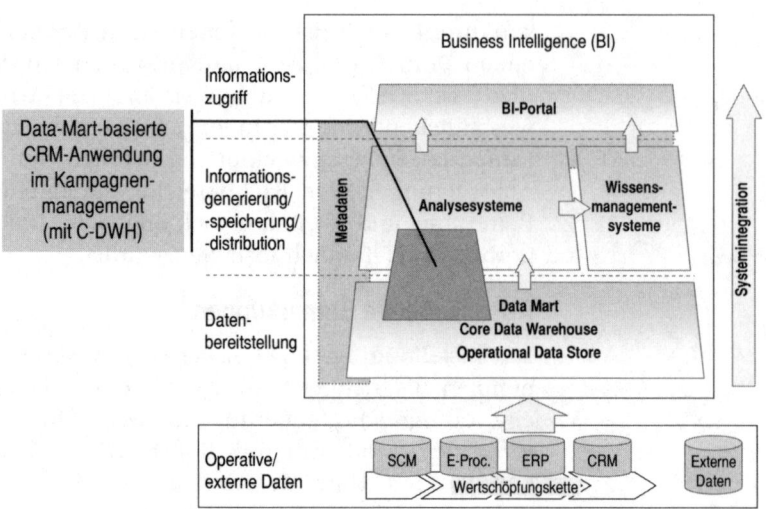

Abb. 5.6:   Customer Relationship Management im Einzelhandel

Unternehmen

Das Unternehmen ist eine Kaufhauskette mit Filialen in mehreren deutschen Großstädten. Durch den Fall des deutschen Rabattgesetzes in der Mitte des Jahres 2001 sah sich der Einzelhandel einer neuen Situation gegenüber, da die Limitierung von Preisnachlässen und kostenlosen Zugaben aufgehoben wurde. Um eine zielgruppenspezifische Preis- und Rabattpolitik des Marketings zu unterstützen, entschied sich das Unternehmen frühzeitig eine Kundenkarte mit einem entsprechenden Bonusprogramm ins Leben zu rufen.

Motivation und Zielsetzung

Durch die Veränderung der Gesetzeslage stehen dem Einzelhandel umfangreiche Anreizinstrumente in Form von Rabatten und Zugaben zur Verfügung. Deren Einsatz ermöglicht einen Dialog mit dem Kunden, in dessen Rahmen er Informationen über sein Kaufverhalten und seine Interessen zur Verfügung stellt. Teile dieser Informationen werden z. B. bei der Beantragung der Kundenkarte direkt abgefragt, während ein Großteil durch die Benutzung der Karte im Rahmen von Einkäufen indirekt erfasst wird.

Direktmarketing durch Kampagnenmanagement

Dieser Informationsbestand ermöglicht ein *Direktmarketing*, bei dem der Kunde individuell mit einem konkreten, für ihn (vermutlich) interessanten Angebot angesprochen wird. Die Umsetzung des Direktmarketings erfolgt durch ein *Kampagnenmanagement*, das „die Planung, Abwicklung und Steuerung aller Aktivitäten bei der Durchführung einer Marketing- oder Verkaufsaktion" umfasst (Englbrecht et al. 2004, S. 343).

Zielsetzung

Ein integriertes Kampagnenmanagement ermöglicht eine individualisierte, effektive und effiziente Kundenansprache, in deren Rahmen geeignete Kommunikationskanäle – wie z. B. E-Mail, Post oder Telefon – kombiniert werden. Aufgrund der verbesserten Datenbasis in Form der individuell zuordenbaren Nutzungsdaten der Kundenkarte entschloss sich das Warenhaus zur Implementierung eines operativen Kampagnenmanagementsystems. Ergänzt werden sollte dies durch mehrere analytische BI-Komponenten, welche die Entwicklung und Auswertung von Kampagnen unterstützen und die Responsequoten verbessern sollten.

Lösungskonzept

Datenbereitstellungsebene

Die Verkäufe der Kunden werden an der Kasse im Warenhaus, dem sog. *Point of Sale (POS)*, erfasst und gespeichert. Pro Tag werden dabei bundesweit bis zu einer Million Transaktionen durchgeführt, die nach Ladenschluss in einem batch-orientierten periodischen ETL-Lauf in ein Core Data Warehouse geladen werden. Die Daten werden historienbildend abgelegt, so dass nach einem dreijährigen Produktivbetrieb das C-DWH ein Volumen von mehr als fünf Terabyte erreicht hat. Um das Kampagnenmanagement performant unterstützen zu können, kommt ein dedizierter Data Mart zum Einsatz. Neben den aggregierten Nutzungsdaten der Kundenkarten sind darin die Stammdaten der Kunden sowie die Spezifika der einzelnen Kampagnen gespeichert. Der Data Mart ist hierbei die gemeinsame Datenhaltung, auf die das operative Kampagnenmanagementsystem und die Analysesysteme zugreifen.

Analysesysteme

Zur Einordnung der eingesetzten *Analysesysteme* dient ein Regelkreis des Kampagnenmanagements, der die Phasen der Kampagnenentwicklung, -durchführung und -auswertung unterscheidet (vgl. Abb. 5.7).

Im Rahmen der *Kampagnenentwicklung* wird die Planung der Kampagne vorgenommen. Operative Tätigkeiten, die hierbei abgewickelt werden, umfassen die *Zieldefinition*, die *Budget*- und *Zeitplanung* und die *Prozessdefinition*.

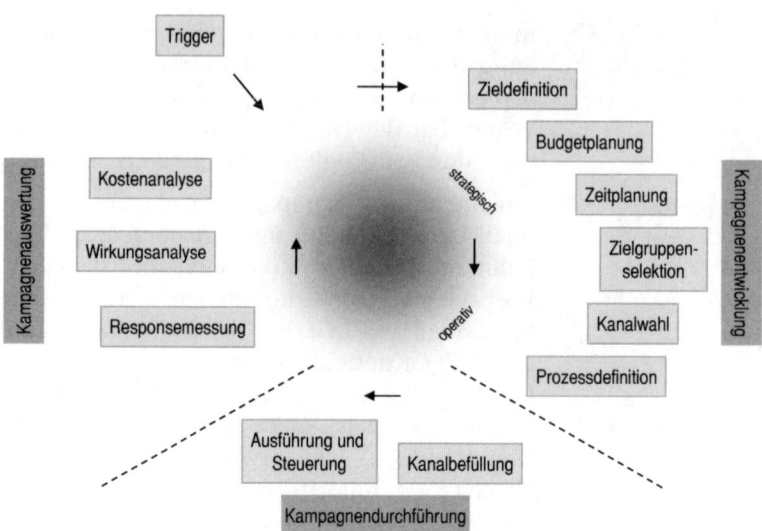

Abb. 5.7: Regelkreis des Kampagnenmanagements
(Englbrecht et al. 2004, S. 343)

Zielgruppenselektion

Ein besonderer Schwerpunkt liegt auf der *Zielgruppenselektion*, welche die Segmentierung der Kunden sowie die Auswahl der Zielsegmente und Kontrollgruppen umfasst (Leitzmann 2002, S. 389). Dadurch wird die Konzentration auf möglichst homogene, eng abgegrenzte Kundengruppen gewährleistet.

Als Data-Mining-Methoden kommen hierbei neuronale Netzwerke (Poddig et al. 2001) und Verfahren der multivariaten Statistik (Backhaus et al. 2003) – wie z. B. die Clusteranalyse (Grabmeier et al. 2001) – zum Einsatz. Darüber hinaus können auch klassische Selektionsverfahren wie die ABC- oder RFMR-Analyse eingesetzt werden (Kaufdatum (*Recency*), Kaufhäufigkeit (*Frequency*) und Umsatzhöhe (*Monetary Ratio*), Englbrecht et al. 2004, S. 347; Musiol 1999, S. 31).

Kanalwahl

Bei der *Kanalwahl* werden ein oder mehrere passende Kommunikationsmedien für eine Kampagne gewählt. Kriterien hierfür sind u. a. die Präferenz des Kunden, die Kosten-Nutzen-Relation sowie die Responsewahrscheinlichkeit (Englbrecht et al. 2004, S. 348 f.). Eine Entscheidungsfindung wird durch die Analyse der Ergebnisdaten aus bisherigen Kampagnen mit den oben genannten Data-Mining-Methoden unterstützt.

Kampagnen-durchführung

Die *Kampagnendurchführung* umfasst die eigentliche Umsetzung und ist eine typische Anwendung des operativen CRM. Aus diesem Grund wird sie an dieser Stelle nicht weiter vertieft.

Kampagnenaus-
wertung

Bei der *Kampagnenauswertung* werden nach Abschluss der Kampagne die Daten zu den Rückläufern gemessen, gespeichert und weiterverarbeitet. Die *Responsemessung* erfasst in einem ersten Schritt die Warenkäufe, die der Kampagne direkt zuordenbar sind, im Kampagnenmanagementsystem. Darauf aufbauend werden im Rahmen der *Wirkungsanalyse* mit Hilfe von Data-Mining- und OLAP-Systemen Auswertungen durchgeführt. Das Ziel ist die Gewinnung handlungsrelevanter Informationen für den weiteren Verlauf der Kampagne oder zukünftige Kampagnen. Durch eine Assoziationsanalyse werden z. B. Cross-Selling-Potenziale identifiziert, während eine Sequenzanalyse die Interdependenzen mehrerer aufeinander folgender Kampagnen aufzeigt. Ein weiterer wichtiger Punkt ist die Analyse des Reaktionsverhaltens, durch die unnötige Mailings mit niedriger Erfolgswahrscheinlichkeit vermieden werden können. Neben dem Effekt der Kosteneinsparung wird somit auch eine Verärgerung der Kunden durch unpassende oder ungewünschte Angebote vermieden.

Diese Beispiele zeigen lediglich exemplarisch die Potenziale der Analysesysteme in der Kampagnenauswertung auf. Darüber hinaus sind auch weitere unternehmens- und kampagnenspezifische Analysen denkbar. Neben der Anwendung von Data-Mining-Modellen werden generelle Auswertungen über Standardberichte abgedeckt. Darunter fällt vor allem die *Kostenanalyse*, in welcher der Aufwand und der Erfolg in Form von Rückmeldungen monetär bewertet und in Verhältnis gesetzt wird.

Lernzyklus durch
Closed-Loop

Die Auswertungsphase des Kampagnenmanagements ist essenziell wichtig für die Etablierung eines Lernprozesses im Direktmarketing. Durch die Auswertungen entsteht Wissen über die Zusammenhänge zwischen Kundengruppen, Produkten und Kommunikationskanälen. Dieses kann in der Entwicklungsphase zukünftiger Kampagnen verwendet werden und ermöglicht somit eine sukzessive Verbesserung des Kampagnenmanagements. Technisch wird dies durch einen Closed-Loop realisiert, indem die Daten aus der Responsemessung (Kanäle, Produkte/Produkttypen, Zielgruppen, Datum, vor- oder nachgeschaltete Kampagnen usw.) und der Wirkungsanalyse (Cluster mit hohen Responsequoten) in den Data Mart zurück geschrieben werden.

Entwicklung & Betrieb

Das integrierte Kampagnenmanagement konnte bereits auf ein existierendes Core Data Warehouse mit einem entsprechenden Datenmodell aufbauen. Für den Data Mart wurde eine entsprechende Erweiterung zur Unterstützung der Kampagnen vorgenommen.

Prototypengestützte Entwicklung

Bei der Auswahl der BI-Komponenten wurde ein Best-of-Breed-Ansatz gewählt, bei dem die jeweils am besten geeigneten BI-Werkzeuge ausgewählt wurden. Um die Umsetzbarkeit zu gewährleisten wurde im Vorfeld ein Prototyp entwickelt (*proof of concept*). Dabei wurden die Mitarbeiter des Marketingbereichs einbezogen. Einzelne Benutzer hatten bereits Erfahrung mit Data-Mining-Anwendungen, die in den Entwicklungsprozess mit einfließen konnten.

Abschließende Bemerkungen

Steigerung der Responsequote

Das Projekt wird unternehmensintern als Erfolg gewertet. Die Einführung eines integrierten Kampagnenmanagements eröffnete dem Unternehmen neue Effizienz- und Effektivitätspotenziale. Die in der Zielsetzung geforderte Verbesserung der Antworten wurde umgesetzt. Die Responsequote stieg um 300%, während die Anzahl der durchschnittlich angeschriebenen Kunden um 60% verringert wurde. Daraus resultieren Einsparungen bei den Werbekosten (z. B. für Postsendungen), so dass sich der zusätzliche Aufwand für die Bereitstellung des BI-Systems und die Durchführung der Analysen rechnet.

Integrierte Unterstützung der Kampagnendurchführung

Durch die strukturierte IT-unterstützte Vorgehensweise wurde die Koordination und Durchführung von mehr als 300 Kampagnen pro Jahr ermöglicht. Die analytischen BI-Komponenten stellten dabei die inhaltliche Abstimmung und die Nutzung der Erfahrungen aus vorangegangen Kampagnen sicher und ermöglichten auf diese Weise eine Optimierung der Marketingaktionen hinsichtlich ihrer Qualität und Quantität.

5.4   Real-Time Data Warehousing einer Börsenorganisation

In diesem Praxisfall wird eine Real-Time-Data-Warehousing-Lösung vorgestellt, die interne und externe Benutzer mit statistischen Finanzmarktdaten versorgt. Die Datenhaltung verbindet historische und aktuelle Informationen, wie beispielsweise Preis- und Umsatzdaten, Orders und Kursnotierungen, Clearing- und Abwicklungsdaten sowie Stammdaten zu Finanzinstrumenten, Börsenzulassungen und Handelsteilnehmern (vgl. Abb. 5.8).

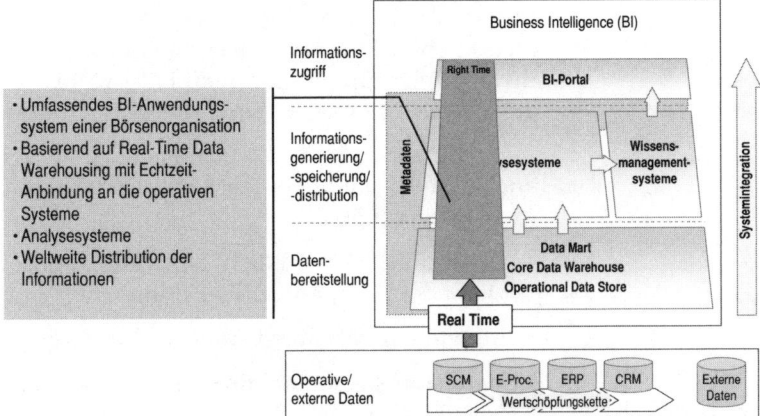

Abb. 5.8:   Auf Real-Time Data Warehousing basierendes BI-An-
            wendungssystem einer Börsenorganisation

Unternehmen

Das betrachtete Unternehmen war ursprünglich eine nationale
Wertpapierbörse und hat sich inzwischen zur größten Börsenor-
ganisation der Welt entwickelt. Das Unternehmen erzielt einen
Umsatz von etwa 1,5 Milliarden Euro pro Jahr mit ca. 3.200 Mitarbeitern. Über ein vollelektronisches Handels- und Abwick-
lungssystem sowie den Parketthandel werden ca. 95 Prozent des
nationalen Aktienhandels abgewickelt.

Motivation und Zielsetzung

Die durch den internetbasierten Handel entstandenen neuen
Rahmenbedingungen des Geschäftsumfeldes haben die Nachfra-
ge interner und externer Nutzer nach präzisen und vertrauens-
würdigen Informationen zur Entscheidungsunterstützung in Echtzeit enorm erhöht. Das Unternehmen stellt sich dieser Herausforderung und hat sich zum Ziel gesetzt, mit Hilfe von
Technologieführerschaft und schnellem Wachstum seine Position
auf den von starkem Wettbewerb geprägten Finanzmärkten zu
festigen und die globale Präsenz zu erhöhen. Hierbei besitzt das
an dieser Stelle skizzierte BI-Konzept eine Schlüsselrolle, da es
die erforderlichen Informationen weltweit an die Finanzplätze
verteilt und eine zeitnahe Analyse dieser Massendaten erlaubt.

Lösungskonzept

Systemanforde-
rungen

Der BI-Gesamtansatz besitzt die Aufgabe, Handelsinformationen
aus unterschiedlichen Börsenplätzen und -systemen in einem

191

historienbildenden Core Data Warehouse zusammenzuführen, das als Basis für Informationsprodukte und für Datenanalysen dient. Zielgruppen sind hierbei sowohl interne Mitarbeiter als auch Medien, externe Handelsteilnehmer und Emittenten.

Interne Nutzer

Interne Nutzer sind die Manager, Analysten und Strategieentwickler des Unternehmens, die BI-Anwendungen für folgende Zwecke benötigen:

- Kennzahlen hinsichtlich Liquidität, Rentabilität, Handel, Effizienz der Wertpapierabwicklung usw.

- Erkennung von Markt- und Aktientrends.

- Unterstützung neuer Produktentwicklungen und Marktinitiativen.

Externe Nutzer

Externe Nutzer sind Kunden, Händler, Wertpapier-Emittenten und Analysten, die sowohl operative als auch dispositive Informationen benötigen, auf deren Grundlage sie Handelsentscheidungen treffen, Portfoliostrategien erarbeiten sowie die Bereiche Vertrieb und Investor/Analyst Relations unterstützen können:

- Verbreitung von präzisen Informationen zum erforderlichen Zeitpunkt (*„right-time"*).

- Spezifische Daten für jedes Marktsegment (z. B. Aktien, Rentenwerte, Derivate, Kassa-Märkte).

- Historische Analysen über beliebige Dimensionen und Kennzahlen (z. B. Stückzahl, Preis, Zeit).

- Flexible Zugangs- und Distributionskanäle (z. B. E-Mail, World Wide Web, FTP).

- Analyse- und Verifizierungsmöglichkeiten für Handels- und Portfoliostrategien.

- Erkennung von Markt- und Aktientrends.

Quellsysteme

Das Core Data Warehouse besitzt insgesamt 18 operative Quellsysteme aus verschiedenen Geschäftsbereichen. Nachfolgend werden die drei wichtigsten Bereiche genannt:

- Die *Handelssysteme und Handelsinformationssysteme*, deren originäre Aufgabe – neben dem eigentlichen Handel – die Erfassung, Formatierung und Anreicherung von Handelsdaten ist, die an Informationsdienstleister (wie z. B. Reuters™) verteilt werden.

- Das *Wertpapierinformationssystem*, das tagesaktuelle Informationen zu etwa 300.000 weltweit notierten Wertpapieren bereithält.

- Das *Wertpapierabwicklungssystem* für den nationalen Markt.

C-DWH

Sämtliche Daten der relevanten operativen Systeme werden in das relationale Core Data Warehouse überführt und dort nahezu voll normalisiert (nahe 3NF) in hoher Detaillierung abgelegt. Diese Datenhaltung ist das Herzstück des Gesamtansatzes und stellt eine exklusive Datenquelle für alle o. a. IT-Systeme der internen und externen Benutzer dar. Das Core Data Warehouse wird aus diesem Grunde auch als unternehmensspezifischer *single point of truth* bezeichnet und über anspruchsvolle technische und organisatorische Mechanismen in seiner Konsistenz, Integrität, Performance und Verfügbarkeit gesichert.

Real-Time Data Warehousing

Ein Teil der Beladung des C-DWHs mittels Transformationsprozessen wird sowohl tagsüber als auch nachts in zahlreichen Batch-Prozessen durchgeführt. Die Besonderheit dieses BI-Anwendungssystems stellt jedoch derjenige Teil der Beladung dar, der in Echtzeit auf der Basis von Real-Time Data Warehousing erfolgt. Zum einen erfolgt eine messagebasierte Echtzeitanbindung eines Handelsinformationssystems. So können bis zu 1.000 Messages pro Sekunde des Echtzeitdatenstroms dieses Handelsinformationssystems verarbeitet werden. Zum anderen werden über eine fachliche Administrationsschnittstelle (vgl. Kapitel 2.3.6), die technisch auf Basis einer EAI/Workflow-Middleware – einem sog. *Information Broker* – realisiert wurde, von Spezialisten qualitätsgesicherte Informationen – wie z. B. aus Börsenpflichtblättern – in das C-DWH eingespeist. Insgesamt werden derzeit täglich ca. 180 Millionen Datensätze geladen, so dass eine Steigerung des Datenvolumens um etwa 3,5 Gigabyte pro Tag zu bewältigen ist.

Applikationsorientierte Aggregate

Zur datenseitigen Unterstützung der Applikationen existieren innerhalb des Ansatzes keine dedizierten, physisch eigenständigen Data Marts. Vielmehr werden DWH-Extrakte applikationsorientiert aufbereitet – also aggregiert und angereichert – und in performanceoptimierter, denormalisierter Form logisch von den Detaildaten getrennt im relationalen System abgelegt.

Datendistribution

Die Distribution der Daten der dispositiven Datenbasis erfolgt entsprechend der explizit festgelegten Anforderungen zeitgenau über mehrere Kanäle, wie das World Wide Web, E-Mail oder FTP (File Transfer Protocol). Zusätzlich können M-OLAP-Datenwürfel extrahiert und bereit gestellt werden, die den Benutzern bei Bedarf die Durchführung freier Datenrecherchen und Ad-hoc-Abfragen in Bezug auf den Wertpapierhandel ermöglichen.

Auf diese Weise werden weltweit ca. 1.800 externe Kunden – primär institutionelle Marktteilnehmer – bedient. Zusätzlich steht den internen Benutzern ein BI-Portal zur Verfügung, das personalisierten, komfortablen Zugang zu allen Systemen und Komponenten ermöglicht.

Neben der direkten Informationsversorgung von Mitarbeitern und externen Anspruchsgruppen besitzt die Datenhaltung die zusätzliche Aufgabe, als Quellsystem für die automatische Beladung nachgelagerter Systeme zu dienen, wie beispielsweise im Falle von vollelektronischen Handelssystemen, Web-Auftritten u. ä.

Entwicklung & Betrieb

Die Entwicklung erfolgte mit Hilfe einer inkrementellen Vorgehensweise auf Basis eines Rahmenkonzeptes. In einem ersten initialen Projekt wurden primär technische Herausforderungen gelöst, indem beispielsweise Standardprozesse und wieder verwendbare Vorlagen definiert wurden. Diese Infrastrukturmaßnahmen dienten als Grundlage für die nachfolgenden Entwicklungsprojekte, in denen weitere Teilsysteme entlang der Wertschöpfungskette des Unternehmens implementiert worden sind. Sie decken heute die Bereiche von der Datensammlung, der Datentransformation und der Datenspeicherung bis hin zur Produktentwicklung und -distribution ab.

Während der technische Betrieb – das *Hosting* – von der IT-Tochter des Unternehmens übernommen wird, obliegt die restliche Verantwortung für die Systemnutzung und insbesondere für die Korrektheit der ausgelieferten Daten einer eigenständigen, 15 Mitarbeiter umfassenden Organisationseinheit nach dem Prinzip der *Single Process Ownership*. Hier sind verantwortliche Rollen etabliert worden, die für die strategische Weiterentwicklung des Systems zuständig sind und für die Ausarbeitung neuer Anwendungsszenarien und marktfähiger Produkte sowie für das technische Innovationsmanagement des Systems Sorge tragen.

Abschließende Bemerkungen

Die Umsetzung des Gesamtansatzes wird als Erfolg gewertet und erfreut sich unternehmensintern und -extern höchster Akzeptanz. So konnten in den letzten Jahren wesentliche Beiträge zur Kostenreduktion durch die Ablösung unwirtschaftlicher Altlösungen erbracht werden. Gleichzeitig erhöhte sich die Flexibilität und Innovationsfähigkeit des Unternehmens signifikant, so dass neue Märkte erschlossen und die Qualität der Kundenbetreuung nachhaltig verbessert werden konnten.

Abkürzungsverzeichnis

EIS .... Executive Information System

E-Procurement .... Electronic Procurement

ERM .... Entity-Relationship-Modell

ERP .... Enterprise Resource Planning

ETL .... Extraction, Transformation, Loading

EVA™ .... Economic Value Added™

FASMI .... Fast analysis of shared multidimensional information

FTP .... File Transfer Protocol

HGB .... Handelsgesetzbuch

H-OLAP .... Hybrides OLAP

IAS .... International Accounting Standards

IDV .... Individuelle Datenverarbeitung

IFRS .... International Financial Reporting Standards

IP .... Internet Protocol

IS .... Informationssystem/Information System

ISO .... International Organization for Standardization

IT .... Informationstechnologie

IWF .... Internationaler Währungsfond

KDD .... Knowledge Discovery in Databases

KEF .... Kritische Erfolgsfaktoren

KonTraG .... Gesetz zur Kontrolle und Transparenz im Unternehmensbereich

LDAP .... Lightweight Directory Access Protocol

MIS .... Management Information System

MIT .... Massachusetts Institute of Technology

MOF .... Meta Object Facility

M-OLAP .... Multidimensionales OLAP

MSS .... Management Support System

MUS .... Managementunterstützungssystem

ODS .... Operational Data Store

OLAP .... Online Analytical Processing

OLTP .... Online Transaction Processing

OMG .... Object Management Group

PDF .... Portable Document Format

PMML...Predictive Model Mining Language

POS .... Point of Sale

RBAC.. Role-Based Access Control

RFMR..Recency, Frequency, Monetary Ratio

R-OLAP ....Relationales OLAP

SCM..Supply Chain Management

SQL ....Structured Query Language

SWOT ....Strengths, Weaknesses, Opportunities, Threats

UML ....Unified Modeling Language

UMTS ....Universal Mobile Telecommunications System

URI... Uniform Resource Identifier

US-GAAP ...............................U.S. Generally Accepted Accounting Principles

VBM ....Value Based Management

W3C .... World Wide Web Consortium

WISU..Das Wirtschaftsstudium

WTO ....World Trade Organization

WWW ....World Wide Web

XBRL...Extensible Business Reporting Language

XMI .... XML Metadata Interchange

XML...Extensible Markup Language

XMLA .... XML for Analysis

XPS...Expert System

Abbildungsverzeichnis

Literaturverzeichnis

Albright, S.C., Winston, W.L. und Zappe, C.J. (2003), Data Analysis and Decision Making with Microsoft Excel, 2. Auflage, Belmont 2003.

Amberg, M., Remus, U. und Böhn, M. (2003), Geschäftsabwicklung über Unternehmensportale, in: WISU, 32. Jg., 2003, Nr. 11, S. 1394-1399.

Anahory, S. und Murray, D. (1997), Data Warehouse: Planung, Implementierung und Administration, Bonn, Reading et al. 1997.

Anandarajan, M., Anandarajan, A. und Srinivasan, C.A. (2004), Business Intelligence Techniques, Berlin, Heidelberg et al. 2004.

Backhaus, K., Erichson, B., Plinke, W. und Weiber, R. (2003), Multivariate Analysemethoden. Eine anwendungsorientierte Einführung, 10. Auflage, Berlin, Heidelberg et al. 2003.

Ballensiefen, K. (2000), Informationsplanung im Rahmen der Konzeption von Executive Information Systems (EIS), Lohmar und Köln 2000.

Balzert, H. (1998), Lehrbuch der Software-Technik, Bd. 2, Software-Management, Software-Qualitätssicherung, Unternehmensmodellierung, Heidelberg, Berlin 1998.

Balzert, H. (2000), Lehrbuch der Software-Technik, Bd. 1, Software-Entwicklung, 2. Auflage, Heidelberg, Berlin 2000.

Bange, C. (2004), Business Intelligence aus Kennzahlen und Dokumenten, Hamburg 2004.

Bange, C., Marr, B., Dahnken, O., Narr, J. und Vetter, C. (2004), Balanced Scorecard Werkzeuge, München 2004.

Bauer, A. und Günzel, H. (Hrsg., 2001), Data-Warehouse-Systeme: Architektur, Entwicklung, Anwendung, Heidelberg 2001.

Bea, F.X. und Haas, J. (2001), Strategisches Management, 3. Auflage, Stuttgart 2001.

Becker, J., Knackstedt, R. und Serries T. (2002), Informationsportale für das Management: Integration von Data-Warehouse- und Content-Management-Systemen, in: von Maur E. und Winter, R. (Hrsg., 2002), Vom Data Warehouse zum Corporate Knowledge Center, Heidelberg 2002.

Bensberg, F. und Schultz, M.B. (2001), Data Mining, in: WISU, 30. Jg., 2001, Nr. 5, S. 679-681.

Bernhard, M. und Blomer, R. (2002), Balanced Scorecard in der IT. Praxisbeispiele – Methoden – Umsetzung, Düsseldorf 2002.

Bissantz, N., Hagedorn, J. und Mertens, P. (2000), Data Mining, in: Mucksch, H. und Behme, W. (Hrsg., 2000), Das Data Warehouse-Konzept, 4. Auflage, Wiesbaden 2000, S. 377-407.

Brobst, S. und Rarey, J. (2001), The five stages of an Active Data Warehouse evolution, Auf den Firmenseiten von NCR, http://www.ncr.com/online_periodicals/brobst.pdf, Zugriff am 27.07.2004.

BSCol [Balanced Scorecard Collaborative] (2000), Balanced Scorecard Functional Standards, Release 1.0a, Auf den Seiten der Balanced Scorecard Collaborative, http://www.bscol.org/pdf/Standardsv10a.pdf, Zugriff am 03.08.2004.

Cawsey, A. (2003), Künstliche Intelligenz im Klartext, München 2003.

Chamoni, P. und Gluchowski, P. (1999), Entwicklungslinien und Architekturkonzepte des On-Line Analytical Processing, in: Chamoni, P. und Gluchowski, P. (Hrsg., 1999), Analytische Informationssysteme. Data Warehouse, On-Line Analytical Processing, Data Mining. 2. Auflage, Berlin, Heidelberg et al. 1999, S. 261-280.

Chamoni, P. und Gluchowski, P. (2004), Integrationstrends bei Business-Intelligence-Systemen, in: Wirtschaftsinformatik, 46. Jg., 2004, Nr. 2, S. 119-128.

Christmann, A. (1996), Data-Warehouse-Lösung der Stadt Köln, in: Online-Congress Band VIII: Data Warehousing, OLAP, Führungsinformationssysteme ... Neue Entwicklungen des Informationsmanagements, Velbert 1996, S. C822.01- C822.12.

Chroust, G. (1992), Modelle der Software-Entwicklung, München und Wien 1992.

Codd, E.F., Codd, S.B. und Salley, C.T. (1993a), Beyond Decision Support, in: Computerworld, Vol. 27, 1993, Issue 30, S. 87-89.

Codd, E.F., Codd, S.B. und Salley, C.T. (1993b), Providing OLAP to User-Analysts: An IT Mandate, http://dev.hyperion.com/download_files/resource_library/white_papers/providing_olap_to_user_analysts.pdf, Zugriff am 13.09.2004.

Copeland, T.E., Koller, T. und Murrin, J. (2002), Unternehmenswert, Frankfurt/Main 2002.

Dahnken, O., Keller, P., Narr, J. und Bange, C. (2002), Planungswerkzeuge. 17 Software-Lösungen im Vergleich, Feldkirchen 2002.

Dahnken, O., Roosen, C., Bange, C. und Müller, R. (2003), Konsolidierung und Management-Reporting, München 2003.

Davydov, M. (2001), Corporate Portals and e-Business Integration, New York 2001.

DMG (2004), Data Mining Group, http://www.dmg.org/, Zugriff am 17.08.2004.

Do, H. und Rahm, E. (2000), On Metadata Interoperability in Data Warehouses, Report Nr. 01 (2000), Department of Computer Science, University of Leipzig, Leipzig 2000.

Domschke, W. und Drexl, A. (2002), Einführung in Operations Research, 5. Auflage, Berlin und Heidelberg 2002.

Drosdowski, G. (Hrsg., 1990), Der Duden, Bd. 5, Duden Fremdwörterbuch, 5. Auflage, Mannheim, Leipzig et al. 1990.

Düsing, R. und Heidsieck, C. (2001), Analysephase, in: Bauer, A. und Günzel, H. (Hrsg., 2001), Data-Warehouse-Systeme: Architektur, Entwicklung, Anwendung, Heidelberg 2001, S. 95-116.

Eicker, S. (2001), Ein Überblick über die Umsetzung des Data-Warehouse-Konzepts aus technischer Sicht, in: Schütte, R., Rotthowe, T. und Holten, R. (Hrsg., 2001), Data Warehouse Managementhandbuch: Konzepte, Software, Erfahrungen, Berlin, Heidelberg et al. 2001, S. 65–79.

Elmasri, R. und Navathe, S. (2002), Grundlagen von Datenbanksystemen, 3. Auflage, München 2002.

Engel, P., Hamscher, W., Shuetrim, G., vun Kannon, D. und Wallis, H. (2004), Extensible Business Reporting Language (XBRL) 2.1, http://www.xbrl.org/SpecRecommendations/, Zugriff am 16.08.2004.

Englbrecht, A., Hippner, H. und Wilde, K.D. (2004), Marketing Automation – Grundlagen des Kampagnenmanagements, in: Hippner, H. und Wilde, K.D. (Hrsg., 2004), IT-Systeme im CRM. Aufbau und Potenziale, Wiesbaden 2004, S. 333-372.

European Commission (Hrsg., 2004), A pocketbook of e-Business Indicators, Auf den Seiten der E-Business Watch, http://www.ebusiness-watch.org/, Luxemburg 2004.

Fayyad, U. M., Piatetsky-Shapiro, G. und Smyth, P. (1996), From Data Mining to Knowledge Discovery: An Overview, in: Fayyad, U. M., Piatetsky-Shapiro, G., Smyth, P. und Uthurusamy, R. (Hrsg., 1996), Advances in Knowledge Discovery and Data Mining, Menlo Park 1996, S. 1-34.

Finger, R. (2002), Historisierungskonzepte, Vortrag im Rahmen der Seminarreihe „Data Warehouses und Data Marts – Effizienter Einsatz für das Controlling", Frankfurt am Main 2002.

Gabriel, R., Chamoni, P. und Gluchowski, P. (2000), Data Warehouse und OLAP – Analyseorientierte Informationssysteme für das Management, in: Zeitschrift für betriebswirtschaftliche Forschung, 52 Jg., 2000, Nr. 2, S. 74-93.

Gerhardt, W., Pohl, H. und Spruit, M. (2000), Informationssicherheit in Data Warehouses, in: Mucksch, H. und Behme, W. (Hrsg., 2000), Das Data Warehouse-Konzept, 4. Auflage, Wiesbaden 2000, S. 83-146.

Gluchowski, P. (1998), Werkzeuge zur Implementierung des betrieblichen Berichtswesens, in: WISU, 27. Jg., 1998, Nr. 10, S. 1174-1188.

Gluchowski, P. (2001), Business Intelligence, in: HMD – Praxis der Wirtschaftsinformatik, 38. Jg., 2001, Nr. 222, S. 5-15.

Gorry, G.A. und Scott Morton, M.S. (1971), A Framework for Management Information Systems, in: Sloan Management Review, Vol. 13, 1971, Nr. 1, S. 55-70.

Grabmeier, J., Buhmann, J., Kruse, R. und Timm, H. (2001), Segmentierende und clusterbildende Methoden, in: Hippner, H., Küsters, U., Meyer, M. und Wilde, K. (Hrsg., 2001), Handbuch Data Mining im Marketing, Wiesbaden 2001.

Grötzinger, M. und Uepping, H. (Hrsg., 2001), Balanced Score-card im Human Resources Management. Strategie – Einsatz-möglichkeiten - Praxisbeispiele, Neuwied 2001.

Gutenberg, E. (1983), Grundlagen der Betriebswirtschaftslehre, Bd. I: Die Produktion, 24. Auflage, Berlin, Heidelberg et al. 1983.

Hackathorn, R. (2002), Current Practices in Active Data Warehou-sing, Auf den Seiten der Bolder Technology Inc., http://www.bolder.com/pubs/NCR200211-ADW.pdf, Zugriff am 20.07.2004.

Hahn, D. und Hungenberg, H. (2001), PuK: Planung und Kon-trolle, Planungs- und Kontrollsysteme, Planungs- und Kon-trollrechnung; wertorientierte Controllingkonzepte, 6. Auflage, Wiesbaden 2001.

Hahne, M. (1999), Logische Datenmodellierung für das Data Warehouse – Bestandteile und Varianten des Star Schemas, in: Chamoni, P. und Gluchowski, P. (Hrsg., 1999), Analytische Informationssysteme: Data Warehouse, On-Line Analytical Processing, Data Mining, 2. Auflage, Berlin, Heidelberg et al. 1999, S. 145-170.

Hahne, M. (2002), Logische Modellierung mehrdimensionaler Datenbanksysteme, Wiesbaden 2002.

Hammergren, T. (1996), Data Warehousing: Building the Corpo-rate Knowledge Base, London 1996.

Hansen, H.R. und Neumann, G. (2001), Wirtschaftsinformatik I, Stuttgart 2001.

Hartmann-Wendels, T. (2003), Basel II, Heidelberg 2003.

Heinrich, H. (2002), Informationsmanagement: Planung, Überwa-chung und Steuerung der Informationsinfrastruktur, 7. Aufla-ge, München und Wien 2002.

Herden, O. (2001), Basisdatenbank, in: Bauer, A. und Günzel, H. (Hrsg., 2001), Data-Warehouse-Systeme: Architektur, Entwick-lung, Anwendung, Heidelberg 2001, S. 51-56.

Hettich, S., Hippner H. und Wilde, K.D. (2000), Customer Rela-tionship, in: WISU, 29. Jg., 2000, Nr. 10, S. 1346-1367.

Hettich, S. und Hippner, H. (2001), Assoziationsanalyse, in: Hippner, H., Küsters, U., Meyer, M. und Wilde, K.D. (Hrsg., 2001), Handbuch Data Mining im Marketing, Wiesbaden 2001, S. 459-495.

Hippner, H. und Wilde, K. (2001), Der Prozess des Data Mining im Marketing, in: Hippner, H., Küsters U., Meyer M. und Wilde, K. (Hrsg, 2001), Handbuch Data Mining im Marketing, Wiesbaden 2001.

Hippner, H. und Wilde, K.D. (Hrsg., 2004), IT-Systeme im CRM. Aufbau und Potenziale, Wiesbaden 2004.

Horváth & Partner (Hrsg., 2004), Balanced Scorecard umsetzen, 3. Auflage, 2004.

Horváth, P. (2003), Controlling, 9. Auflage, München 2003.

Inmon, W.H. (1999), Building the Operational Data Store, 2. Auflage, New York, Chichester et al. 1999.

Inmon, W.H. (2000), ODS Types, Auf den Seiten des Online-Magazins DM Review, http://www.dmreview.com/, Januar 2000, Zugriff am 14.07.2004.

Inmon, W.H. (2002), Building the Data Warehouse, 3. Auflage, New York, Chichester et al. 2002.

Inmon, W.H., Terdeman, R.H. und Imhoff, C. (2000), Exploration Warehouse: Turning Business Information into Business Opportunity, New York, Chichester et al. 2000.

ISO [International Organization for Standardization] (2003), ISO/IEC 9075-2:2003, Information technology -- Database languages -- SQL -- Part 2: Foundation (SQL/Foundation), Genf 2003.

Java Community Process (2004), JSR 168: Portlet Specification, Auf den Seiten des Java Community Process, http://www.jcp.org/en/jsr/detail?id=168, Zugriff am 30.08.2004.

Kaib, M. (2002), Enterprise Application Integration. Grundlagen, Integrationsprodukte, Anwendungsbeispiele, Wiesbaden 2002.

Kaiser, B.-U. (2002), Portale – Interaktive Zugangssysteme als Voraussetzung erfolgreicher Managementunterstützung bei Bayer, in: Kemper, H.-G. und Mayer, R. (Hrsg., 2002), Business Intelligence in der Praxis, Bonn 2002, S. 121-138.

Kaplan, R.S. und Norton, D.P. (1992), The Balanced Scorecard – Measures That Drive Performance, in: Harvard Business Review, 70. Jg., 1992, Nr. 1, S. 71-79.

Kaplan, R.S. und Norton, D.P. (1996), Using the Balanced Scorecard as a Strategic Management System, in: Harvard Business Review, 74. Jg., 1996, Nr. 2, S. 75-85.

Kaplan, R.S. und Norton, D.P. (2001), Die strategiefokussierte Organisation. Führen mit der Balanced Scorecard, Stuttgart 2001.

Kaplan, R.S. und Norton, D.P. (2004), Strategy Maps, Stuttgart 2004.

Kemper, H.-G. (1999), Architektur und Gestaltung von Management-Unterstützungs-Systemen. Von isolierten Einzelsystemen zum integrierten Gesamtansatz, Stuttgart und Leipzig 1999.

Kemper, H.-G. (2003), Technologie und Kultur – Neue Akzente im Informationsmanagement, in: Kemper, H.-G. und Mülder, W. (Hrsg., 2003), Informationsmanagement – Neue Herausforderungen in Zeiten des E-Business, Lohmar und Köln 2003, S. 225-243.

Kemper, H.-G. und Finger, R. (1999), Datentransformation im Data Warehouse. Konzeptionelle Überlegungen zur Filterung, Harmonisierung, Verdichtung und Anreicherung operativer Datenbestände, in: Chamoni, P. und Gluchowski, P. (Hrsg., 1999), Analytische Informationssysteme: Data Warehouse, On-Line Analytical Processing, Data Mining, 2. Auflage, Berlin, Heidelberg et al. 1999, S. 77-117.

Kemper, H.-G. und Janke, A. (2002), Wissensmanagement – Ein organisatorischer Ansatz und seine technische Umsetzung, Arbeitsbericht 1/2002, Lehrstuhl für Allgemeine Betriebswirtschaftslehre und Wirtschaftsinformatik der Universität Stuttgart, 2002.

Kemper, H.-G. und Lee, P.-L. (2002), Business Intelligence (BI) – Innovative Ansätze zur Unterstützung der betrieblichen Entscheidungsfindung, in: Kemper, H.-G. und Mayer, R. (Hrsg., 2002), Business Intelligence in der Praxis, Bonn 2002, S. 11-29.

Kemper, H.-G. und Unger, C. (2002), Business Intelligence – BI, in: Controlling, 14. Jg., 2002, Nr. 11, S. 665-666.

Klesse M., Melchert F. und von Maur, E. (2003), Corporate Knowledge Center als Grundlage integrierter Entscheidungsunterstützung, in: Reimer, U., Abecker A., Staab S. und Stumme G. (Hrsg., 2003), WM2003: Professionelles Wissensmanagement - Erfahrungen und Visionen, Bonn 2003.

Kranich P. und Schmitz H. (2003), Die Extensible Reporting Language – Standard, Taxonomien und Entwicklungsperspektiven, in: Wirtschaftsinformatik, 45. Jg., 2003, Nr. 1, S. 77-80.

Krcmar, H. (2003), Informationsmanagement, 3. Auflage, Berlin und Heidelberg 2003.

Kurz, A. (1999), Data Warehousing Enabling Technology, Bonn 1999.

Laudon, K.C. und Laudon, J.P. (2004), Management Information Systems – Managing The Digital Firm, 8. Auflage, New Jersey 2004.

Lehner, W. (2003), Datenbanktechnologie für Data-Warehouse-Systeme: Konzepte und Methoden, Heidelberg 2003.

Leitzmann, C.-J. (2002): Kampagnenmanagement zur Steuerung des Multi-Channel-Marketing – Eine Einführung mit Fokus E-Mail-Marketing, in: Dallmer, H. (Hrsg.), Handbuch Direct Marketing, 8. Auflage, Wiesbaden 2002, S. 371-397.

Leßweng, H.-P. (2003), Business Intelligence Tools: Plädoyer für die Integration des Prozesses „Berichtsdiskussion", in: Uhr, W., Esswein, W. und Schoop, W. (Hrsg., 2003), Wirtschaftsinformatik 2003/Band II. Medien - Märkte - Mobilität, Heidelberg 2003, S. 333-352.

Linthicum D. (2001), B2B Application Integration, Boston 2001.

Maier, R. (2002), Knowledge Management Systems, Heidelberg 2002.

Marr, B. und Neely, A. (2003), Automating Your Scorecard: The Balanced Scorecard Software Report, Cranfield 2003.

McConnell, S. (1996), Rapid Development: Taming Wild Software Schedules, Redmond 1996.

Meier, M., Sinzig, W. und Mertens, P. (2003), SAP Strategic Enterprise Management™/Business Analytics. Integration von strategischer und operativer Unternehmensführung, 2. Auflage, Berlin, Heidelberg et al. 2003.

Mertens, P. (2002), Business Intelligence – ein Überblick, Arbeitspapier an der Universität Erlangen-Nürnberg 2/2002, Nürnberg 2002.

Mertens, P. und Griese, J. (2002), Integrierte Informationsverarbeitung 2, 9. Auflage, Wiesbaden 2002.

Mertens, P., Billmeyer, A. und Bradl, P. (2003a), Informationsverarbeitung in der strategischen Unternehmensplanung, in: WISU, 32. Jg., 2003, Nr. 6, S. 795-803.

Mertens, P., Billmeyer, A. und Bradl, P. (2003b), Simulation in der strategischen Unternehmensplanung, in: WISU, 32. Jg., 2003, Nr. 10, S. 1256-1268.

Meyer, M. (2000), Emerging Markets – Markteintrittsstrategien für den Mittelstand, Lohmar und Köln 2000.

Mucksch, H. (1999), Das Data Warehouse als Datenbasis analytischer Informationssysteme – Architektur und Komponenten, in: Chamoni, P. und Gluchowski, P. (Hrsg., 1999), Analytische Informationssysteme: Data Warehouse, On-Line Analytical Processing, Data Mining, 2. Auflage, Berlin, Heidelberg et al. 1999, S. 171-189.

Mucksch, H. und Behme, W. (2000), Das Data Warehouse-Konzept als Basis einer unternehmensweiten Informationslogistik, in: Mucksch, H. und Behme, W. (Hrsg., 2000), Das Data Warehouse-Konzept, 4. Auflage, Wiesbaden 2000, S. 3-80.

Muksch, H. und Behme, W. (Hrsg., 2000), Das Data Warehouse-Konzept, 4. Auflage, Wiesbaden 2000.

Musiol, G. (1999), Database Marketing: Optimale Zielgruppenbestimmung mit Hilfe statistischer Verfahren, München 1999.

Nutz A. und Strauß, M. (2002), eXtensible Business Reporting Language (XBRL) – Konzept und praktischer Einsatz, in: Wirtschaftsinformatik, 44. Jg., 2002, Nr. 5, S. 447-457.

Ottmann, T. und Widmayer, P. (2002), Algorithmen und Datenstrukturen, 4. Auflage, Heidelberg und Berlin 2002.

Pendse, N. und Creeth, R. (1995), The OLAP Report, 1995.

Pendse, N. und Creeth, R. (2004), What is OLAP?, Auf den Seiten des OLAP Reports, http://www.olapreport.com/fasmi.htm, Zugriff am 03.08.2004.

Poddig, T. und Sidorovitch, I. (2000), Künstliche Neuronale Netze – Überblick, Einsatzmöglichkeiten und Anwendungsprobleme, in: Hippner, H., Küsters, U., Meyer, M. und Wilde, K. (Hrsg., 2001), Handbuch Data Mining im Marketing, Wiesbaden 2001.

Porter, M.E. (1986), Competition in Global Industries – A Conceptual Framework, in: Porter, M.E. (Hrsg., 1986), Competition in Global Industries, Boston 1986, S. 15-60.

Priebe, T., Pernul, G. und Krause, P. (2003), Ein integrativer Ansatz für unternehmensweite Wissensportale, in: Uhr, W., Esswein, W. und Schoop, W. (Hrsg., 2003), Wirtschaftsinformatik 2003/Band II. Medien - Märkte - Mobilität, Heidelberg 2003, S. 227-292.

Probst, G., Raub, S. und Romhardt, K. (2003), Wissen managen, 4. Auflage, Frankfurt/Main 2003.

Rappaport, A. (1999), Shareholder Value, 2. Auflage, Stuttgart 1999.

Reichmann, T. (2001), Controlling mit Kennzahlen und Managementberichten: Grundlagen einer systemgestützten Controlling-Konzeption, 6. Auflage, München 2001.

Reindl, M. (1991), Re-Engineering des Datenmodells, in: Wirtschaftsinformatik, 33. Jg., 1991, Nr. 4, S. 281-288.

Rhefus, H. (1992), Top Down und/oder Bottom Up – Kritische Erfolgsfaktoren auf dem Weg zu einer Unternehmens-Datenarchitektur, in: Information Management, 7. Jg., 1992, Nr. 3, S. 32-37.

Riempp, G. (2004), Integrierte Wissensmanagement-Systeme, Berlin, Heidelberg et al. 2004.

Rockart, J. (1979), Chief Executives Define their own Data Needs, in: Harvard Business Review, Vol. 57, 1979, Nr. 2, S. 81-93.

Rockart, J. (1982), The Changing Role of the Information Systems Executive: A Critical Success Factors Perspective, in: Sloan Management Review, Vol. 24, Fall 1982, S. 3-13.

Royce, W.W. (1970), Managing the development of large software systems: concepts and techniques, in: Proceedings of IEEE WESCON, August 1970, S. 1-9.

Ruh, A., Maginnis, F. und Brown, W. (2001), Enterprise Application Integration, New York, Chichester et al. 2001.

Rupprecht, J. (2003), Zugriffskontrolle im Data Warehouse, in: von Maur, E. und Winter, R. (Hrsg., 2003), Data Warehouse Management, Berlin, Heidelberg et al. 2003, S. 113-147.

Sapia, C. (2001), Data Warehouse, in: Bauer, A. und Günzel, H. (Hrsg., 2001), Data-Warehouse-Systeme: Architektur, Entwicklung, Anwendung, Heidelberg 2001, S. 56-62.

Schackmann, J. und Schü, J. (2001), Personalisierte Portale, in: Wirtschaftsinformatik, 43. Jg., 2001, Nr. 6, S. 623-625.

Scheer, A.-W. (1995), Wirtschaftsinformatik – Referenzmodelle für industrielle Geschäftsprozesse, Berlin, Heidelberg et al. 1995.

Schlageter, G. und Stucky, W. (1983), Datenbanksysteme: Konzepte und Modelle, 2. Auflage, Stuttgart 1983.

Schöder, H.-H. und Schiffer, G. (2001), Konzeptionelle Grundlagen der strategischen Frühinformation, in: WISU, 32. Jg., 2003, Nr. 7, S. 971-978.

Schreier, U. (2001), Data Dictionary, in: Mertens, P. (Haupt-Hrsg., 2001), Lexikon der Wirtschaftsinformatik, 4. Auflage, Berlin, Heidelberg et al. 2001, S. 129-130.

Schütte, R. (2001), Supply Chain Management (SCM), in: Mertens, P. (Haupt-Hrsg., 2001), Lexikon der Wirtschaftsinformatik, 4. Auflage, Berlin, Heidelberg et al. 2001, S. 447-449.

Schwalm, S. und Bange, C. (2004), Einsatzpotenziale von XML in Business-Intelligence-Systemen, in: Wirtschaftsinformatik, 46. Jg., 2004, Nr. 1, S. 5-14.

Schwarze, J. (1995), Systementwicklung: Grundzüge der Planung, Entwicklung und Einführung von Informationssystemen, Herne und Berlin 1995.

Scott Morton, M.S. (1983), State of the Art of Research in Management Support Systems, Vortrag im Rahmen des Colloquium on Information Systems, MIT, 10.-12. Juli, 1983.

Shilakes, C.C. und Tylman, J. (1998), Enterprise Information Portals, New York 1998.

Staudt, M., Vaduva, A. und Vetterli, T. (1999), Metadata Management and Data Warehousing, Technical Report des Instituts für Informatik der Universität Zürich, ifi-99.04, Auf den Seiten der Universität Zürich, ftp://ftp.ifi.unizh.ch/pub/techreports/TR-99/ifi-99.04.pdf, Zürich 1999, Zugriff am 19.07.2004.

Staudt, M., Vaduva, A. und Vetterli, T. (2001), Metadaten, in: Bauer, A. und Günzel, H. (Hrsg., 2001), Data-Warehouse-Systeme: Architektur, Entwicklung, Anwendung, Heidelberg 2001, S. 325-346.

Steinbock, H.-J. (1994), Potentiale der Informationstechnik – State-of-the-art und Trends aus Anwendungssicht, Stuttgart 1994.

Stelter, D. (1999), Wertorientierte Anreizsysteme für Führungskräfte und Management, in: Bühler, W. und Siegert, T. (Hrsg., 1999), Unternehmenssteuerung und Anreizsysteme, Stuttgart 1999.

Sterman, J. (2000), Business Dynamics: Systems Thinking and Modeling for a Complex World, Boston, Burr Ridge et al. 2000.

Stewart, B. (1999), The Quest for Value, New York 1999.

Thalhammer, T., Schrefl, M. und Mohania, M. (2001), Active data warehouses: complementing OLAP with analysis rules, in: Data & Knowledge Engineering, Vol. 39, 2001, Nr. 3, S. 241-269.

Tozer, G. (1999), Metadata Management for Information Control and Business Success, Boston und London 1999.

Turban, E., Aronson, J.E. und Liang, T.-P. (2004), Decision Support and Intelligent Systems, 7. Auflage, New Jersey 2004.

Vaduva, A. und Vetterli, T. (2001), Metadata Management for Data Warehousing: an Overview, in: International Journal of Cooperative Information Systems, Vol. 10, 2001, Nr. 3, S. 273-298.

Vetter, M. (1998), Aufbau betrieblicher Informationssysteme mittels pseudo-objektorientierter, konzeptioneller Datenmodellierung, 8. Auflage, Stuttgart 1998.

von Maur, E., Schelp, J. und Winter, R. (2003), Integrierte Informationslogistik – Stand und Entwicklungstendenzen, in: von Maur, E. und Winter, R. (Hrsg., 2003), Data Warehouse Management, Berlin, Heidelberg et al. 2003, S. 3-23.

W3C (2004), Extensible Markup Language (XML) 1.1, Auf den Seiten des W3C, http://www.w3.org/TR/2004/REC-xml11-20040204/, Zugriff am 17.08.2004.

Wahl, M., Kille, S. und Howes, T., Lightweight Directory Access Protocol (v3), ftp://ftp.rfc-editor.org/in-notes/rfc2253.txt, 1997.

Wahrig, G. und Wahrig-Burfeind, R. (Hrsg., 2002), Wahrig Deutsches Wörterbuch, Gütersloh und München 2002.

Ward, J. und Peppard, J. (2003), Strategic Planning for Information Systems, Chichester, New York et al. 2003.

Wehrle, A. und Heinzelmann, M. (2004), Reporting und strategische Steuerung im Profifußball. Konzeption und Umsetzung eines Balanced Scorecard basierten Systems beim VfB Stuttgart, in: Controlling, 16. Jg., 2004, Nr. 6, S. 349-354.

Wieken, J.-H. (1999), Der Weg zum Data Warehouse. Wettbewerbsvorteile durch strukturierte Unternehmensinformationen, München, Reading et al. 1999.

Winter Corporation (2004), 2003 TopTen Award Winners, Auf den Seiten der Winter Corporation, http://www.wintercorp.com/vldb/2003_TopTen_Survey/TopTenWinners.asp, Zugriff am 26.04.2004.

Wirtz, B.W. (2001), Electronic Business, Wiesbaden 2001.

Wirtz, K. (2001), Software Engineering, in: Mertens, P. (Haupt-Hrsg., 2001), Lexikon der Wirtschaftsinformatik, 4. Auflage, Berlin, Heidelberg et al. 2001, S. 417-418.

Wöhe, G. und Döring, U. (2002), Einführung in die Allgemeine Betriebswirtschaftslehre, 21. Auflage, München 2002.

XMLA (2004), XML for Analysis, Auf den Seiten des XML for Analysis Council, http://www.xmla.org/, Zugriff am 17.08.2004.

Zwahr, A. (Hrsg., 2001), Meyers Grosses Taschenlexikon, Band 1, 8. Auflage, Mannheim 2001.

Sachwortverzeichnis

Z

Grundkurse für die Praxis

Sabine Kämper
Grundkurs Programmieren mit Visual Basic
Die Grundlagen der Programmierung -
Einfach, verständlich und mit leicht nachvollziehbaren Beispielen
2003. XI, 170 S. Br. € 21,90   ISBN 3-528-05855-2
Das Verfahren der Programmerstellung - Algorithmen - Kontrollstruk-
turen - Struktogramme - Unterprogramme - Objekt-orientierte Programmierung

Dietrich May
Grundkurs Software-Entwicklung mit C++
Eine praxisorientierte Einführung - Mit zahlreichen Beispielen,
Aufgaben und Tipps zum Lernen und Nachschlagen
2003. XVI, 532 S. Br. € 29,90   ISBN 3-528-05859-5

Martin Pollakowski
Grundkurs MySQL und PHP
So entwickeln Sie Datenbanken mit Open-Source-Software
2003. XVI, 219 S. Br. € 19,90   ISBN 3-528-05829-3
Eine Einführung in Datenbanksysteme mit Web-Interface - Das Datenbanksystem MySQL ohne Lizenzgebühren - Die Datenbankabfrage-
sprache SQL - Die LAMP-Konfiguration (Linux, Apache, MySQL, PHP)
- Eine frei verfügbare und kopierbare Entwicklungsumgebung - Ein
Web-Interface mittels HTML-Formularen gestalten - Interaktive Webseiten mit PHP-Skripten realisieren

vieweg

Abraham-Lincoln-Straße 46
65189 Wiesbaden
Fax 0611.7878-400   Stand 1.7.2004. Änderungen vorbehalten.
www.vieweg.de   Erhältlich im Buchhandel oder im Verlag.

Bestseller aus dem Bereich IT

Dietmar Abts, Wilhelm Mülder
Grundkurs Wirtschaftsinformatik
Eine kompakte und praxisorientierte Einführung

5., überarb. u. erw. Aufl. 2004. XIV, 467 S. mit 130 Abb. Br. € 19,90
ISBN 3-528-45503-9

Hardware- und Software-Grundlagen (Rechnersysteme, Software, Datenübertragung und Netze, Internet, Datenbanken) - Anwendungen (ERP-Systeme, Querschnittssysteme, Managementinformationssysteme, Unternehmensübergreifende Informationssysteme) - Methoden und Organisation (Software-Entwicklung, Software-Auswahl, Informationsmanagement)

Hartmut Ernst
Grundkurs Informatik
Grundlagen und Konzepte für die erfolgreiche IT-Praxis -
Eine umfassende, praxisorientierte Einführung

3., überarb. u. verb. Aufl. 2003. XX, 888 S. mit 265 Abb. u. 107 Tab.
Br. € 29,90
ISBN 3-528-2571 7-2

René Steiner
Grundkurs Relationale Datenbanken
Einführung in die Praxis der Datenbankentwicklung für Ausbildung, Studium und IT-Beruf

5., verb. u. erw. Auflage 2003. XII, 219 S. mit 115 Abb. Br. € 19,90
ISBN 3-528-45427-X

vieweg

Abraham-Lincoln-Straße 46
65189 Wiesbaden
Fax 0611.7878-400
www.vieweg.de

Stand 1.7.2004. Änderungen vorbehalten.
Erhältlich im Buchhandel oder im Verlag.

Bewährte Grundkurse

Andreas Gadatsch
Grundkurs Geschäftsprozess-Management
Methoden und Werkzeuge für die IT-Praxis:
Eine Einführung für Studenten und Praktiker
3., verb. u. erw. Aufl. 2004. XXIII, 455 S. mit 330 Abb. Br. € 34,90
ISBN 3-528-25759-8

Geschäftsprozess-Management - Workflow-Management - Business
Process Reengineering - Prozessmodellierung - Geschäftsprozess-
modellierung und -simulation - Workflow-Management-Systeme -
Betriebswirtschaftliche Standardsoftware - Elektronische Geschäfts-
prozessunterstützung

Andreas Gadatsch, Elmar Mayer
Grundkurs IT-Controlling
Grundlagen - Strategischer Stellenwert -
Kosten- und Leistungsrechnung in der Praxis
2004. 446 S. mit 150 Abb. Br. € 34,90 ISBN 3-528-05849-8
Leitbildcontrolling-Konzept in der Informationswirtschaft - IT-Control-
ling: Vom Konzept zur Umsetzung (Zielformulierung, Zielsteuerung,
Zielerfüllung) - Einsatz strategischer IT-Controlling-Werkzeuge - Opera-
tive Werkzeuge und ihr Einsatz - Kostenrechnung für IT-Controller -
Deckungsbeitragsrechnung für das IT-Controlling

André Maassen, Markus Schoenen, Ina Werr
Grundkurs SAP R/3®
Lern- und Arbeitsbuch mit durchgehendem Fallbeispiel - Konzepte,
Vorgehensweisen und Zusammenhänge mit Geschäftsprozessen
2. Aufl. 2003. XXIV, 605 S. Br. € 35,90 ISBN 3-528-15790-9

vieweg

Abraham-Lincoln-Straße 46
65189 Wiesbaden
Fax 0611.7878-400
www.vieweg.de

Stand 1.7.2004. Änderungen vorbehalten.
Erhältlich im Buchhandel oder im Verlag.